CMOS IC 레이아웃

개념, 방법론 및 도구

Dan Clein 저

이제현·안태원 공역

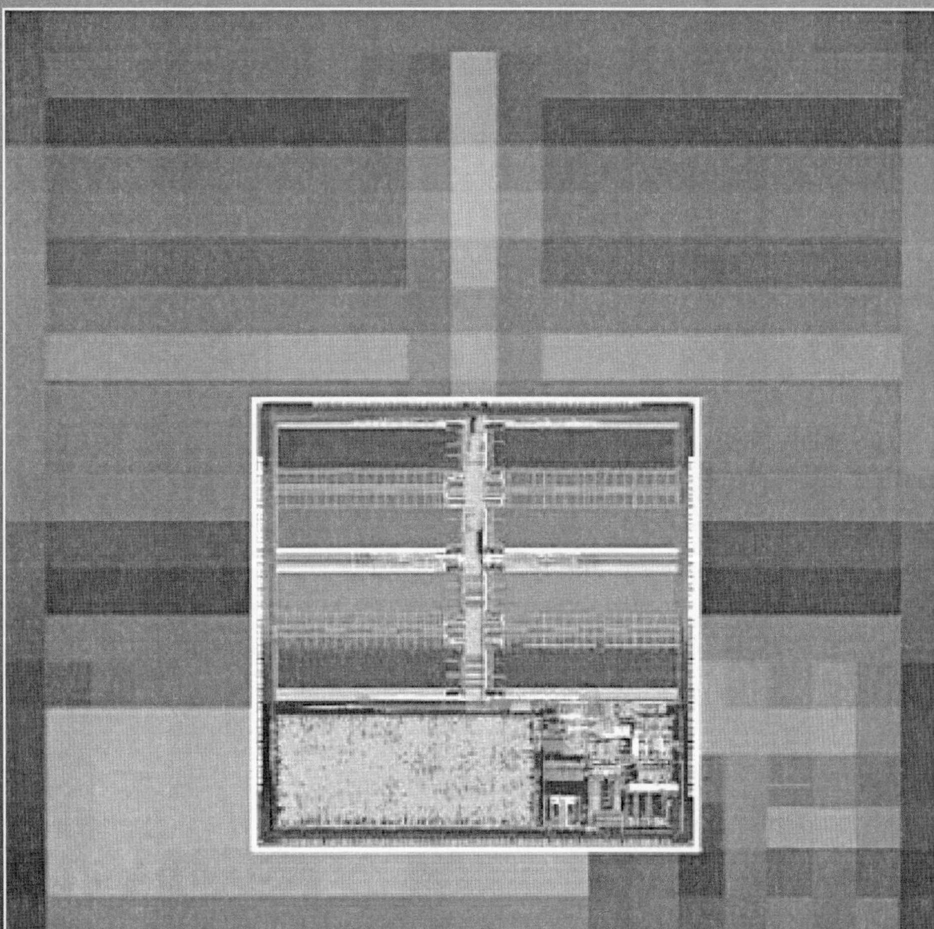

ELSEVIER
NEWNES

홍릉과학출판사

CMOS IC LAYOUT

DAN CLEIN 저

이제현, 안태원 공역

ISBN : 9780750677941

Translated Edition ISBN : 9788972837299

Publication Date in Korea : 2009. 02. 26

Translated by HongReung Publishing Co.

Printed in Korea.

차 례

PART 1 개요

PART 2 스키매틱 기초

PART 3 레이아웃 설계

PART 4 레이아웃 설계 흐름

PART 5 특화된 구성 블록 레이아웃 설계를 위한 고급 기술

PART 6 블록 상호연결 레이아웃 설계를 위한 고급 기술

PART 8 공정 제약에 따른 레이아웃 고려사항

PART 9 불확실한 환경에서의 레이아웃 설계 기법

PART 10 레이아웃을 위한 CAD 설계

머리말

오늘날 반도체 기술의 발전 속도는 그야말로 엄청나다. 소자의 게이트 길이는 수십 nm 급으로 작아졌고, 칩의 밀도는 증가하고, 설계 복잡도는 증대되었으며, 시장 출하 시간 요구는 무척 빡빡해졌다.

따라서 반도체 설계자 팀들은 이러한 많은 도전에 대처할 수 있는 새로운 방법을 찾고자 노력해야만 한다.

설계 자동화 도구 개발팀들에게 가장 어려운 일은 새로운 설계 자동화 도구가 널리 쓰이게 되는 시점이 되면, 도전 내용이 또 바뀌어 있다는 것이다.

예를 들면, 블록 크기나 설계 복잡도가 수동으로 레이아웃하기에는 인간 능력 이상까지 갔었을 때, 플로어플래너와 배치 배선기 도구가 개발되어 레이아웃 단계를 자동화하였다.

초기에는 이러한 도구들은 회로도 기반의 설계 유형에 의해 가동되었다. 그러나 회로 복잡도와 크기가 커짐에 따라 CAD는 바뀌어서 합성이 등장하였다.

다음 단계는 합성에 맞게 배치 배선기를 바꾸어 주는 것이었다. 만약 우리가 모든 자동화 소프트웨어의 개발을 분석해 본다면, 모든 개발은 변화할 준비가 되어 있는 사람들에 의해 주도되었다는 것을 알 수 있다. 특히 왜 사물들이 그렇게 되는 지, 또 새로운 문제에 대한 새로운 해결책을 찾으려면 무엇을 바꾸어 주어야 하는 지를 아는 사람들에 의해서다.

자동화가 분명 도움이 되는 것만은 사실이다. 그러나 설계에 있어서의 변화와 발전은 기본 개념을 잘 이해하고, 새로운 방법론을 시도하고, CAD 소프트웨어 설계자에게 새로운 도구를 개발하도록 독려하는 사람들에 의해 주도되었다.

따라서 저자는 이 책을 통하여 IC 레이아웃 분야에서 이러한 주도적 사람들이 될 수 있는 소양을 함양시키고자 하였다.

이 책은 모두 네 개의 부분으로 구성되어 있다.

1부 : 기초

레이아웃 설계는 전체 칩 개발 과정에서 어느 부분에 해당할까? 1장은 전체 과정의 비기술적인 개론을 설명하여 레이아웃 설계자의 역할을 이해할 수 있게 한다.

IC 레이아웃 설계자의 임무는 엔지니어링 도면, 네트리스트 또는 시뮬레이션 결과, 그리고 설계 규칙에 맞게 칩의 여러 부분의 레이아웃 마스크를 생성해 내는 것이다. 엔지니어링 도면을 이해하려면 설계자는 기본 전기 규칙과 게이트의 레이아웃에 관계된 모든 개념들을 이해하고 있어야 한다. 이것은 2장에서 다루어 질 것이다.

3장에서는 제조 공정과 레이어들의 정의에 대하여 서술한다. 소자 및 연결도들이 생성되기 위해서는 어떻게 레이어들이 구성되어야 하는지 이해 한 후에, 설계 규칙에 대해 공부한다. 이것들은 칩이 신뢰성 있게 만들어 진다는 것을 보장하기 위해 설계자들이 따라야 하는 제조에 관한 규칙이다. 공정 엔지니어가 최소 공정 그리드, 다각형, 레이어들간의 최소 간격 같은 것들을 정한다. 설계 규칙은 엔지니어링 도면, 네트리스트 등과 함께 근본적으로 칩의 구조를 결정하는 것에 영향을 끼치는 규칙이다.

2부 : 레이아웃 스타일

만약 레이아웃 설계자가 설계 요구사항을 존중하지 않으면 칩은 동작하지 않을 것이다. 설계 규칙을 무시하면, 칩은 시제품 단계에서 실패할 것이다. 좋은 레이아웃 설계자의 기술은 이 둘을 모두 고려하는 것이다. 물론 보통의 프로젝트의 모든 다른 부분들 : 끝내기까지의 시간, 최종 크기, 품질 등을 고려하면서 해야 한다. 4장에서는 이러한 부분들을 포함하는 설계 흐름에 대해 알아볼 것이다.

5장에서는 설계의 특별성에 대해 논의한다. 오늘날 IC에서 사용되는 완전 주문형, 표준 셀, 게이트 어레이, 또는 다른 형태의 기술 등에 대해, 그들의 장점과 단점에 대해 살펴 본다. 또한 특별한 응용에 대한 복잡한 칩에 사용되는 여러 기술들과 설계방법론에 대해 말할 것이다. 항목은 많을 것인데, 그 중에는 클록 발생기, 데이터 패스 나 레지스터 파일, I/O 셀, 그리고 메모리 형태 등이 있다. 우리는 칩 끝내기 기술로 장을 마감한다.

3부 : 심화 주제들

6장의 주제는 매우 큰 칩의 적정한 연결도와 전원 배선을 위한 요구 사항들과 관련이 있다. 우리는 모든 이러한 것들에 중점을 둔 설계방법론에 대해 배울 것이며, 배선에 대한 배치의 영향, 플로어플래닝 기술 및 결과, 미리 계획된 신호들에 대해 살펴볼 것이다.

7장은 우리가 기초를 다 이해하고 있다고 가정하고, 아날로그 문제들, 예로 커패시터, 전자이동(electromigration), 45° 레이아웃 등에 대해 다루기 시작한다. 그러나 깊이 언급하지는 않는다.

특별한 공정 요구사항은 8장에서 설명한다. 넓은 금속 틈새, 단층 피도, 래치 업, 그리고 특별한 설계 규칙 등에 대해 배운다. 물론 이것은 가장 복잡한 공정 규칙을 이해하는 것을 전제로 한다.

여건이 불확정적일 때, 즉 제조 공정은 아직 정의되지 않았고 설계도 100 % 시뮬레이션 되지 않았을 때, 레이아웃 설계자는 새로운 도전에 직면할 수 밖에 없다. 이것이 9장에서 셀로서의 콘택, 테스트 패드, 정방형 논리 게이트, 여분 선, 그리고 마음에 수정을 염두에 둔 레이아웃하기 등을 배워야 하는 이유다.

4부 : 설계 도구들

아마 가장 재미있는 장이 10장일 것이다. 이장은 어떠한 종류의 레이아웃 설계 도전에도 대처하는 데 필요한 각종의 EDA 레이아웃 설계 도구들을 분석한다. 조잡한 다각형 생성에서부터 배치 배선까지, 생성기 및 실리콘 컴파일러로부터 검증 도구까지, 소자 및 소프트웨어 플로팅에서부터 전이 포맷까지, 우리는 이 용어 및 개념, 방법론 및 사용법 등의 미로에서 길을 보여주고자 노력할 것이다. 그렇다고 이 장에서 특별한 도구들을 등급을 매기거나 추천하려고 하지는 않는다. 다만 초보 사용자들에게 시장에서의 선택에 대해, 또 이러한 도구들을 각 방법론에 맞게 어떻게 맞춰줘야 하는 지를 밝혀 주려고 노력할 뿐이다.

저자는 EDA 공급자들에 의해 주도되는 복잡한 설계 방법론의 홍수, 회사와 도구들의 이름들이 시시 때때로 바뀌는 세상, 매년 쏟아져 나오는 많은 뜨거운 주제들, 이런 상황에서 곤란해 하는 레이아웃 설계자들을 보호해 주기 위하여 이 책을 썼다고 한다. 또 기초와 진보된 개념들을 잘 이해해서 새로운 방법론을 분석하는 것과 새로운 도구들의 철학을 이해하는 것을 돕고 싶었다고 한다.

이렇듯 레이아웃 설계에 대한 내용을 그 기초적인 것에서부터 설계 도구들에 대한 문제까지 광범위하면서도 자세하게 다룬 교재는 우리나라에 별로 없는 것 같다. 모쪼록 본 역서가 우리나라 칩 레이아웃 설계 분야에서 일하시는 분들에게도 저자가 바라는 만큼의 효과를 볼 수 있기를 본 역자 일동은 진심으로 바란다.

끝으로 본 교재가 빛을 볼 수 있게 길을 터 주신 Newnes 출판사와 홍릉과학출판사의 관계자 여러분께 심심한 감사의 말씀을 드립니다.

2008. 11.
역 자 일 동

PART I

개요

1.1 직업의 역사

지난 20 년 동안에, 전자산업은 규모나 복잡함에 있어서 매우 빨리 성장하여 왔다. 설계자들은 단지 25 년 전쯤부터 칩 설계에 관해 이야기하기 시작하였다. 최초에는, 컴퓨터 사이즈를 줄이도록 칩들을 설계하는 것이 주된 생각이었다. 우리들은 방 크기의 컴퓨터들 대신, 옛날 그 때에는 상상하기도 불가능하다는 속도로 실행되는 PC를 지금 사용하고 있다. IC 기술의 응용은 우리들 삶의 많은 부분에 영향을 끼치고 있다.

IC 레이아웃 설계는 원래 마일라(Mylar)라고 불린 특별한 종이에 손으로 그리는 것이었다. 이것은 오래 걸리고 힘든 일이었다. 시장의 요구와 기술의 발전은 칩 설계의 시장 출하 시간을 개선하기 위한, 그리고 특히 전체 과정을 자동화하기 위한 소프트웨어와 하드웨어 해결책을 개발하도록 하는 원동력이 되었다. 최종단계의 마스크(mask)들의 정확성 또한 레이아웃 설계의 전산화에 대한 구동력이 되었다.

첫 번째 플랫폼은 도형 처리에의 응용들이 빠르게 수행되고 용량이 충분한 것을 확실하게 하기 위하여 만들어진 주문형 제품이었다. CALMA(Data General)와 같은 회사들은 메인프레임만한 크기의 기계 설비들을 만들었고, 인쇄 회로 기판(PCB)과 집적 회로(IC) 적용을 위해 전문화된 소프트웨어를 개발하였다.

디스크 용량은 오늘날 표준에 의해 거대해졌다. 그때에는 최고급 사양의 컴퓨터가 220 MB의 디스크 용량과 오직 0.5 MB의 DRAM만을 가지고 있었다. 정가표는 대략 100만 달러 정도였으며, 대부분의 사람들이 이런 종류의 디자인에 참여할 수가 없었다. 시장과 칩의 크기들이 성장하여 가고 더 많은 회사들이 칩 설계에 참여하게 됨에 따라 하드웨어와 소프트웨어 개발자들은 더 빠르고, 더 작고, 더 값싼 해결책을 제안하였다.

하드웨어에서 가장 큰 혁명은 "엔지니어링 워크스테이션"의 발달이었다. 그것에서는 UNIX 플랫폼 버전이 실행되었다. 워크스테이션들은 엄청난 속도와 복잡도로 여러 해 동안 개발되어 왔다. 그들은 엔지니어링 설계의 거의 모든 종류들을 위해 사용된다. 그래서 가격은 매우 저렴하다. HP, Sun 그리고 IBM은 이 분야의 생존 회사들이며, Daisy는 이 시장으로부터 사라진 회사이다. 오늘날 더욱 더 값싸고 더 대중적인 플랫폼으로 가려는 엄청난 압력이 있는 데, 예를 들어 리눅스나 윈도우 NT 플랫폼으로 갖추어진 PC같은 것들이다.

하드웨어 플랫폼들이 발전해 가면서 소프트웨어 개발은 더욱 더 빠른 속도로 진행되어 갔다. Mentor Graphics, Cadence, Compass, 그리고 Daisy와 같은 회사들은 IC와 PCB 설계 도구 시장에서 더 많은 시장지분을 늘려 나갔다. PC 플랫폼을 위해서는 L-Edit이라는 제품으로 Tanner 같은 회사가 소프트웨어 개발 시장이 IC 설계를 위해 어떻게 성장하였는 지를 보여주는 좋은 예이다. (10장에서 더 많은 세부 내용을 설명한다)

소프트웨어의 발달을 위한 방향은 정말로 점점 더 노동집약적인 일들을 자동화 하는 쪽으로 향해져 왔다 : 예를 들면, 상호 연결 분석이 눈으로는 불가능한 수백 개의 트랜지스터 블록을 설계하는 것, 또는 256 MB 메모리 칩을 검증하는 것 (10장에 더 많은 세부 내용) 등이다.

자동화의 중요한 예들을 다음에 열거하였다.

- *레이아웃 합성* : 레이아웃은 다각형을 손으로 그리는 전통적인 방법 대신에 "코드"로부터 생성될 수 있다.
- *레이아웃 이전* : 레이아웃은 한 세트의 설계 규칙에서 다른 세트로 "이전"될 수 있다. 매핑과 복잡한 압축 기술이 사용된다.
- *레이아웃 검증* : 이 종류의 도구들은 최종 레이아웃이 생산에 가기 전에 점점 증대하고 있는 횟수의 검사를 한다. 예를 들면 최소 크기 규칙은 설계가 만들어져도 좋다는 것을 보증하기 위하여 검사되어 진다.
- *회로 합성* : 레이아웃 합성과 비슷하게, 여기서는 스키매틱이 전문화된 "코드"(예를들면, VHDL 또는 Verilog)로부터 자동으로 만들어질 수 있다. 이것은 레이아웃 설계에 거대한 영향을 주었는데, 이와 같은 회로 합성 도구들에 의하여 만들어진 거대한 양의 전자 회로들은 배치 배선 도구들처럼 레이아웃이 더 자동화되도록 하는 필요성을 만들어 냈다.
- *배치 배선* : 수백만 개 셀의 배치뿐만 아니라, 최소 연결복잡도 및 최대 회로 성능을 위한 배치의 최적화

오늘날, 레이아웃 설계는 언제나 변화하고 있는 환경하에서 실행된다. 소프트웨어 도구들과 접근방법, 컴퓨터 플랫폼, 이러한 도구들을 제공하는 회사들, 고객들, 구현되어지는 여러 응용 제품들, 그리고 우리들이 접하는 시장 압력 등은 모두 해마다 변화하고 있다.

이러한 변화들은 이 분야의 산업을 흥미로운 것으로 만든다. 그러나, 질 좋은 레이아웃을 만들어 내는 기본 개념들이 결코 변화하지 않는 물리적이고 전기적인 성질

에 바탕을 둔 것을 잊지 말아야 한다. 이것이 이 책을 쓰게 된 기본적인 생각이다.

1.2 레이아웃 설계

레이아웃 설계를 다음과 같이 규정한다 :

> 시뮬레이션에 의해 확인 가능한 성능 요구조건, 제조 공정, 그리고 설계 과정 등에 의해 부과되는 제약조건들에 부합하는 엔지니어링 도면(네트리스트)의 정확한 물리적인 표현을 창조해 내는 과정

그 안에 많은 함축적인 의미들이 있는 이 정의에 대해 보다 자세하게 알아보도록 한다.

- *과정* : 맨 먼저, 레이아웃 설계는 최적화된 결과를 위해 논리적인 순서를 지켜야 하는 많은 단계를 가지는 과정이다. 예를 들면 레이아웃 설계의 "과정"은 적합한 레이어들을 갖춘 데이터베이스나 도구들을 구축하는 것, 각각의 셀이나 칩의 플로어플랜(floorplan)을 정의하는 것, 그리고/또는 적절한 순서로 검증 검사를 실행하는 것 등을 포함한다.

- *창조* : "설계"와 "창조"는 보통 동의어이다. 그리고 레이아웃 설계도 예외는 아니다. 두 가지 서로 다른 기술로 되어 있는 한 개의 스키매틱을 구현한다는 것은 대체로 완전히 다른 것처럼 보이는 레이아웃이 되게 하고, 그래서 그 만나는 부분에 창조적인 모양을 만들어내게 된다. 같은 이치로, 칩의 두 개의 서로 다른 지역에서 사용되는 하나의 스키매틱은 그들의 지리적인 위치에 따라 적합하게 바뀌어진 두 개의 서로 다른 구조를 창조하게 된다.

- *정확성* : 비록 레이아웃 설계가 창조적인 과정이라 할지라도, 최종 레이아웃의 첫 번째 요구조건은 그것이 트랜지스터 수준에서 엔지니어링 도면과 일치해야 한다는 것임을 잊지 않아야 한다. 회로 설계 업무를 떠맡을 계획이 있지 않다면(또는 이미 떠 맡지 않았다면), 회로를 "개선"하기 위해 트랜지스터들의 구성을 재설계하는 것은 레이아웃 설계자의 역할이 아니다.

- *물리적 표현* : CMOS IC들은 매우 복잡한 과정을 거쳐 결국에는 실리콘 기판위에

만들어 지는 작은 트랜지스터들이나 도선들로 만들어 진다. 레이아웃 설계는 이러한 트랜지스터들과 도선들을 그들이 실리콘에서 보여지는 모양처럼 그려내는 기술이다. 따라서 레이아웃은 회로의 물리적인 표현으로 생각해도 된다.

- *엔지니어링 도면* : 이것은 좀 시대에 뒤진 것처럼 들릴지도 모르나 정확한 표현이다. 트랜지스터 수준 또는 게이트 수준 스키매틱들은 역사적으로 기본적인 "도면"이었고, 많은 회사들에서 그것들은 남아있다. 오늘날 환상적인 방식들 덕분에 레이아웃 설계자들은 "네트리스트"라고 불리우는 텍스트 기반의 큰 파일을 받는다. 그러나, 사람이 네트리스트를 이해하기 위해서 보통 블록 수준의 스키매틱 또는 도면이 동반된다. 엔지니어들이 도면들의 중요한 공급자들이지만, 산업이 변화해 가면서 이 또한 바뀔지도 모른다.

- *부합* : 부합이란 "어떤 것의 요구사항을 충족시키는 것"을 의미하는 것이지 반드시 "가능한 가장 작거나 가장 좋은 설계"를 뜻하지는 않는다. 설계의 과정에는 많은 절충(trade-off)이 있다 : 신뢰도, 생산성, 유연성, 그리고 (아마도 가장 중요한) 시장 출하 시간 등이 그것이다. 물론 충족시켜야 할 최소한의 요건은 있다. 그러나 프로젝트 일정을 희생시켜 가면서까지 최적의 설계를 하는 것은 오늘의 시장에서 실용적이지는 않다.

- *제조 공정에 의해 부과되는 제약조건* : 이러한 제약조건들은 금속 선로가 가질 수 있는 가장 작은 폭과 같은 설계 규칙뿐만 아니라, 레이아웃의 전체 품질을 향상시키는 생산성이나 신뢰성 기준 같은 것을 포함한다. 예를 들면 금속 선로의 경우에, 선이 더 넓어질수록 생산성을 향상시키므로 공간이 허용하는 곳에서는 그렇게 만들어야 한다.

- *설계 과정에 의해 부과되는 제약조건* : 이 제약조건은 설계 과정상에 있는 다른 모든 도구들이 완성된 레이아웃을 효과적으로 사용할 수 있게 하기 위해 만들어지는 지침을 포함한다. 예를 들면 어떤 배선기들은 일정한 간격으로 셀에 대한 연결이 만들어지도록 되어 있고, 어떤 것들은 그렇지 않다. 다른 예로는 레이아웃에 글자를 추가하는 방식인데, 나중에 확인 목적을 위하여 사용되질 수 있어야 한다.

- *시뮬레이션에 의해 확인 가능한 성능 요구조건에 의해 부과되는 제약조건* : 회로가 어떻게 레이아웃으로 구현되는지에 대한 자세한 지식 없이 회로 설계를 끝내는 것은 몇 가지 가정들을 필요로 한다. 예를 들면 회로 설계자는 회로를 레이아웃으로

구현하지 않고는 블록의 정확한 면적을 알지 못한다. 그러므로 유용한 정보를 근거로 하여 크기 예측을 하는 법을 알아야 한다. 전체 면적 규모를 알아야 할 필요가 있다. 그래야 블록안의 최대 선로 길이를 알 수가 있다. 이것은 반드시 해주어야 한다. 이에 대한 해결책은 이러한 가정들을 계속 반복해 가면서 레이아웃을 적절히 만들어 주는 것이다. 회로 설계자가 사용하는 전체 면적 예측도구는 레이아웃 설계자가 목표 면적을 달성하기 위해 사용되는 것과 같다. 그리고 이러한 예측과의 차이점은 회로 설계자가 다시 시뮬레이션 하도록 되돌려 진다.

결론적으로, 레이아웃 설계는 많은 다른 영역을 포함한다. 그것은 많은 다른 기술을 요구한다. 그리고 최종 구현된 것의 품질에 영향을 미치는 많은 절충과 결정을 해야 한다. 훌륭한 레이아웃 설계는 이러한 모든 문제들을 잘 이해하고 있어야 한다. 그리고 이 책을 통하여 이러한 문제점들을 여러 각도에서 다루고자 한다.

1.3 IC 설계 과정

레이아웃 설계는 전체 구조에서 어디에 맞아 들어가는 것인가? 1.2절에서 정의한 것처럼, 레이아웃 설계는 엔지니어링 도면이 완성된 후에야 일어난다. 레이아웃 설계를 IC의 전체 제품 이동 경로의 입장에서, 즉 "흐름"의 입장에서 살펴보기로 하자.

개발중인 특정한 설계에 따라 많은 종류의 설계 흐름이 있다. 여기서는 모든 제품들이 시장에 나가기까지 거쳐야 하는 일반적인 개념의 흐름을 살펴보기로 한다. (그림 1.1)

01 첫 번째, 그것은 일반적으로 마케팅 부서가 개발할 제품을 정하는 것이다.

02 설계의 구조나 동작을 정의하는 것이 그다음 단계이다. 회로설계 기술자들은 시장과(또는) IDEA 기능을 수행하도록 칩의 구조를 결정한다.

03 시스템 시뮬레이션은 한 그룹의 기술자들에 의해 수행되는 데, 이들이 나중에 최종 칩으로 합쳐 질 개개 블록들을 정의하고 그 정의를 검증한다. 이 단계는 2번 단계에서 정의한 구조가 좋은 것인지를 검증하고, 확실하게 나중에 구현할 블록들을 보다 구체적으로 정의한다.

04 회로 설계 그룹들은 회로 해결책들과 게이트 연결도, 그리고 게이트의 크기(타이

밍 규격을 충족하기 위한)를 검증하기 위하여 모든 디지털 및 아날로그 시뮬레이션들을 수행한다. 이 그룹들은 칩의 플로어 플랜을 할 레이아웃 설계 그룹들과 협의한다.

05 레이아웃 설계는 회로 기술자들과 레이아웃 설계자들에 의하여 수행된다. 그들의 일은 다각형을 배치하는 것으로 이루어져 있다. 트랜지스터들, 기판 연결들, 연결들(금속의 1에서 6 개의 층을 사용하여) 등 모든 블록들이 회로 그룹에 의하여 만들어진 스키매틱들을 사용하여 구현되어 진다. 대규모 생산으로 가는 마지막 설계는 전체 칩의 레이아웃이다.

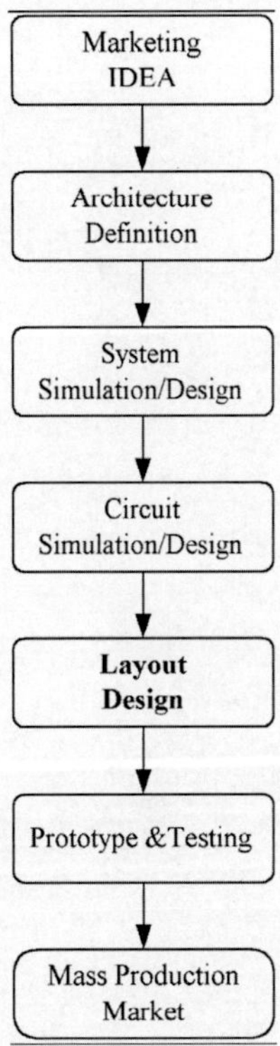

그림 1.1 IC 설계 과정

06 첫 번째 웨이퍼가 제조되는 후에, 테스트 기술자들의 그룹이 칩들을 테스트하려고 할 것이다. 우선, 그들은 공정 패러미터가 받아들일 만한 허용 수준내에 있는지를 검사할 것이다. 다음으로 엔지니어링 테스터를 사용하여 모든 칩들을 검사하는데, 이것은 모든 규격 위반들을 발견하고 그 자리에서 그것을 바로 잡기 위

한 방법을 찾기 위해서이다.

07 모든 오류가 잡혀 지면(공정이나 논리에서의 오류), 칩은 대량 생산을 거쳐 시장으로 공급될 것이다.

이것이 개념적 흐름인 것을 기억하라. 실제적으로는, 그것이 다음 단계로 나아갈 때마다 많은 귀환 루프와 설계의 반복이 있다. 설계에 대한 변화는 많은 다른 요소들(레이아웃 제한이나 제약조건에서 기인하는 많은 것들을 포함하는)의 결과로서 일어난다. 그러한 것들이 나타나기 전에 이러한 요소나 문제점들을 예측하는 것이 중요하다. 기본 개념을 이해하는 사람이 좋은 설계자 이상의 훌륭한 설계자가 되는 것이다.

자 그럼 어디에서부터 시작할까? 레이아웃 설계자의 관점에서, 일단 스키매틱 또는 네트리스트가 만들어지는 데부터 시작한다. 2장으로 가자.

PART 2

스키매틱 기초

스키매틱이 주어졌거나, 또는 스키매틱을 설계하였다면 이제 레이아웃으로 옮겨갈 준비가 된 것이다. 다음은 무엇일까? 이 장에서는, 스키매틱의 기본적인 빌딩 블록들을 배우고, 또 레이아웃으로 설계를 구현하기 위해 준비하는 것의 기초들을 배울 것이다. 먼저 모든 CMOS 회로의 기본적인 빌딩 블록인 트랜지스터부터 시작한다. 그 다음 전형적인 스키매틱 도면을 이해하는 것으로 계속한다. 그리고 더 중요한 문제들을 위한 기본을 공부한다.

2.1 MOS 트랜지스터: 기본 회로 구조

트랜지스터는 우리들이 효과적으로 설계를 레이아웃하기 위해서 이해하여야 하는 가장 작은 빌딩 블록/소자이다. 먼저 트랜지스터의 동작원리를 고찰해 보고 나서 트랜지스터 동작의 기본적인 이해를 제공한다. 그래서 설계의 성능을 최대화할 수 있게 하고자 한다.

CMOS는 상호보상 금속 산화막 반도체를 나타낸다. 트랜지스터에는 PMOS 그리고 NMOS의 두 가지가 있는데, 그것들은 서로 상호보상을 해 주고 있기 때문에 이 명칭은 적절하다고 본다. 이 장에서 이러한 것을 볼 것이다.

전형적으로, 스키매틱은 PMOS와 NMOS 트랜지스터들을 그림 2.1에 보여진 것처럼 표시한다.

그림 2.1 PMOS, NMOS 트랜지스터

드레인과 소스 노드들이 그림에서 보이는 것처럼 뒤바뀌어 있는 것을 유념하라.

대부분의 경우 "벌크" 연결은 PMOS에서는 논리적인 "1" 수준에, NMOS에서는 논리적인 "0" 수준에 항상 연결된다. 이 같은 이유로 대부분의 스키매틱들은 벌크 연결을 보여주지 않고 암시된다. 물론, 이것이 항상 그렇지는 않다. 그러나 당분간은 다음의 스키매틱들에서 "벌크" 연결을 생략하고자 한다.

PMOS와 NMOS 트랜지스터들의 게이트의 상태에 따라 트랜지스터들이 "켜짐"이

된다. PMOS 트랜지스터들은 게이트가 논리적인 "0" 수준에 있는 때에 "켜짐"이 된다. 거꾸로, NMOS 트랜지스터는 게이트가 논리적인 "1" 수준에 있는 때에 "켜짐"이 된다. 이것을 기억하는 방법은 PMOS 게이트에 있는 방울이 "0"같이 보이고, NMOS 게이트는 "1"처럼 보이는 것을 생각하는 것이다.(그림 2.2)

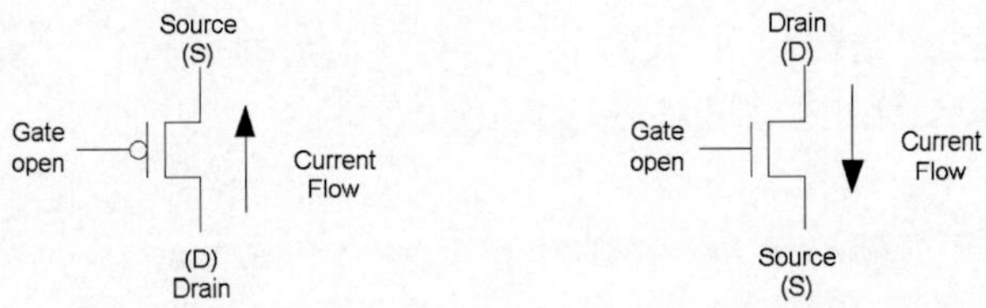

그림 2.2 PMOS 게이트 개방과 NMOS 게이트 개방

두 트랜지스터는 "스위치" 또는 수도관의 밸브랑 매우 유사하게 작동한다. 밸브처럼, "게이트"는 스위치가 열리거나 닫히는 지를 제어한다. 정(positive)의 전류 흐름의 방향을 게이트가 열렸을 때 트랜지스터의 드레인 쪽으로부터 "소스" 쪽으로 전하가 "흘러나가는" 것으로 정의한다. 만약 게이트가 닫히면, 전류는 흐르지 않는다.

트랜지스터의 동작을 보여주는 간단한 방법은 그것이 "켜짐"이 되었을 때 저항으로 보는 것이다. (그림 2.3)

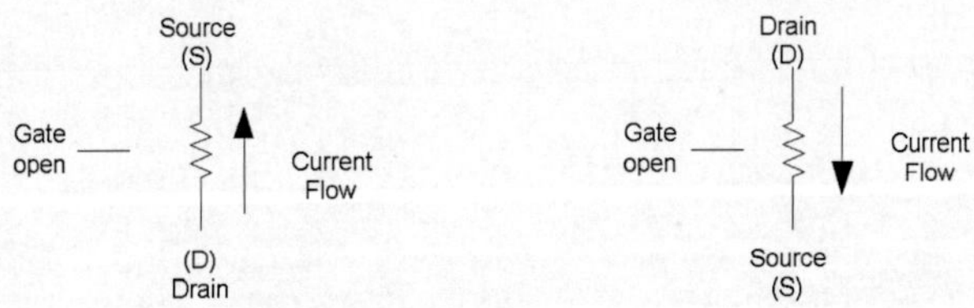

그림 2.3 PMOS, NMOS 저항 모델

저항을 통하여 흐르는 전류의 양은 트랜지스터의 등가저항에 의하여 제한된다. 나중에 설명하겠지만, 트랜지스터들의 크기가 직접적으로 이 등가저항에 영향을 준다. 지금부터 트랜지스터들의 동작을 분석하는 것에 이 간단한 저항 모델을 사용할 것이다.

소스가 정적인 논리 수준에 연결되어 있는 경우를 고려해 보자. 일반적으로, 논리 "1" 수준은 설계에서 가장 높은 공급 전압으로 스키매틱에 표시된다. 전형적으로 이 높은 공급 전압은 VDD, VCC, 또는 아마도 VPP로 표시된다. 반대로, 스키매틱에서 논리 "0" 수준은 칩의 접지 수준으로 표시된다. VSS, GND, 또는 GROUND가 전형적인 이름이다. 이러한 조건에서 트랜지스터의 게이트가 열려진다면 드레인 노드는 자연스럽게 소스와 같은 수준으로 된다.

PMOS와 NMOS 소자의 물리적 구조과 제한들 때문에(여기서 논의하지는 않지만), PMOS 트랜지스터들은 항상 논리 "1" 수준을, NMOS는 논리 "0"을 만들기 위해 사용된다(그림 2.4). 물" 예외는 있을 수 있다. 이것이 왜 PMOS와 NMOS 함께 "상호보상적인"이라는 이름을 갖게 된 이유다. 그들은 두 개의 논리 수준을 만들어 내기 위해 서로 단순히 그리고 확실하게 상호 보상한다.

그림 2.4 "1" 을 생성하는 PMOS와 "0" 을 생성하는 NMOS

이러한 연유로, 부울 논리가 PMOS와 NMOS를 사용하여 쉽게 구현되며, 그것이 CMOS 회로가 오늘날 그렇게 많이 쓰이게 된 주된 이유이다.

이 절 앞부분에서 언급한 벌크 연결에 대해 완전히 잊지는 말자. 벌크는 일반적으로 각각의 논리 수준에 연결되며 공급 수준에 암시적으로 연결된 모양을 그림 2.5에 보이고 있다.

그림 2.5 암시된 벌크 연결을 보여주는 MOS 트랜지스터

트랜지스터의 크기 또한 스키매틱에서 확인되어야 한다(그림 2.6). 각각의 PMOS와 NMOS는 길이와 폭을 가지고 있다. 이러한 크기에 대하여는 다음 장에서 상세하게 설명할 것이고, 지금은 이것을 주어진 것으로 생각하라. 전형적으로 트랜지스터의 길이는 보여지지 않을 수 있으며 기본값을 가지고 있다. 이 값은 보통 공정기술에 의하여 제한되는 것으로 허용되는 최소값이며, 그리고 그것은 공정기술을 표기하

기 위하여 인용되는 값이기도 하다. 예를 들면 0.25 -㎛ 공정은 전형적으로 기본 게이트 길이가 0.25 ㎛이고, 그래서 스키매틱에는 불필요한 정보이므로 표시되지 않는다.

그림 2.6 소자 크기를 나타내는 MOS 기호

그림 2.6에서 PMOS 트랜지스터의 폭은 5 ㎛이고, NMOS의 폭은10 ㎛이다. 일반적으로, 폭의 값이 먼저 표기된다. PMOS 트랜지스터 길이는 0.5 ㎛이다. NMOS에서는 보여 지지 않기 때문에, 그것은 공정의 기본 값으로 추정되어지며 따라서 0.25 ㎛이다.

트랜지스터들의 레이아웃을 살펴보기 시작하면, 트랜지스터의 폭을 증가하거나 트랜지스터의 길이를 감소함에 따라 트랜지스터의 저항이 줄고 따라서 전류 구동이 커진다는 것이 더욱 명백하게 된다. 이 장에서는 일단 이점을 주어진 것으로 받아들인다.

2.2 논리 게이트

오늘날 스키매틱들의 대다수는 트랜지스터들로 가득 채워지는 모양이 아니다. 이것에 대한 이유들은 많지만 중요한 것으로는 설계의 복잡함 때문에 그것이 적절하지 않다는 것과, 트랜지스터들이 소위 논리 게이트 또는 "게이트"라고 하는 것으로 그룹이 되어 지기 때문이다. 논리 게이트는 트랜지스터의 게이트와 혼란스러울 수 있지만, 용어가 사용된 문맥을 보고 충분히 분간하기를 바란다.

논리 게이트는 부울 논리 함수들로부터 직접적으로 또는 도움을 받아 구현된다. 이론상, 거의 모든 논리 함수는 단일 논리 게이트로 구현될 수 있다. 그러나 실제로는 이렇게 수행되지 않는다. 이 책을 읽은 후에 그 이유를 충분히 알기를 바란다.

대체로 CMOS에서 대부분의 논리 함수들은 인버터들, 2~4 개 입력 NAND, 2~4 개 입력 NOR, 그리고 전달 게이트들을 사용하여 구현된다. 모든 논리 게이트들 중에서 가장 단순한 것인 인버터를 이해하는 것으로 이 게이트들에 대하여 배우기 시작하자.

2.2.1 인버터

이름으로 암시하듯이 인버터는 가장 간단한 논리 게이트이다. 그것의 기능은 입력 노드로 받은 신호를 반대 극성으로 만들어 출력 노드로 내보내는 것이다.(그림 2.7)

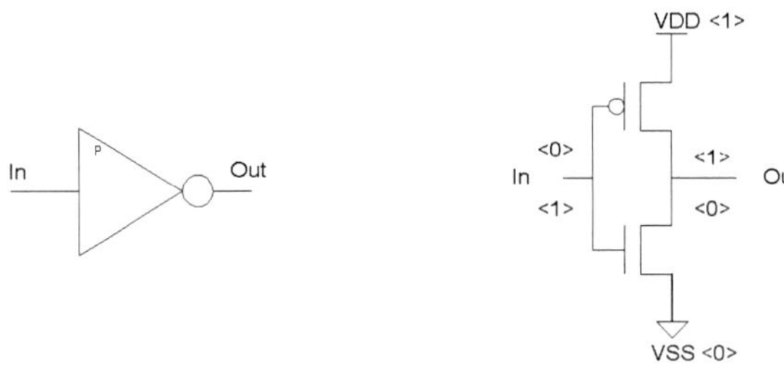

In	Out
0	1
1	0

Logic Symbol　　Schematic = gate representation　　Table of truth

그림 2.7 인버터

트랜지스터들에 대한 지식을 사용해보자. PMOS가 "0"을 받으면 "열린"다는 것을 안다면 "1"이 출력으로 구동될 것이다. 이 경우에 NMOS는 꺼져있고 출력 수준에 영향을 주지 않는다. 거꾸로, 같은 규칙에 의해, 입력이 "1"일 때 출력 "0"이 만들어진다.(그림 2.8)

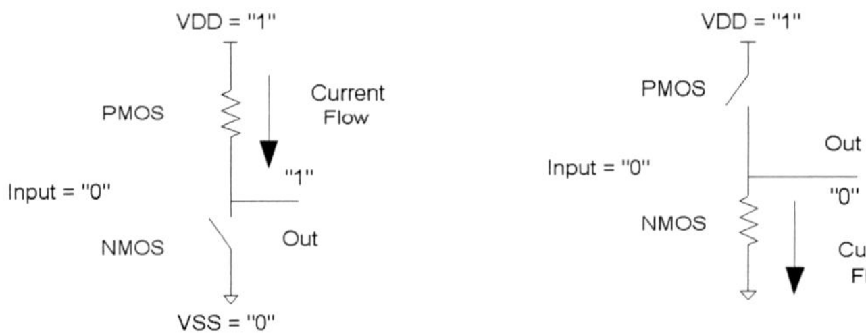

Input = "0"　　Input = "1"

그림 2.8 인버터 동작

CMOS 논리는 그것의 본래 성질에 의해 항상 반전이다. 또한 NMOS와 PMOS는 결코 동시에 "켜짐"이 되지 않는 것을 기억하라. 이점이 왜 CMOS가 저전력 형태의 회로설계인가를 설명해 준다. 일단 게이트가 그 상태를 바꾸면, VDD와 VSS 사이에 어떤 DC 전류 경로가 없다. 만약 그러한 경로가 있다면 DC 전력을 소모할 것이다.

인버터 크기를 명시할 때, 두 개의 소자 크기가 요구된다.(그림 2.9)

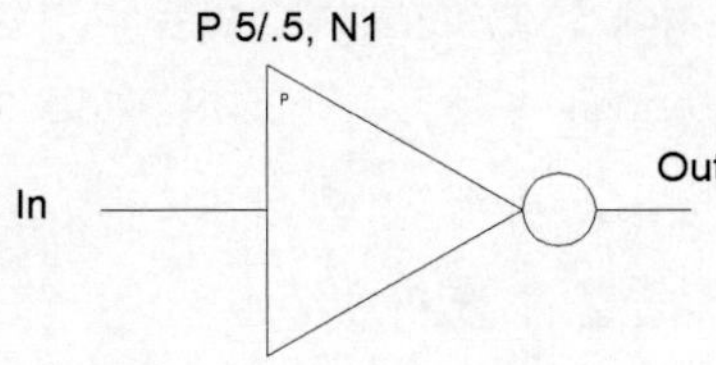

그림 2.9 인버터 크기결정

- "P"와 "N" 은 소자 타입을 명시한다. 일반적으로 폭이 먼저 표기된다.
- 이 경우 PMOS 트랜지스터 폭은 5 ㎛ 이고, NMOS는 1 ㎛이다.
- PMOS 트랜지스터 길이는 0.5 ㎛이고, NMOS에서는 그것이 나타나 있지 않기 때문에 공정에서 제공하는 기본값일 것으로 가정한다.

다음 절에서 NAND/NOR 게이트가 다뤄질 것이다. NAND는 반전된 AND 게이트이며, NOR는 반전된 OR이다. 그들은 둘 다 한 단계 게이트이며, 이점이 그들이 CMOS 논리의 기본적인 빌딩 블록들인 이유이다.

2.2.2 2 입력 NAND 게이트

다른 신호들 사이에서 논리적 결정을 할 필요가 있을 때, NAND/NOR 게이트가 그 일을 할 것이다. 그림 2.10의 진리표에 있는 입력 조건하에서 각각 트랜지스터들의 동작에 의하면, 원하는 출력이 보여 지는 트랜지스터 구조로 만들어 지는 것을 알 수 있다.

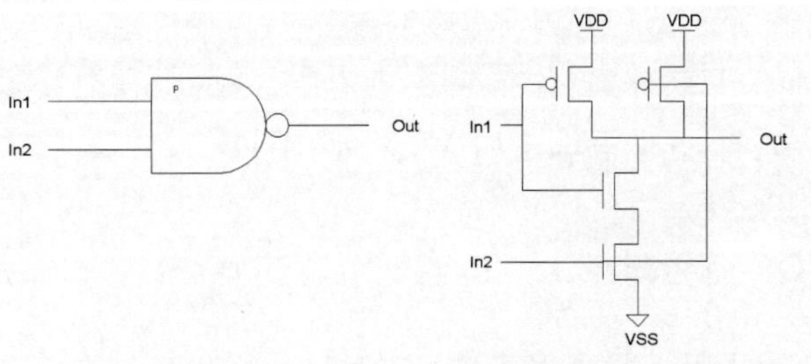

In1	In2	Out
0	0	1
0	1	1
1	0	1
1	1	0

Table of truth

그림 2.10 2 입력 NAND 게이트

IN1와 IN2이 양쪽 모두 "1"일 때 "Not AND" 동작(OUT = "0")이 만들어진다. 두 개의 입력이 동시에 "1"이 되는 것은 두 개의 NMOS 트랜지스터들을 직렬로 연결시키는 것으로 해결한다. 동시에 PMOS 트랜지스터들은 상호보상 형태로 병렬로 연결한다.

이 형태는 게이트의 정확한 동작성을 만들어 낼 뿐 아니라, VDD로의 PMOS 경로와 VSS로의 NMOS 경로가 동시에 "켜짐"이 되는 경우가 없는 것을 보장하기 때문에 정적인 DC 전력 소모를 줄일 수 있다.

셋 또는 더 많은 입력 NAND 게이트는 NMOS의 직렬연결들과 PMOS 트랜지스터들의 병렬연결들을 확장하는 것으로 쉽게 구현될 수 있다.

NAND 게이트 트랜지스터 사이즈를 명시할 때, 네 개의 소자 크기가 요구된다. 그러나 대개의 경우 모든 PMOS 트랜지스터들은 같은 크기가 되고, 마찬가지로 모든 NMOS 트랜지스터들도 같은 크기가 된다. 그러므로, 다시 전형적으로 두 개의 값만이 요구된다. (그림 2.11) 이것은 또한 NOR 게이트에도 적용된다. 즉 NOR 게이트 크기를 표시하는 것도 매우 유사한 방법으로 수행된다.

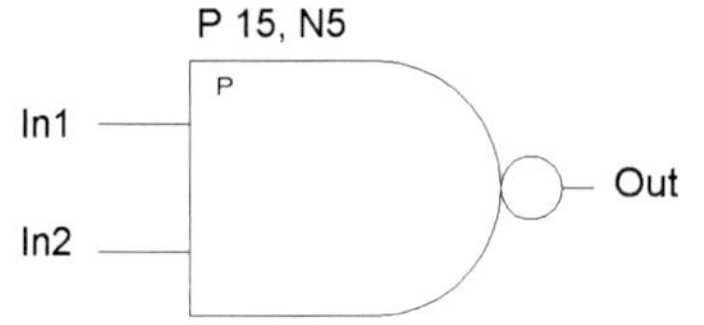

그림 2.11 NAND 게이트 크기결정

- "P"와 "N"은 소자 타입을 명시한다. 일반적으로 폭이 먼저 언급된다.
- 이 경우 PMOS 트랜지스터 폭은 15 ㎛이고, NMOS는 5 ㎛이다.
- PMOS, NMOS 트랜지스터의 길이는 공정에서 제공하는 기본값일 것으로 가정한다.

만약 두 개의 PMOS 트랜지스터들이 다른 크기를 갖는다면, 전형적으로 이것은 "P1, P2"나 필요한 부가적 숫자 등과 같이 "P" 자에 첨자를 써서 표시한다.

2.2.3 2 입력 NOR 게이트

NOR 게이트는 NAND의 거울같은, 즉 보완적 구조이다. NOR 게이트에서는 NMOS와 PMOS 트랜지스터들의 직렬/병렬연결들이 바뀌어져 있다. 즉, PMOS 트랜지스터들은 직렬로, NMOS들은 병렬로 되어 있다.(그림 2.12)

여기에서도 DC 전력 소모에 대한 가능성은 모든 입력 조건들에 대해 제거되어 있고, 셋 또는 더 많은 입력의 NOR 게이트들은 PMOS와 NMOS의 각각 직렬, 병렬 연결수를 증가시키는 것으로 쉽게 만들어진다.

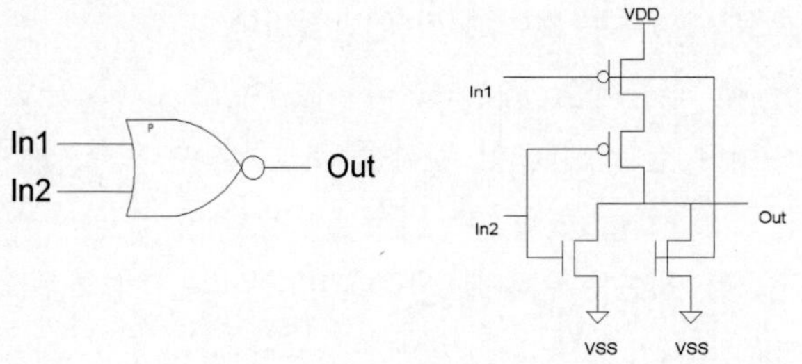

In1	In2	Out
0	0	1
0	1	0
1	0	0
1	1	0

Logic Symbol Schematic = gate representation Table of truth

그림 2.12 2-입력 NOR 게이트

트랜지스터 크기 값들은 NAND 게이트에서와 매우 비슷한 방법으로 표시되므로 전형적인 관행에 대한 설명은 여기서 반복하지 않을 것이다.

2.2.4 복합 게이트

앞에서 언급한 것처럼, 거의 모든 부울 논리 기능은 한-단계 CMOS 논리 게이트로 구현될 수 있다. 용어 복합 게이트라는 이름은 보통 AND, OR, NAND, 그리고 NOR의 조합으로 하나의 논리 단계로 구현되는 "복합"적 기능을 갖는 논리 게이트에 붙여진 것이다.

복합 게이트는 한 단계로 구현되기 때문에, 거의 모든 경우 전력 소비, 면적, 그리고 속도 장점이 이루어진다.

그림 2.13은 다수의 게이트로 구현되는 복합 논리 기능의 한 예제이다.

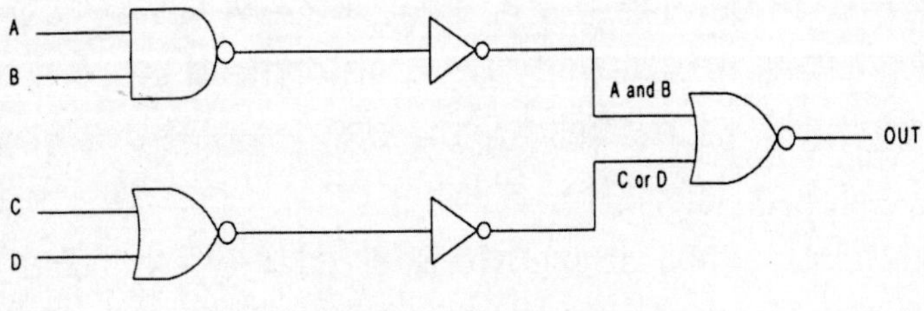

그림 2.13 복합 논리

만약 우리가 이 논리 함수를 위한 트랜지스터 수를 단순하게 계산을 하면, 세 단계의 논리를 갖으며 16 개의 트랜지스터가 필요한 것을 알게 될 것이다. 엔지니어링 도면이 이와 같이 설계되지는 않고, 그림 2.14에 보이는 것과 같은 기호를 사용하여

한 단계의 논리 표현으로 나타내는 것이 훨씬 일반적이다.

인버터들을 그이 각각 구동하는 게이트들과 결합하면, NAND-인버터 결합은 AND가 되고, NOR-인버터 결합은 OR이 된다는 것을 알 수 있다. NOR 출력은 그냥 똑같이 남아있다.

이 게이트의 트랜지스터 표현은 어떻게 생겼을까? 우리는 이 표현으로 레이아웃 설계를 해야만 한다.

이 같은 종류의 복합 게이트는 사용하고 만들기에 매우 효율적이지만, 다소 그리기가 성가시다. 트랜지스터 표현을 결정하기 위해서는 출력 게이트로부터 시작하여 논리를 분석하고, 뒤쪽으로 일을 해나가야 한다.(즉, 오른쪽에서 왼쪽으로)

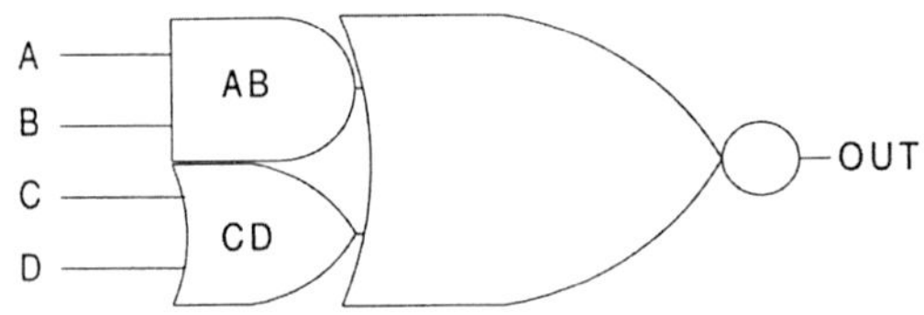

그림 2.14 복합 게이트 예제

우선 2 입력 NOR의 출력을 고려해보자. 아이디어는 AND 게이트로 나타나있는 NAND 기능과 OR 게이트로 나타나있는 NOR 기능을 결합하여 출력 NOR로 보내는 것이다. 그리하여 최종 논리 게이트를 만든다.

왜 우리는 AND 대신에 입력 NAND을 사용하는 것일까? 그리고 마찬가지로, 왜 OR 대신에 NOR를?

그 이유는 출력 NOR 게이트는 논리 반전의 또 하나의 단계를 제공하기 때문이며, 그래서 그것을 최종 게이트로 구현하는 것으로 이용하려는 것이다. 출력 NOR 게이트에는 고유의 반전 기능이 있으므로, 입력 AND나 OR 기능을 구현할 필요가 없다. NAND나 NOR 기능만이 필요한 것이다. 이점을 계속 공부하여 스스로 깨달아 보기 바란다.

나중에 설명하는 것처럼 트랜지스터들을 병합하기 전에 먼저 준비해야 할 것은 출력 게이트로 합쳐질 입력 쪽의 논리 게이트를 결정하는 것이다. 이것은 단순히 입력 쪽의 논리를 반전시키는 것으로 수행된다. 우리 예제에서는 AND를 NAND로, OR를 NOR로 바꾼다.

01 AB PMOS 트랜지스터들을 입력 NAND의 병렬 PMOS 트랜지스터들로 바꾸고, AB NMOS 트랜지스터들을 입력 NAND의 직렬 NMOS 트랜지스터들로 교체한다.

02 CD 소자들을 위해 같은 방법론을 사용한다. 각각 CD PMOS 트랜지스터들을 입력 NOR의 직렬 PMOS 트랜지스터들로 바꾸고, CD NMOS 트랜지스터들을 입력 NOR의 병렬 NMOS 트랜지스터들로 교체한다. (그림 2.15)

최종 구조의 진리표를 검사해 보면, 8 트랜지스터 논리 게이트가 앞서 나온 16 트랜지스터의 3 단계 논리 함수와 논리상 동일하다는 것을 알 수 있다.

복합 게이트의 단순성을 확대하고 이해하는 데 이 기법을 사용하라.

전형적 복합 게이트를 위한 보다 많은 트랜지스터들 때문에, 각각 트랜지스터들의 크기는 스키매틱에 나타날 수도, 나타나지 않을 수도 있다. 대개의 경우 각 트랜지스터는 서로 다른 크기를 가지며, 그래서 전형적으로 기호에 표시되지 않는다. 크기 정보는 트랜지스터 수준 스키매틱을 보고 결정되어야 한다. 비록 크기가 표시되었다 하더라도, 트랜지스터 구조에 이들 크기들을 대응시켜 보는 것은 레이아웃 설계를 시작하기 전에 반드시 수작업으로 해 보아야 한다.

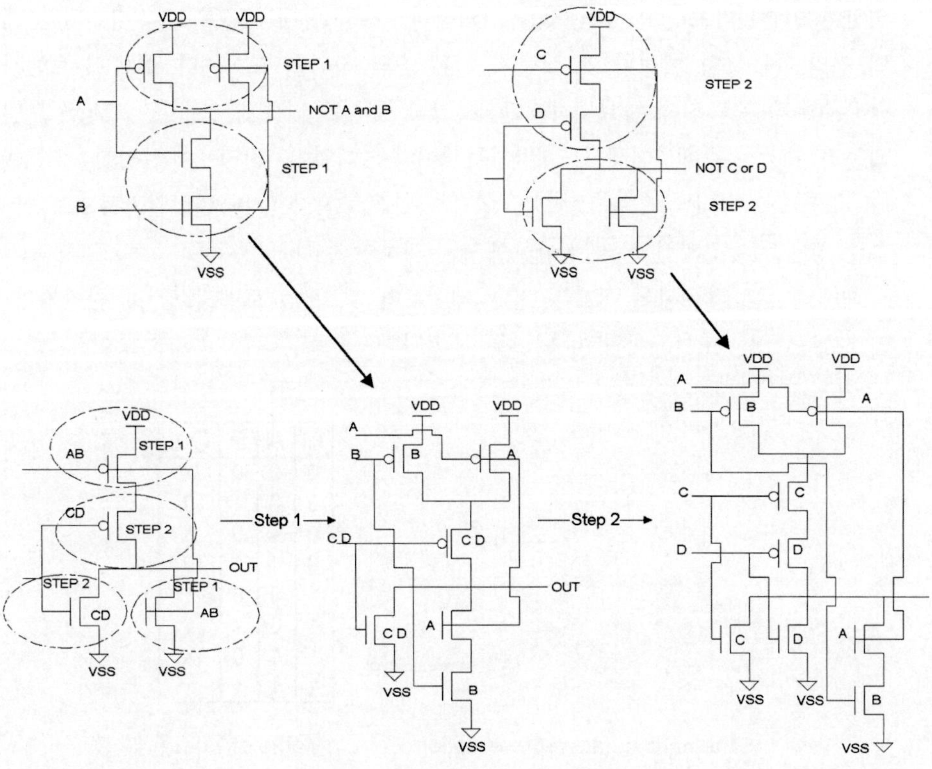

그림 2.15 복합 게이트 해결책

2.3 전달 게이트

스키매틱에 나타날지도 모르는 또 하나의 트랜지스터 구조에 대해 고찰해 보자.

인버터의 경우에, 양쪽 트랜지스터의 소스는 전원 공급원에 연결된다. 조합 게이트의 경우에, 직렬 연결된 트랜지스터들은 결국 전원 공급원에 연결되어서, 단순한 인버터와 마찬가지로 다뤄진다.

전달 게이트는 드레인과 소스 노드들이 둘 다 신호들로 사용되는 바로 그런 경우이다. 이 경우에, 제어 신호 A와 B에 따라 출력은 일반적으로 입력을 따른다. 이 구조는 입력 신호의 비반전 전달을 가능하게 한다. 물론 두 개의 제어 신호가 PMOS와 NMOS 트랜지스터들을 비활성화 시키면 입력 신호가 차단된다. 이점이 이 게이트의 강력한 기능이다. 전달 게이트는 제법 자주 사용되며 조심스럽게 설계될 필요가 있다. (그림 2.16)

대체로 PMOS 트랜지스터들은 논리 "1" 수준을, NMOS는 논리 "0"을 발생시키기 위하여 연결된다고 말하였던 것을 기억하라. 거의 반대의 경우는 없다. 전달 게이트의 진리표를 보면 이점이 왜 그런지 이유 중의 하나를 보여준다. PMOS 트랜지스터들은 "0" 수준을 전해주기는 하지만, 사실 0 수준을 나쁘게 만든다. NMOS 트랜지스터들과 "1" 수준에 대해서도 마찬가지이다. 이것이 진리표에 "약한 수준(Weak Levels)"으로 나타나 있는 것이다. 명확하게 의도되지 않는 한, 일반적으로 이 약한 수준 상태들은 정확한 논리 설계들에서는 피해야 한다.

대체로 두 개의 제어 신호는 전달 게이트가 두 개의 트랜지스터가 반반씩이 아니라 모두 "켜짐" 또는 "꺼짐"이 되도록 구현된다.

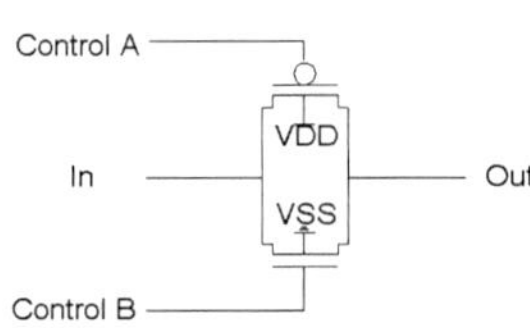

* = weak level

In	A	B	Out
0	0	0	0*
0	0	1	0
0	1	0	X
0	1	1	0
1	0	0	1
1	0	1	1
1	1	0	X
1	1	1	1*

Schematic = gate representation　　　Table of truth

그림 2.16 전달 게이트

2.4 스키매틱 연결을 이해하기

어떠한 스키매틱의 레이아웃을 구현하는 데 있어서, 최종 설계까지는 명확하게 나타나 있는 것 그 이상의 것이 있다. 스키매틱에서 연결은 A점에서 B점으로 연결된 단순한 선으로 나타나 있고, 두 개의 트랜지스터들의 단순한 연결은 직렬 아니면 병렬이다. 실제에서는 선은 물리적으로 구현되어야 하며 최적화되어야 하는 신호 경로이다. 예를 하나 들여다보자. (그림 2.17)

게이트와 트랜지스터들은 비슷한 것으로 보인다. 각종 게이트의 다른 트랜지스터 표현은 서술되어 왔다. 지금의 도전은 소자들의 연결을 이해하는 것이다. 우리는 벌써 각 트랜지스터들의 벌크 연결은 필요하되 명확하게 나타나 있지는 않다는 것을 알았다. 표 2.1에 여러 종류의 기호들을 요약하였다.

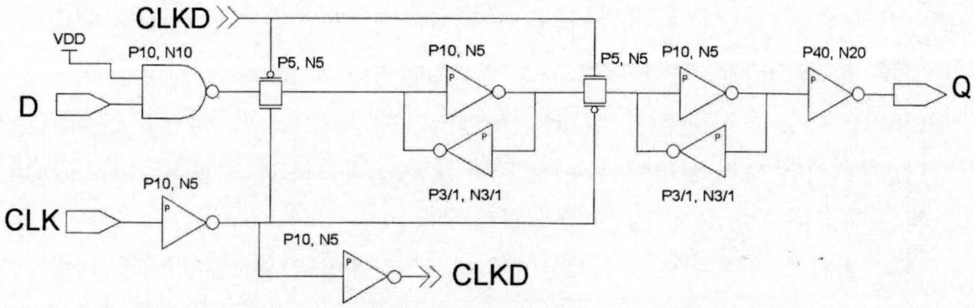

그림 2.17 스키매틱 예제

표 2.1 스키매틱 연결들

스키매틱 표현	설 명
——	단순한 선 연결. 이 신호들은 국지적 신호들로서 여러 가지를 고려하며스키매틱내에서 연결되고 구현되어야 한다.
>>	페이지 연결기호. 가상 연결은 이 기호로 이루어진다. 스키매틱내에서 어디로 연결되어야 할 지를 위해 연결 이름 또는 노드 이름이 사용된다. 우리 예제에서 CLKD라고 이름 붙여진 두 개의 노드는 전기적으로 연결되지만 그림으로는 연결되지 않고 있다. 일반적으로, 이것은 선들로서 스키매틱을 어지럽게 보이는 것을 피하기 위하여 사용된다.

(계속)

	포트 또는 핀 연결기호. 이 기호는 스키매틱으로 들어오거나 나가는 네트를 구분하기 위한 것이며, 스키매틱의 바깥 세상에 대한 "접속(interface)" 부분이다. 이 신호들은 성능 또는 신뢰도의 이유들 때문에 그들에게 특별한 고려 사항들이 부과 될지도 모른다. 그래서 그러한 조건들이 존재하는지 알아내는 것이 중요하다.
	광역 연결기호. 우리들은 트랜지스터의 벌크 연결할 때 이것을 본적 있다. 광역 연결기호는 스키매틱 블록에 내부적으로 또는 외부적으로 요구되는 전기적인 노드를 구분해 준다. 이 경우 "VDD"는 어디에서나 사용되고 광역적이다. 다시, 암시된 연결을 보여주기 위해 선을 그리는 것은 실제적이지 않다.

2.5 기초 전기 법칙의 재검토

IC 레이아웃 설계는 본질적으로 다각형과 여러 모양으로 전기적인 회로를 구현하는 기술이며, 그것은 최종 설계를 만들기 위해 트랜지스터들과 그 연결들을 표현한다. 우리들이 잊지 않아야 하는 중요한 개념은 최종 설계는 물리적 레이아웃의 규정되는 특성을 아주 많이 가질 것이라는 점이다.

이 절의 목적은 반드시 이해하여야 하는 몇 개의 기본적인 전기적인 법칙과 이론들을 재검토하는 것이다. 그래야 우리들이 앞으로 더 나아가고 능률적이고 효과적인 레이아웃 기법들을 개발할 수 있는 좋은 기반을 확립할 수 있다.

2.5.1 옴(Ohm)의 법칙

이것은 가장 기초적이고 근본적인 법입니다 :

$$V = I \times R$$

전압 = 전류 × 저항

우리는 MOS 트랜지스터가 그들이 "켜짐"이거나 또는 게이트가 "열림"이면 "저항"으로서 동작한다는 것을 배웠다. 게이트의 열림으로 유도된 전류 흐름은 트랜지스터 양단에 전압 변동을 야기한다. 이것은 옴의 법칙의 적용을 보여준다. 트랜지스터의 저항 값과 양의 전류 값이 주어지면 전압 변화는 옴의 법칙으로 설명된다.(그림 2.18)

마찬가지로, 게이트가 "꺼짐"일 때 전류는 "0"이다. 옴의 법칙에 의해, 전압 변화는 역시 "0"이고, 그것은 게이트가 "닫힌" 상태이기 때문에 개방 회로처럼 동작하므로 당연한 것이다.

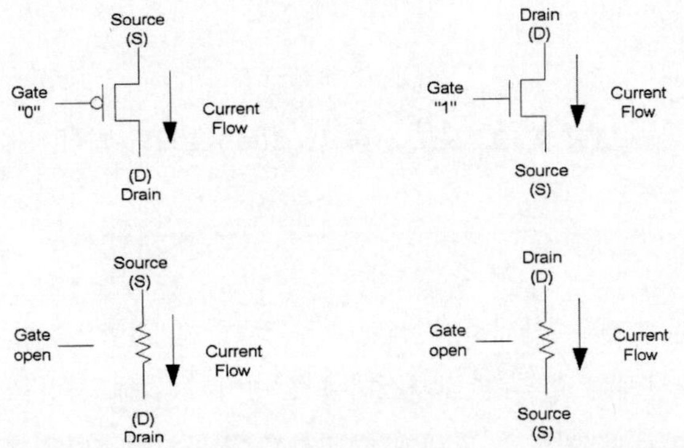

그림 2.18 PMOS 모델(왼쪽)과 NMOS 모델(오른쪽)

사실, 트랜지스터의 저항은 트랜지스터를 통해 흐르는 전류의 총량과 마찬가지로 동적이다. 그러므로 이것은 매우 단순화한 모델이지만, 그것은 옴의 법칙이 어떻게 적용되는지 효과적으로 설명하고 트랜지스터가 어떻게 동작하는지에 대한 개념을 제공한다.

옴의 법칙은 기억하여야 할 강력한 이론이고 회로설계와 레이아웃 설계를 위한 기본이다.

2.5.2 키르히호프(Kirchoff)의 전류 법칙

키르히호프의 전류 법칙은 앞으로의 장들에서 특정한 개념들을 설명하도록 도와주는 또 다른 근본 법칙이다. 키르히호프의 전류 법칙은 어떠한 전기적 노드로의 전류의 총합은 0이라는 것이다. 이 경우 노드로 들어오는 전류를 전통적으로 양의 값으로 간주하고, 노드로부터 나가는 전류를 음의 값으로 간주한다. 그래서 그들의 전체적 합은 0이 된다 :

$$I_1 + I_2 + I_3 + \dots + I_N = 0$$

같은 것을 표현하는 또 다른 것은 노드로 들어가는 전류의 총합은 노드로부터 나가는 전류의 총합과 같다는 것이다.(그림2.19)

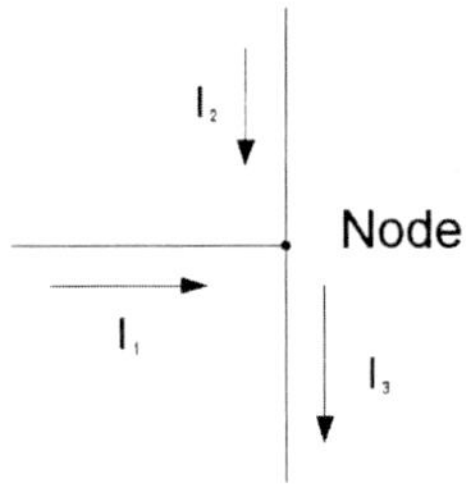

그림 2.19 노드 전류 및 키르히호프의 법칙

2.5.3 저항

우리는 이미 그것을 상세하게 설명하는 것 없이 저항의 개념에 대해 언급하였다. 우리는 "켜짐" 상태에 있는 트랜지스터를 설명하기 위해 저항을 사용하였다.

간단하게 말하면 저항은 도체에서 전하를 전도시킬 수 있는 무능력(또는 능력)을 말한다. 물로 비유하면 커다란 직경의 관이 작은 직경의 관보다 저항이 작다. 왜냐하면 그것이 더 많은 물을 통과시킬 수 있기 때문이다. 이 경우 단면의 면적이 더 크다. 이것은 두 관의 길이가 같다고 가정을 한 경우이다. 관이나 도체는 길이가 길수록, 저항은 물론 증가한다.

IC 설계에서 저항 계산을 위한 전통적인 방법은 각 도체 레이어를 "정사각형(square)" 당 저항으로 분석하는 것이다. 하나의 "정사각형"은 도체의 길이가 폭과 같은 경우로 정의한다.

도체의 저항을 산출하는 것을 위한 공식은

$$R = \rho \times l/w$$

여기서 "ρ"는 Ω/□ 로 나타내어지는 레이어의 저항률(resistivity)이며, l은 도체의 길이, w는 폭을 말한다.

2.5.4 정전 용량

간단한 용어로, 정전 용량은 어떤 물체나 도체가 한 노드와 다른 기준 노드사이에 단위 전압 당 저장할 수 있는 전하의 양을 일컫는다. 물과의 유사성을 이용하면, 커패시터는 소비자들의 전력 필요에 의하여 만들어진, 꽉 차거나 비워져 있는 물을 가진 댐으로 생각할 수 있다.

도체가 가지는 정전 용량의 양은 도체의 면적과 그것이 기준 노드로부터 얼마나 떨어져 있느냐에 의해 결정된다. 다시 물과의 유사성을 이용하면, 호수를 생각해 보자. 호수를 채우려면 얼마나 많은 물이 필요할까? (커패시터를 충전하기 위하여 얼마나 많은 전하가 필요할 것인지를 생각해보라) 해답은 호수의 표면 면적과 그것이 얼마나 깊은가에 달려있는 것이다.

이 개념에서 좀 속임수 같은 부분은 기준 노드 개념인 호수의 바닥과 호수의 표면 사이의 거리가 호수의 깊이를 결정하는 부분이다. *도체가 기준노드로부터 더 멀어질수록, 호수의 깊이는 더 얕아 진다. 만약 기준 노드가 매우 가까워지면, 호수는 더 깊어 지고 따라서 전체 정전 용량도 더 커진다.* 이것 뒤에 숨어 있는 개념은 도체에서 전하는 반대 전하와 연관된 전기장 힘에 의해 기준 노드 쪽으로 끌려진다는 것이다. 더 가까운 물체들이 더 큰 전기장을, 그래서 더 큰 정전 용량을 갖는다.

두 개의 노드를 가르는 물질에 대해서도 존재한다. 어떤 물질은 다른 것들보다 훨씬 더 끄는 힘을 격리시킨다.

도체의 정전 용량을 위한 아주 단순한 모델은 다음과 같다.

$$C = \varepsilon \times A/d$$

여기서 A는 특정한 도체의 표면 면적이고, d는 도체와 기준노드 사이의 물리적 거리이다. 그리고 ε는 도체와 기준노드 사이에 절연레이어의 특성을 나타내는 상수이다.

2.5.5 지연 계산

아주 어려운 이론 세부 내용으로 들어가지 말고, 도선이나 도체를 구동하는 인버터를 예를 들어 생각해 보자. 도선은 단일 저항과 덩어리로 된 커패시터로 나타내어진다.(그림 2.20)

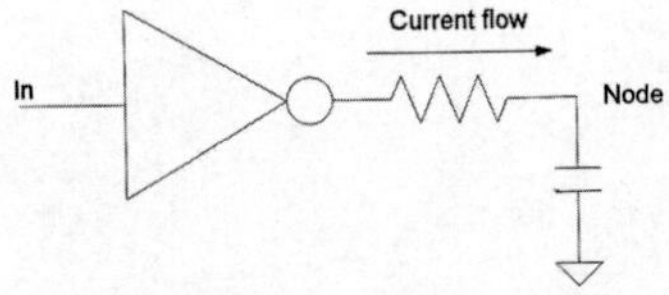

그림 2.20 지연 계산 회로

우리의 목표는 IN에서 A 노드까지 지연을 계산하는 것이다. 전체 지연은 두가지 요소에 의존한다 :

- **인버터와 연관된 스위칭 지연.** 이 인버터 지연은 저항과 커패시터의 크기에 의존한다. 이 지연은 보통 시뮬레이션으로부터 계산되므로, 여기서는 공식적으로 다루지는 않겠다.
- **저항과 커패시터에 의한 도선의 지연.** 독립적 부품으로서의 도선을 통한 지연의 1차적 근사식은

$$\text{지연} = R \times C$$

이 단순한 식은 우리에게 다른 도선 연결에 대한 지연을 분석하는 데 쉬운 방안을 제시해 주고, 그래서 우리가 최종 설계를 레이아웃 하는 데 적당한 절충을 할 수 있게 하여준다.

만약 주어진 회로에서 지연을 최소화 하도록 요구되면, 우리는 도선의 저항과 커패시터를 둘 다 줄이는 것을 고려할 필요가 있다. 저항과 커패시터에 대한 우리의 지식을 이용하여, 다음과 같이 함으로써 지연을 최소화하여 우리의 레이아웃을 최적화할 수 있다.

- **도체의 길이를 최소화하기.** 이것은 저항과 커패시터 양쪽을 줄인다.
- **도체의 폭을 최적화하기.** 도체의 폭을 줄이면 도선의 정전 용량은 준다. 그러나 저항은 증가한다.
- **도체의 기준 노드에 대한 간격을 증가시키기.** 이것은 도선의 정전 용량을 감소시킨다. 대체로 이것은 다른 다각형 또는 모양이 없는 영역들에서 도선을 달리게 하거나, 더 낮은 레이어 대신에 최상위층의 금속 레이어를 사용하는 것을 의미한다.

PART 3

레이아웃 설계

1 장에서, 우리는 레이아웃 설계를 아주 자세하게 다음과 같이 정의를 내렸다 :

> 시뮬레이션에 의해 확인 가능한 성능 요구조건, 제조 공정, 그리고 설계 과정에 의해 부과되는 제약조건들에 부합하는 엔지니어링 도면(네트리스트)의 정확한 물리적인 표현을 창조해 내는 과정

다시 말하면, 레이아웃 설계자는 기본적인 전기적인 개념들, 공정 한계점과 속성들을 알고 있는 사람으로, 공간과 플로어 플랜을 보고 느낄 수 있는 재능을 가졌고, 여러 가지 CAD 도구들을 배워서 사용할 수 있는 사람이다.

제조 공정에 대해, 또한 그것이 어떻게 레이아웃을 설계의 물리적 표현과 연관시키는 지에 대해 보다 자세하게 이해해 보자.

3.1 CMOS VLSI 제조 공정 소개

많은 종류의 설계과정들이 있지만, 이 책에서는 오직 CMOS 기술만을 논의한다. 각 과정이 물리적으로 어떻게 이루어지는 지 알아 보기 전에 먼저 레이어의 제조 순서를 논의한다. (그림 3.1)

우리는 가공전(bare) 실리콘 웨이퍼를 가지고 시작한다. 단계들 사이에 패턴이 만들어 지지 않을 영역을 보호하기 위해 격리 레이어가 키워진다.

P와 N 벌크 영역은 웨이퍼의 서로 다른 영역을 적당한 종류의 "웰(well)" 또는 "터브(tub)"로서 차별화하는 것으로 정의한다.

게이트 영역을 형성하는 폴리실리콘이 다음에 더해진다.

소스와 드레인 영역들은 게이트 폴리실리콘의 양쪽의 확산 영역들로 정의된다. 기판 콘택이나 가드 링 같은 다른 액티브 영역이 동시에 만들어 진다.

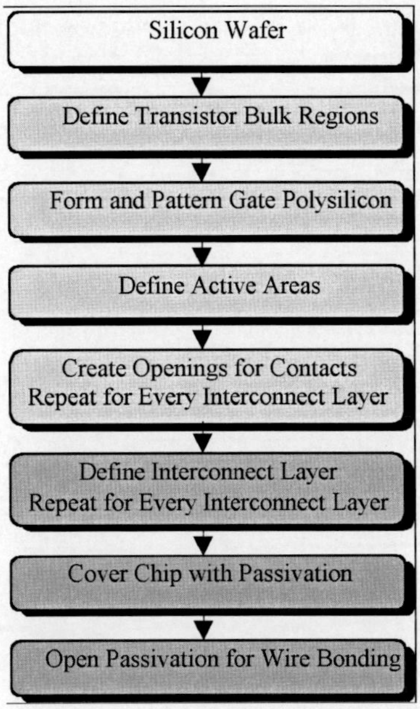

그림 3.1 CMOS 제조 공정

상호 연결 레이어가 폴리실리콘과 액티브 영역들에 연결되기 위해서는, 콘택 구멍들이 연결될 레이어 위에 있는 격리 레이어에 만들어 져야 한다.

상호 연결 레이어는 침전(deposit)되며, 전 단계에서 만들어진 콘택 구멍들을 채운다.

마지막 레이어는 와이어 본딩 연결을 위한 열린 구멍을 가진 패시베이션(passivation) 레이어라 불린다. 패시베이션 레이어는 칩을 외부 세계와 격리하는 유리 레이어이다.

이 다이어그램은 제조 공정의 매우 단순한 설명이다. 다른 공정기술들은 대단히 다른 제조 단계를 가지고 있다.

예를 들면 DRAM 메모리는 메모리 셀 커패시터를 만들기 위하여 네 개의 폴리실리콘 레이어를 가지고 있다. ASIC 설계는 단지 한 개의 폴리실리콘과 많은 논리 게이트들을 연결하기 위해 사용되는 여러 개의 금속 레이어들을 가지고 있다. 5~6 개의 금속 레이어를 사용하여, 마이크로프로세서들이나 다른 복잡한 ASIC 설계가 만들어 진다. (그림 3.2)

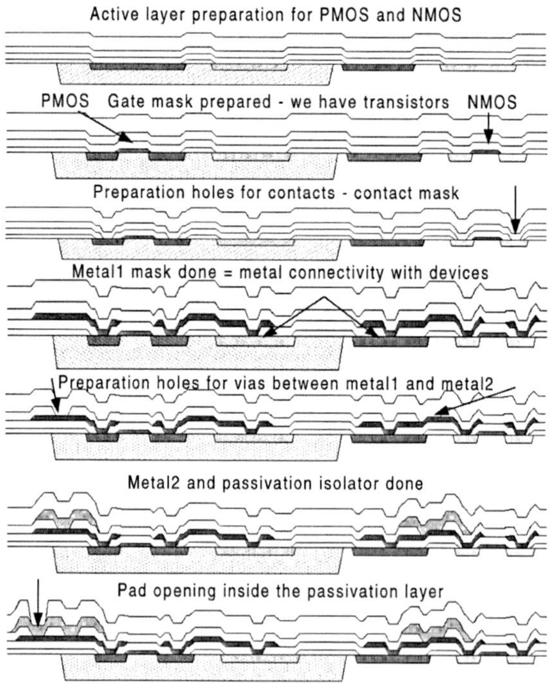

그림 3.2 단면 공정 단계 예제

3.2 레이어와 연결도

사용되는 레이어들의 종류를 단순화하고, *마스크* 레이어와 *그려진* 레이어에 대한 개념을 소개한다.

대부분의 CMOS 공정을 분석해 보면, 우리들은 네 개의 기본적인 레이어 종류가 있는 것을 알게 된다 :

01 *도체들* : 이 레이어들은 신호 전압을 전달할 수 있는 능력이 있는 전도가 가능한 레이어들이다. 확산영역, 금속과 폴리실리콘 레이어들, 그리고 웰 레이어가 이 부류에 속한다.

02 *격리 레이어들* : 이 레이어들은 수직과 수평 방향으로 각 도체 레이어들을 서로로부터 격리시키는 절연 레이어들이다. 이 격리는 별개의 전기적 노드들 사이

에 "단락 회로"를 방지하기 위하여 수직과 수평 모든 방향으로 필요하다.

03 **콘택 또는 비아** : 이 레이어는 전도 레이어들을 분리하는 절연 레이어에 만드는 구멍을 말하는데, 그 위의 레이어가 이것을 통하여 내려가 "접촉"한다. 금속 비아나 콘택들이 이것들의 예이다. 콘택 레이어의 또 다른 예는 본딩 패드들을 위한 패시베이션상에 있는 구멍들이다.

04 **임플란트(implant) 레이어** : 이 레이어들은 명백히 새로운 레이어 또는 콘택을 정의하지는 않지만, 원래 있는 도체 특성을 바꾸어 준다. 예를 들면 PMOS나 NMOS 트랜지스터들을 위한 확산이나 액티브 영역들은 동시에 정의된다. P+ 마스크는 P+ 임플란트 영역을 만들기 위해 사용된다.

이 네 가지 종류의 레이어들을 조합하여, 트랜지스터 소자들, 저항들, 커패시터들, 그리고 상호 연결들이 만들어진다.

거의 모든 경우에, 레이아웃 설계자에 의해 그려지는 레이어 수는 마스크 제작 공정을 위하여 필요한 최소의 수까지 감소되어 왔다.

이 최소 수의 레이어들을 그려지는 레이어 세트라고 불린다. 그려지는 레이어의 수를 최소화하게 되면 사람에 의한 오류, 레이어 관리, 또한 CAD 소프트웨어의 컴퓨터 요구사항을 줄일 수 있다.

마스크 레이어들, 또는 광학적 마스크로 변환되는 레이어 형상들은 때로 그려지는 레이어와 다르다. 우선, 그려지는 레이어보다 훨씬 많은 마스크가 있을 수 있다. 이런 경우에, 추가되는 마스크 레이어는 그려지는 레이어들로부터 자동으로 생성된다.

또한, 마스크 레이어들은 제조 공정의 변화폭을 감안하여 그려지는 레이어들로부터 크기가 조정될 수 있다. 이 크기조정 또한 마스크 제작 공정에 의하여 자동으로 수행된다.

격리 레이어들은 결코 그려지지 않고 다만 제조 공정의 일부분으로서 마스크 레이어들로부터 항상 암시된 것을 유념하라.

이 같은 점에서 어떤 레이어에 대한 언급은 그려지는 레이어로 해석되어야 한다.

물론, 모든 레이어 입력은 복잡한 CAD 소프트웨어로 수행된다. 그리고 이어지는 레이어들의 변형 또한 컴퓨터와 복잡한 소프트웨어로 이루어진다.

그려지는 모든 형상은 "다각형(polygon)" 또는 "경로(path)"로서 입력된다. 이 둘 사이에는 미묘한 차이가 있는데, 그것은 부분적으로 컴퓨터들이 레이아웃 데이터베이스를 다루고 처리하는 방식과 관련이 있다. 다각형이 경로보다 레이아웃에 더 잘 적합할 때가 있고, 어떤 때는 그 반대인 경우도 있다. 이 차이는 다음에 이어지는 두 개의 절에서 설명될 것이다.

3.2.1 다각형

이름이 암시하듯이, 다각형은 N개의 변을 가진 형상인데 기하학으로는 형상을 정의하기 위해 N+1 개의 꼭지점(vertex)을 가진다. (하나의 꼭지점은 시작과 끝점으로서 두 번 헤아려 지게 된다).

다각형의 전형적인 사용은 설계자가 단순한 사각형이 필요하지 않은 영역들을 다 포함시키고자 하는 곳 -예로 셀 경계, 트랜지스터들, n 웰, 콘택, 확산 영역 그리고 트랜지스터 게이트-이다. 덧붙여서, 다각형은 90° 내지 45°와 같은 다양한 각도 모드로, 때로는 아주 자유로운 형상으로 구현되기 때문에, 어떤 영역을 정의하는 데 있어서 매우 유용하다.

다각형을 사용하는 것의 장점들은 다음과 같다 :

- 이상한 모양의 영역을 에워싸기 위하여 사용될 수 있다.
- 쉽게 그리고, 더해지고, 오려내 질 수 있다.
- 같은 수준의 계층 구조와 같은 레이어라면 쉽게 합쳐질 수 있다.

그림 3.3에 여러 다각형들의 예제를 보라.

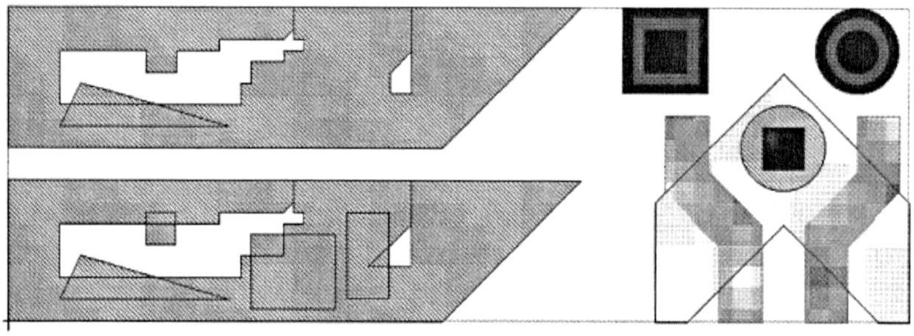

그림 3.3 다각형 예제

다각형을 사용하는 것의 단점들은 다음과 같은 것을 포함한다 :

- 일관성을 유지하면서 복잡한 다각형을 수정하기가 쉽지 않다. 균일한 폭이 요구

되는 때가 예가 될 수 있다. 그리고 다각형의 모든 부분들을 수정하는 것은 지루한 작업이다.

- "경로"가 더 적합한 곳에서는 경로를 쓰는 것보다 더 많은 컴퓨터 데이터베이스 공간을 필요로 한다.

3.2.2 경로

이름이 암시하듯이, 경로는 시작과 끝점, 중간 꼭지점, 그리고 폭 크기에 의해 정의되는 형상을 말한다. 경로는 일관된 폭을 가지고 있기 때문에 그것은 소자들을 연결시키고 한 점으로부터 다른 점으로 신호를 연결한다.

경로는 쉽게 다루어지고, 데이터의 관점에서 다각형보다 더 적은 컴퓨터 자원을 사용한다. 꼭지점들은 경로의 중앙선(또는 측면선)을 규정짓는다. 그리고 부가적인 변수는 경로의 폭을 정의한다. 경로 선은 또한 90°, 45°, 또는 임의의 각도 모드를 따라 갈 수 있다.

경로는 가운데, 왼쪽 또는 오른쪽 맞춤으로 설계될 수 있다. 이 말은 경로의 모양이 만들어질 때 꼭지점들이 가운데로, 또는 왼쪽으로 맞추어지게, 또는 오른쪽으로 맞추어지게 될 수 있다는 뜻이다.

경로의 추가적인 속성은 경로가 끝마쳐져 지는 방식이다. 시작점과 끝점에 관계있는 경로의 길이는 고정되거나, 어떤 양만큼 끝점을 지나 연장되거나, 또는 둥글게 될 수도 있다.

이러한 모든 사항들은 많은 것들을 고려하여 정해져야한다 : 사용 제조 공정, CAD 도구들, 그리고 설계 사양들. 경로들의 몇몇 예제를 그림 3.4에 보였다.

그림에서 볼 수 있듯이 경로는 서로 다른 레이아웃 스타일과 설계 사양에 따라 서로 다른 끝마무리와 꼭지점 형태를 가질 수 있는 가능성을 가진다.

경로의 효율적인 사용법은 다중 경로들을 사용하여 레이아웃을 생성하는 것이다. 일단 원하는 모양이 정의되면, 우리들은 다각형을 얻기 위하여 경로들을 플래튼(flatten) 할 수 있다(그림 3.5).

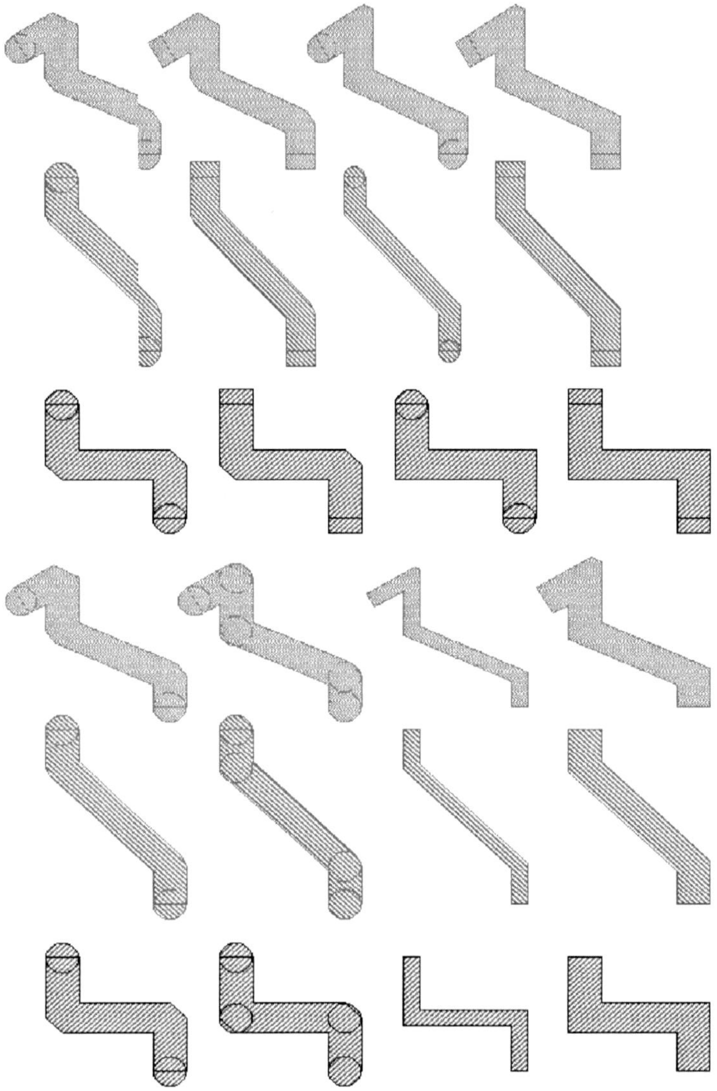

그림 3.4 경로의 예제

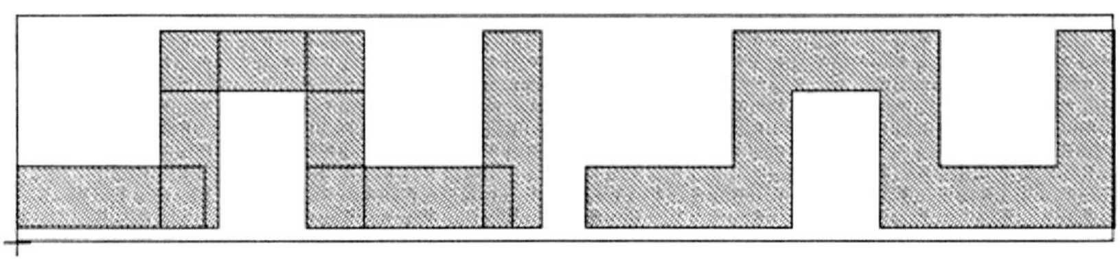

그림 3.5 하나의 다각형으로 플래튼된 다중 경로

경로를 사용하여 레이아웃의 첫 번째 버전을 발생시키는 것은 훨씬 더 빠르고 더 능률적이다. 만약 원한다면 우리들은 여전히 경로를 플래튼하여 다각형으로 바꿀 수 있다. 그 반대는 매우 제한적이다. 경로는 다각형으로부터 쉽게 만들어질 수 없다.

레이아웃의 종류와 디자이너의 일 습관들에 따라, 더 많은 경로가 사용되고 레이아웃은 더 능률적으로 된다. 경로는 바꾸기가 더 쉽고 더 적은 컴퓨터 데이터를 필요로 한다. 예를 들면 경로의 일부분을 이동하는 것은 한 개의 모서리를 이동시키는 것을 요구한다. 다각형의 해당하는 부분을 움직이는 것은 다각형의 양측에 두 개의 모서리를 이동시키는 것을 요구한다.

능률적인 작업 습관은 긴 작업에서 시간과 돈을 절약하는 것이 되는 데, 이것은 레이아웃 데이터 크기를 줄이는 것은 아래의 여러 요소들을 줄이는 것이기 때문이다 :

- 레이아웃 데이터베이스를 저장하는 데 필요한 디스크 공간
- 일하는 동안에 워크스테이션 메모리 사용량
- 스크린 다시그리기 시간
- 마스크 생성 과정을 위해 전체 레이아웃 데이터베이스를 처리하는데 필요한 워크스테이션 CPU 시간

경로의 유일한 단점은 몇몇 CAD 도구들이 한 줄로 된 경로들을 한 개의 다각형으로 합치는 것이 필요할 때 그것을 지원하지 않는 것이다.

3.3 트랜지스터 레이아웃에 대한 소개

트랜지스터의 레이아웃에 대해 논의하기 전에, 2장에서 서술한 스키매틱 기초에 대해 다시 살펴보자. 그림 3.6의 위쪽의 반은 PMOS와 NMOS 트랜지스터들의 기호 표현들을 나타낸다. 스키매틱이 지저분해 보이는 것을 피하기 위해 보이지는 않게 하였지만 벌크 연결은 거기 있다는 것을 명심하라.

2장에서, 전류 흐름의 양은 소자 크기에 의해 결정된다고 언급했었다. 전류 흐름은 소자의 폭이 커질수록, 또 길이가 작아질수록 증가한다고 암시하였었다. 소자의 레이아웃에 의해 정해지는 트랜지스터의 물리적 특성을 이해함으로써 왜 이런지를 알아보자.

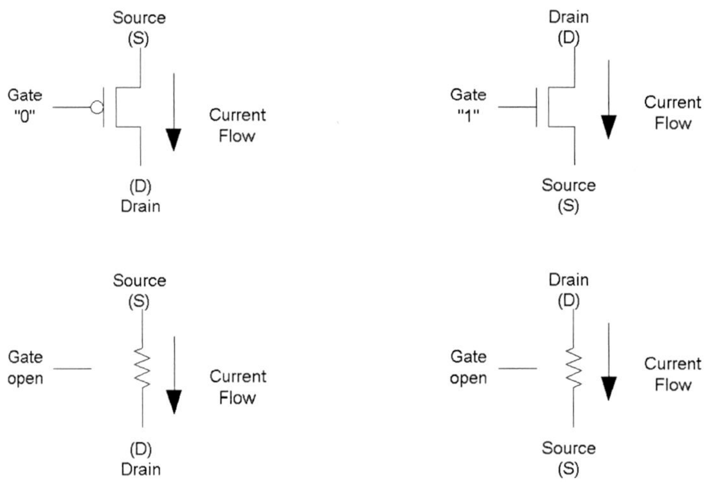

그림 3.6 PMOS와 NMOS 트랜지스터

그림 3.7은 간단한 MOS 트랜지스터 레이아웃을 보여준다.

다음을 유념하라 :

- 트랜지스터의 모든 네 개의 터미널은 보여지고 라벨이 붙여져 있다.
- 트랜지스터의 게이트는 폴리실리콘의 다각형에 의하여 정의되어 있다.
- 트랜지스터의 게이트에 인접한 액티브 또는 확산 영역은 소스와 드레인 영역을 정의한다. 소스와 드레인 라벨은 사실 서로 바꿀 수 있다는 것을 유념하라.

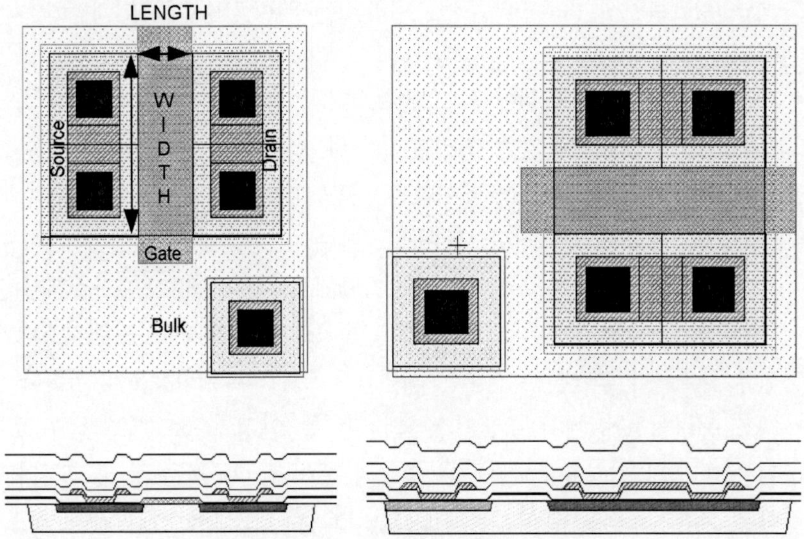

그림 3.7 간단한 PMOS 트랜지스터 레이아웃

- 이 트랜지스터는 PMOS 트랜지스터이다. 그리고 액티브 영역들은 P+ 임플란트 레이어에 의해 P형으로 주입되었다.
- 이 PMOS 트랜지스터는 N-웰이라 불리우는 N형 웰 안에 위치한다. 이것은 트랜지스터의 벌크 노드를 형성한다.
- N형 액티브 영역(P+ 임플란트 레이어가 없는)은 N웰에 대한 연결을 형성하는데, 이것은 N-웰과 액티브 영역이 같은 종류(N형)이기 때문이다.
- 소스, 드레인, 그리고 웰 연결은 다른 콘택 레이어에 의해 연결된다. 이 콘택 레이어는 전형적으로 첫 번째 금속 레이어를 위한 것이 될 것이다.
- 폭과 길이는 정확하게 라벨이 붙여진다. 폭이 길이보다 크다.

트랜지스터의 길이와 폭은 트랜지스터에서 우리들이 완전히 이해하여야 하는 두 개의 가장 중요한 크기들이다.

전에 언급했듯이, 업체의 사람들이 특정 기술의 게이트 크기에 관해 언급할 때, 그들은 최소 게이트 크기를 말하고 있는 것이다. 다음을 유념하라 :

- 레이아웃 설계의 관점에서, 트랜지스터의 길이는 트랜지스터의 소스와 드레인 사이의 거리이다. 트랜지스터 길이의 물리적 크기가 폭보다 더 적기 때문에, 이

것은 직관적이지 않을 수 있다. 다음 문단에서 이 관습 뒤에 숨어있는 이유를 설명할 것이다.

- 트랜지스터 성능의 관점에서, 트랜지스터의 길이는 게이트가 "켜짐" 또는 "열림"일 때 전자가 이동해 가는 거리를 말한다. 그로인해 측정될만한 전류 흐름이 만들어 진다. 전류의 흐름을 제어하는 것은 게이트 전압임을 기억하라. 소스와 드레인간의 거리가 감소되면, 게이트 전압은 전류흐름을 가능하게 하는 것에 더 강한 영향력을 가진다. 같은 공정 기술에서, 두 개의 트랜지스터가 같은 폭과 다른 길이를 가지고 있다면, 더 짧은 게이트 길이를 가진 트랜지스터가 더 많은 전류가 흐른다. 더 많은 전류는 개념적으로 더 빠른 성능을 의미한다.
- 제조 능력의 관점에서 트랜지스터의 길이는 안정적으로 제조될 수 있는 폴리실리콘(폴리)의 가장 가능한 좁은 조각의 폭이다. 더 적은 폴리 크기와 그래서 더 작은 트랜지스터들이 더 작은 IC들을 만든다. 그래서 칩 면적을 최소화하기 위하여 최소 게이트 길이를 사용하는 것이다.

이제 트랜지스터의 폭에 대해 생각해 보자.

트랜지스터의 폭은 전류가 소스로부터 드레인으로 흐를 수 있는 평행한 통로들의 채널 개수로 생각할 수 있다. 더 폭 넓은 트랜지스터들은 더 많은 채널을 가지며, 더 많은 채널은 더 많은 전류를 의미한다.

다시 두 개의 트랜지스터들을 비교해 보는데, 이번에는 똑같은 게이트 길이와 다른 게이트 폭들을 가지고 있다고 하면, 더 큰 게이트 폭을 가진 트랜지스터가 더 많은 전류를 생성할 것이다.

트랜지스터 길이와 폭의 규칙을 기억하는 것을 도와주는, 방법은 트랜지스터를 다리와 같이 생각하는 것이다. 다리의 길이는 강의 양단 사이의 거리이고, 다리의 폭은 다리가 수용할 수 있는 차선의 개수이다. 다리를 건널 수 있는 교통량은 다리의 길이와 폭에 의해 제한되는 것처럼, 같은 방식으로 전류는 트랜지스터의 길이와 폭에 의해 제한된다.

만약 다리가 1분에 100대가 건널 수 있도록 설계되었다면, 다리는 이 목표를 달성할 수 있도록 충분히 넓어야 한다. 대개의 경우 다리의 길이는 고정되며(최소 허용 게이트 길이와 유사하게), 단지 목표를 달성하기 위하여 할 수 있는 것은 폭을 조절하는 것뿐이다.

마지막 하나 더 생각해 보자. 우리는 느리거나 약한 트랜지스터를 원할 경우도 있다. 이것은 트랜지스터의 폭을 최소화 하고/또는 트랜지스터 게이트 길이를 증가시키는 것으로 쉽게 된다. 지연 소자나 약한 궤환 소자들이 느린 트랜지스터들이 요구되는 예이다. 이 같은 경우에는 게이트 길이가 폭보다 더 크게 되는 경우가 있을 수 있다.(그림 3.8)

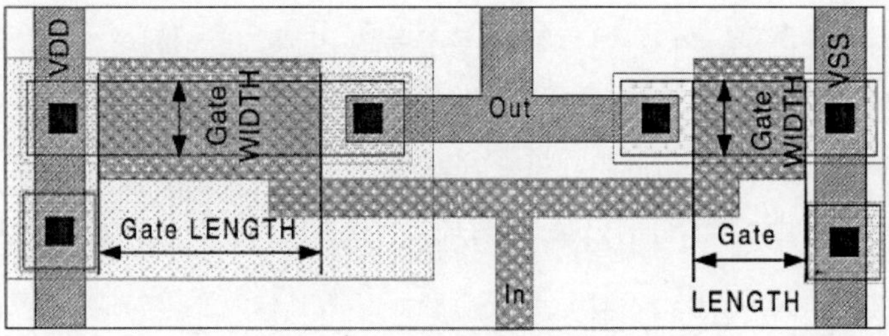

그림 3.8 약한 궤환 인버터

기억해야 할 첫 번째 중요한 것은 트랜지스터의 *길이*와 *폭* 사이의 차이점이며, 이것을 트랜지스터 레이아웃에 어떻게 적용하느냐 하는 것이다.

마무리를 위해 그림 3.9는 NMOS 트랜지스터의 레이아웃을 보여준다.

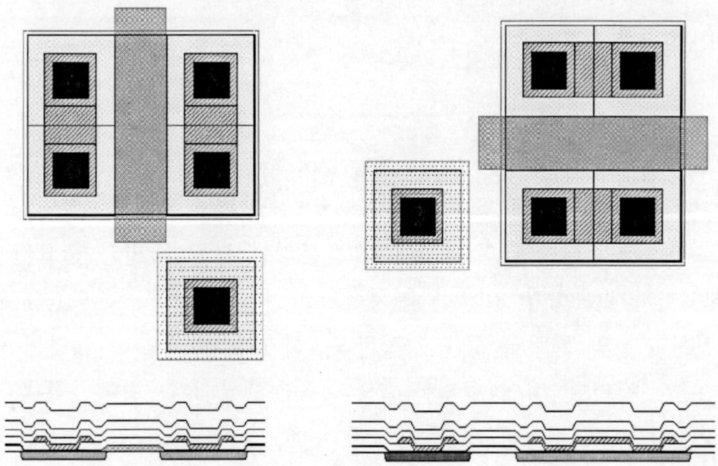

그림 3.9 간단한 NMOS 트랜지스터 레이아웃

- 이 NMOS 트랜지스터는 어떤 형태의 웰 안에 위치하지 않고 이처럼 그냥 기판에 위치한다. 이 경우에, 기판은 P형으로 추정될 수 있다. 기판은 트랜지스터 벌크 노드를 형성한다.

• P형 액티브 영역 (P+ 임플란트 레이어와 함께)은 기판에 대한 연결을 형성한다. 왜냐하면 기판과 액티브 영역은 동일 종류(P형)이기 때문이다.

3.3.1 벌크 연결

이제 우리들은 두 가지 기본적인 종류들의 트랜지스터들이 어떻게 동작하고 어떻게 보이는지 알았으니, 벌크 연결 노드를 살펴보고 어떻게 그것이 연결되는지를 알아보자. 이것은 웨이퍼와 트랜지스터의 단면을 이해함으로써 가장 쉽게 이해된다. 레이아웃 설계자는 이 개념만을 이해하고, 그것의 설계에는 영향을 미치지 않는다는 것을 유념하라.

요즈음 대개의(전부는 아니지만) 천연 실리콘 웨이퍼들은 P형이고, 그래서 두 가지 트랜지스터 종류 중에서 NMOS 트랜지스터가 설계하기가 더 쉽다. 이 트랜지스터 레이아웃은 단순히 보통의 기판(그림 3.10의 오른쪽)에 구현된다.

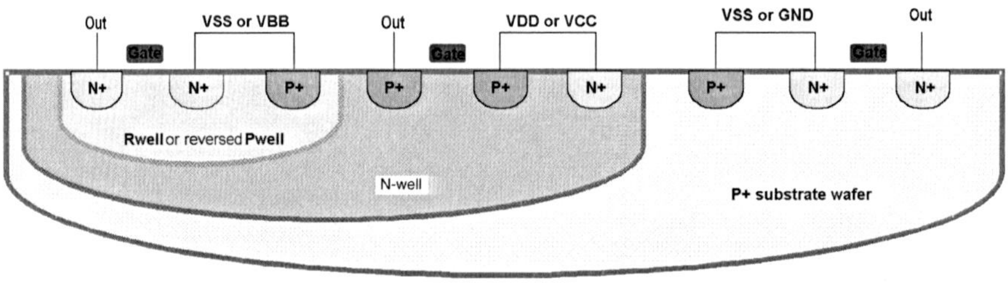

그림 3.10 벌크 연결을 보여주는 웨이퍼 단면

PMOS 트랜지스터들을 만들기 위하여 분리된 노드를 만들 필요가 있고, 그래서 다른 레이어가 필요하다. 이것을 전형적으로 N웰 이라고 부른다. 그것이 만들어 질 때, 그것은 N형의 독립된 섬을 형성한다. 이 N웰 안에 P형 액티브 영역을 만드는 것이 N웰로 정의된 벌크 연결을 갖는 PMOS 트랜지스터를 만드는 것이다.(그림 3.10의 가운데)

또한 그림 3.10의 왼쪽은 기판이 아닌 다른 벌크 노드를 갖는 NMOS 트랜지스터 설계를 보여준다. 퇴보된 웰(R웰) 또는 P형 웰(P웰)이 N웰 지역에 만들어졌다. 이 지역은 이 지역 내에서 만들어진 트랜지스터들을 위해 별도의 P-형 벌크 노드를 만든다. 이것은 DRAM 공정에서 기판 연결의 예이다.

N형 웨이퍼의 경우에는, 트랜지스터 연결들의 극성들이 앞서 보여준 것들과 단순히 반대이다. 그림 3.11은 ASIC 공정에서 인버터를 위한 기판 연결을 보여준다.

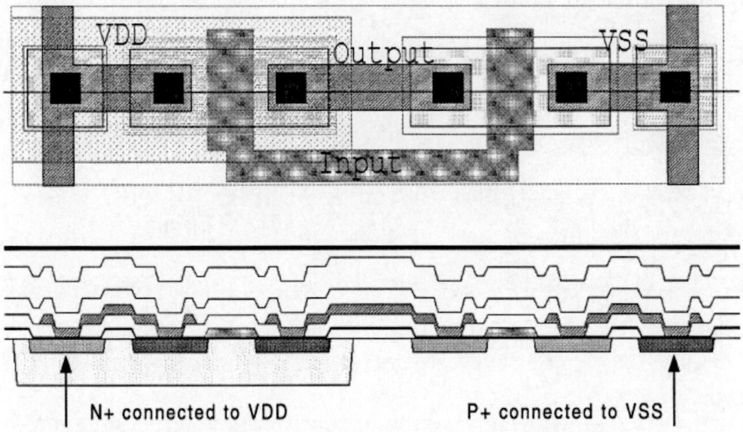

그림 3.11 인버터 벌크 연결 단면

3.3.2 도체 및 콘택

레이아웃 설계의 관점에서, 도체와 콘택은 명확하다. 제조 관점에서 콘택의 형성을 살펴 보고, 그래서 레이아웃 설계자로서 그것들의 사용과 제한사항을 이해할 수 있도록 하자.

다른 기술들은 철저하게 다른 공정 정의들을 가지고 있다. 전형적인 ASIC 공정은 게이트를 위한 한 가지 타입의 폴리실리콘과 상호 연결을 위한 2~4 가지 종류의 금속레이어를 가지고 있다. 진보된 ASIC 공정은 연결을 위해 여섯 개 레이어의 금속을 가지고 있고, 소스 또는 드레인 연결들을 위해 metal0이라고 불리는 최저층 금속을 사용한다. DRAM 메모리에서는, 오늘날 전형적인 공정은 네 가지 타입의 폴리실리콘과 상호연결을 위한 3~5 개의 금속을 가지고 있다. 이들의 어떠한 경우에도 공정을 위한 도체 레이어 정의는 꽤 복잡하다.

이 분야에서 *콘택*과 *비아* 사이에는 미세한 차이점이 있다. 콘택은 전형적으로 가장 낮은 수준의 금속이 폴리실리콘이나 확산 레이어들과 접촉하기 위한 가장 낮은 수준 금속 구멍을 말한다. 더 높은 수준의 금속이 서로 연결하기 위한 구멍(예를 들면, metal1과 metal2 또는 metal2와 metal3)을 "*비아*" 또는 "*관통 구멍*"이라고 부른다.

우리는 이 책 전체에 걸쳐서 이러한 구멍들의 더 쉬운 이해를 위해 *비아*를 사용할 것이다. 콘택과 비아의 예시는 그림 3.12를 참조하라.

그림 3.12에 보여진 단면에서 볼 수 있듯이, 여러 도체 레이어들 사이에 여러 격

리층이 있다. I1는 확산 영역과 폴리실리콘 사이의 격리층이다. I2는 확산 영역과 metal1 사이의 격리층이다. 이 격리층에서의 구멍은 지나가는 metal1과 그 밑의 액티브 소스/드레인 레이어와의 "콘택"을 만들어 낸다. I3는 metal1과 metal2사이의 격리층을 말하며, 거기의 구멍은 비아를 나타낸다.

대개의 경우에 콘택 구멍과 비아 구멍 사이에는 고려하여야 할 거리가 있지만, 현대의 공정에서는 비아가 콘택 위에 올라갈 수 있다. 칩의 크기가 매우 중요한 어떤 매우 복잡한 공정에서는 모든 비아들이 하나의 위에 다른 것이 올려져 정렬되는 것을 허용한다. 이것을 "쌓여진(stacked)" 비아 공정이라고 부른다.

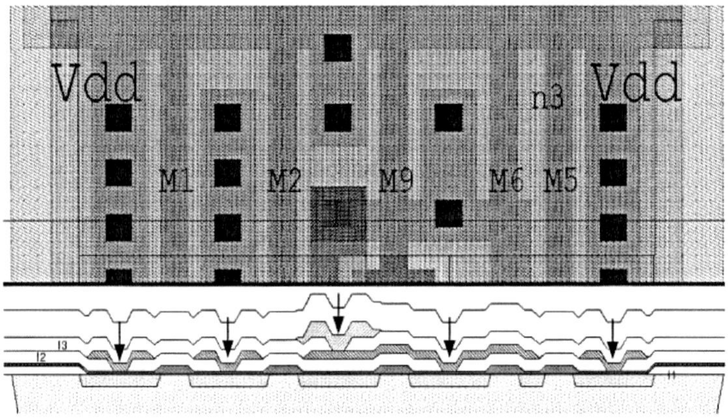

그림 3.12 콘택과 비아의 예시

각각의 금속은 저항(R), 정전용량(C), 그리고 구조적 요구사항의 관점에서 다양한 특성을 가지고 있다. 고려하여야 할 것은 공정에서 더 높은 층의 금속 레이어들은 트랜지스터 레이어들로 내려가 연결되려면 더 많은 비아들을 필요로 한다는 것이다.

이 비아들은 저항값을 증가시킨다. 우리들은 이 책의 뒷부분에서 어떻게 공정의 이러한 전기적인 특성을 다루고, 그들을 활용하는 지를 분석할 것이다.

3.3.3 인버터 레이아웃

트랜지스터 레이아웃 설계의 모든 기초 개념들을 가지고 다시 한 번 더 트랜지스터들의 가장 단순한 결합인 인버터를 살펴보자.(그림 3.13)

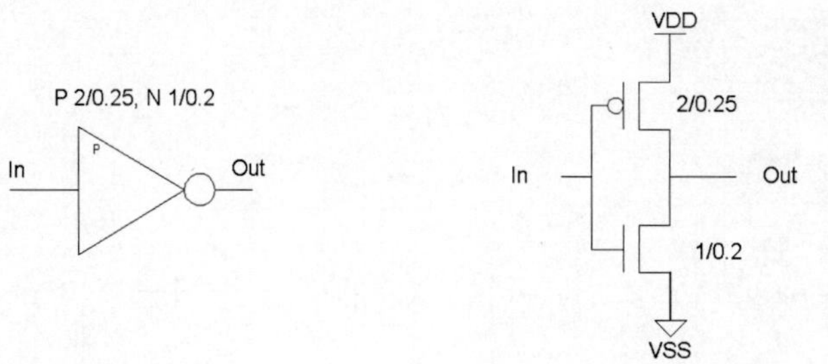

In	Out
0	1
1	0

Logic Symbol　　Transistor Representation　　Table of truth

그림 3.13 인버터 표현

당신이 볼 수 있듯이 트랜지스터 표현은 매우 단순하고, 이제 트랜지스터가 어떤 모습이고 어디를 연결해야 하는지를 알기 때문에 레이아웃을 생성할 수 있다. 그림 3.14를 분석하는 것으로부터 관찰할 수 있는 것을 알아보자.

- PMOS는 스키매틱에서 뿐만 아니라 레이아웃에서도 VDD에 연결되어 있다.
- NMOS는 양쪽 그림에서 VSS에 연결되어 있다.
- NMOS와 PMOS 트랜지스터들은 같은 IN 신호를 그들의 게이트에 갖고 있고, 같은 OUT을 드레인에 가지고 있다-양쪽 그림에 모두.
- 폭은 다르다 - 이 예제에서는 PMOS가 NMOS 트랜지스터보다 두 배 크다.
- 길이는 유사하게 보이나, 그들은 다르다. 그리고 차이점은 알 수 없다.
- N 웰을 위해 VDD에 N+ 연결이 있다. 이 연결은 스키매틱에 암시되어 있다.
- 기판을 위해 VSS에 P+ 연결이 있다. 이 연결은 스키매틱에 암시되어 있다.

이 인버터의 설계는 더 뒤의 절에서 보여질 것이며, 그리고 이 인버터는 우리들에게 완전한 설계 레이아웃 셀이 어떤 모습이어야 하는 지에 대한 아이디어를 주기 위하여 보여지고 있다.

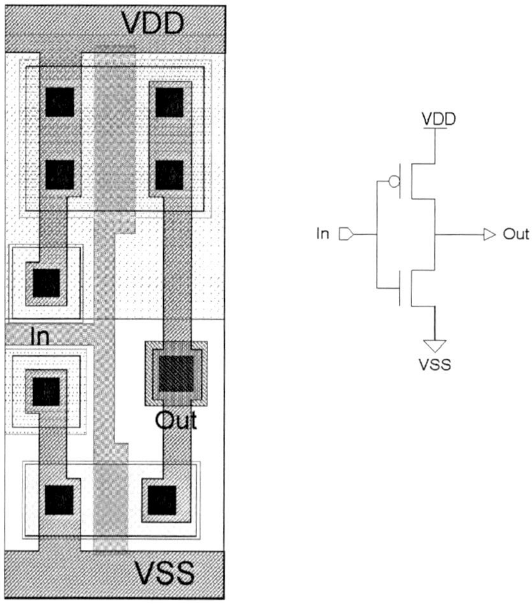

그림 3.14 인버터 레이아웃 및 트랜지스터 스키매틱

3.4 공정 설계 규칙

*설계 규칙*은 주어진 설계를 레이아웃 할 때 따라주어야 할 규칙을 말한다. 우리가 앞서 소개했던 모든 요소들-다각형과 경로, 트랜지스터, 그리고 콘택 등-에 대해 설계 규칙이 있다. 본질적으로, 이 설계 규칙은 제조 공정의 물리적 한계를 묘사한다.

집적 회로들을 제조할 수 능력을 가지고 있는 회사 내에는, 제조 공정을 정의하고 최적화하는 사람들의 그룹이 있다. 이 "공정" 그룹은 장비와 공정 단계에 의해 제조될 수 있는 최소 크기를 기본으로 하여, 여러 고려사항들 중에서 특히 제조 단가와 수율 두 가지를 절충하면서 설계 규칙을 정의한다. 설계 규칙에 영향을 미치는 요소로는 제조 도구나 공정의 완성도 또는 IC나 파운더리 서비스에 대한 시장의 요구사항 같은 것이 해당할 수 있다.

전체적으로, 설계 규칙은 레이아웃 설계자들이 CAD와 설계 도구 환경 내에서 물리적 3차원 제한사항들과 제조 여유분들을 이해하고 감안할 수 있도록 도와주기 위하여 주어지는 것이다.

3.4.1 폭 규칙

다각형의 최소 폭(마스크 생성 과정 동안에, 모든 경로들은 다각형으로 변환된다)은 *중요 크기*인데, 그것은 제조 공정의 한계를 정의한다(그림 3.15). 트랜지스터의 최소 게이트 길이가 이 규칙의 가장 중요한 보기이다.

최소 폭 규칙의 위반은 잠재적으로 위반하는 레이어에서의 개방회로를 초래한다. 제조 공정은 특정한 값으로 연속된 연결이나 도선을 믿음직스럽게 만들어 내지 못한다. 그리고 경로가 끊기는 일은 폭 규칙이 어겨졌던 곳에서 발생할 것이다.

하나의 다각형뿐 아니라, 폭 규칙은 트랜지스터들과 같은 구조들이나 또는 전기적이거나 다른 특별한 특성을 갖고 있는 다각형에 대해서도 적용할 수 있다. 특별한 전기적 특성을 가진 다각형의 예제는 전원 공급에 연결된 금속 레이어이다. 이 금속 다각형을 통하여 더 큰 전류를 흘리려면 최소 설계 규칙보다 더 큰 폭을 갖도록 해야 한다. 그리고 알맞은 크기는 고정된 값보다는 전류 크기에 따라 정해져야 한다. 폭이 좁은 금속 선로를 흐르는 큰 전류는 선로가 퓨즈처럼 동작하여, 오랜 시간이나 큰 전류 첨두치에서 금속 다각형이 스트레스에 의해 파괴될 수 있다.

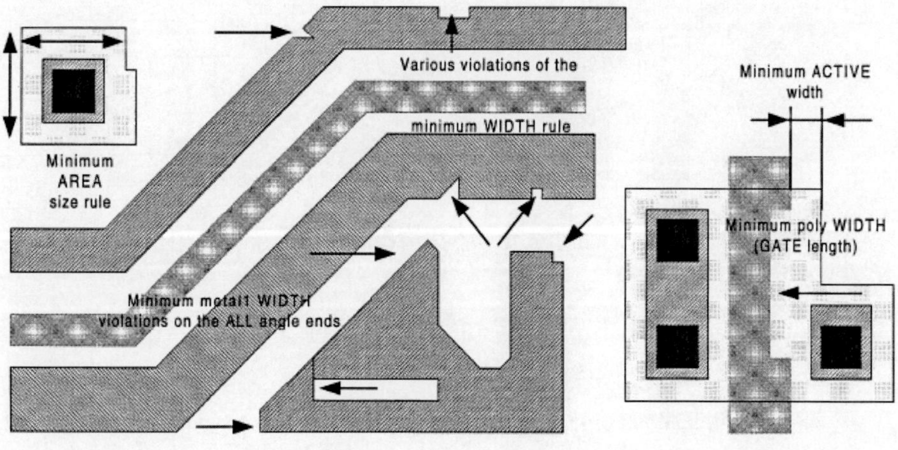

그림 3.15 폭 규칙의 예제

다각형(또는 경로)의 길이는 보통 제한이 없다 ; 그러나 몇몇 공정에서는 최소 면적 요구사항이 있을 수 있다. (예를 들어, 폭과 길이 규칙이 함께 충족되어야 하는 콘택이나 비아의 경우).

명확함을 위하여 그림 3.15의 보기를 참조하기 바란다.

3.4.2 간격 규칙

또 하나의 중요 크기는 *간격 규칙*인데, 이것은 두 개의 다각형 사이에 최소 거리이다. 일반적으로, 간격 규칙은 두 개의 다각형 사이에 원하지 않는 단락을 피하기 위하여 적용된다.

하나의 레이어에서 폭 규칙과 더불어, 간격 및 폭 규칙은 레이어 *피치*를 규정한다. 레이어의 피치는 상호연결과 배선 간극을 고려할 때 중요하다. n 개의 금속선에 의해 소비되는 배선 면적은 선의 수와 레이어 피치를 곱함으로써 쉽게 계산된다. 피치 계산의 예제는 CD-ROM 데이터를 참조하기 바란다.

그림 3.16은 다음의 요점들을 설명한다.

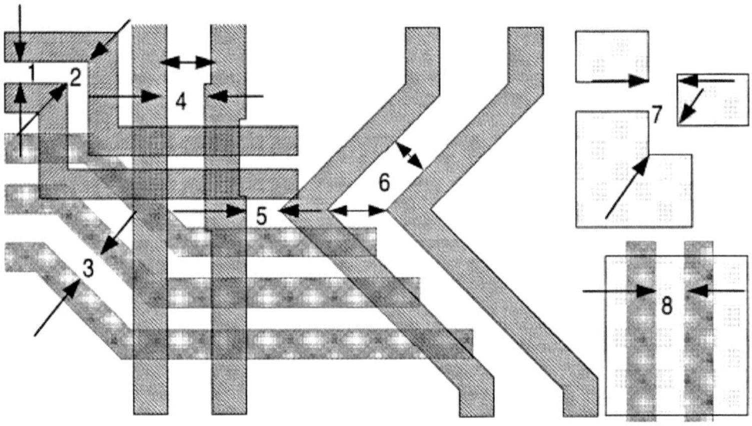

그림 3.16 간격 규칙의 예제

- 1과 2는 평행하게, 그리고 모서리들 사이에서는 대각선으로 검사된 *금속1에서 금속1* 최소 간격 규칙의 예이다.
- 3은 45° 각도로 평행하게 달리고 있는 다각형에서 *폴리에서 폴리* 최소 간격 규칙의 예이다.
- 4, 5, 그리고 6은 90°와 45° 각도의 다각형을 위한 *금속2에서 금속2* 간격과 관련한 간격 규칙 예이다.
- 7은 단일 거리(위쪽 예)또는 모서리에서(아래쪽 예제) 검사되는 *액티브에서 액티브* 간격 규칙의 예제이다.
- 8은 예제 3의 예외사항이다 - 두 개의 폴리실리콘 다각형 사이의 간격 규칙은

그들의 위치에 의존할지 모른다. 이것의 전형적인 예는 트랜지스터 구조안의 게이트 폴리실리콘이 트랜지스터 구조 외부에 있는 폴리실리콘을 위한 값과 다른 값을 갖는 경우이다.

폭 규칙처럼, 간격 규칙은 같은 레이어의 다각형에 적용되지만, 어떤 경우에는 다른 레이어의 다각형이나 구조에도 적용된다. 다른 레이어에 대한 간격 규칙의 예는 액티브 콘택과 게이트 폴리실리콘 사이에 요구되는 간격이다. 다른 구조 사이에서의 간격 규칙의 예는 노출된 패드 회로와 민감한 내부 회로 사이의 거리인데, 이것은 모든 조건하에서 안정적이고 일관된 동작을 보장하기 위해서이다.

설계 규칙의 세트내에서 정의되는 많은 간격 규칙은 단면도로 공정을 볼 때 쉽게 이해될 수 있다. 이것은 3.5절 수직 연결 그림에서 충분히 설명된다.

그림 3.17에서 우리들은 게이트 폴리실리콘과 콘택 사이의 간격이 두 개의 트랜지스터들에서 같지 않다는 것을 관찰할 수 있다. 단면도를 보고 첫째로 유념해야 할 것은 두 개의 트랜지스터에서 소스와 드레인 영역들이 동일한 것이 아니라는 것이다.

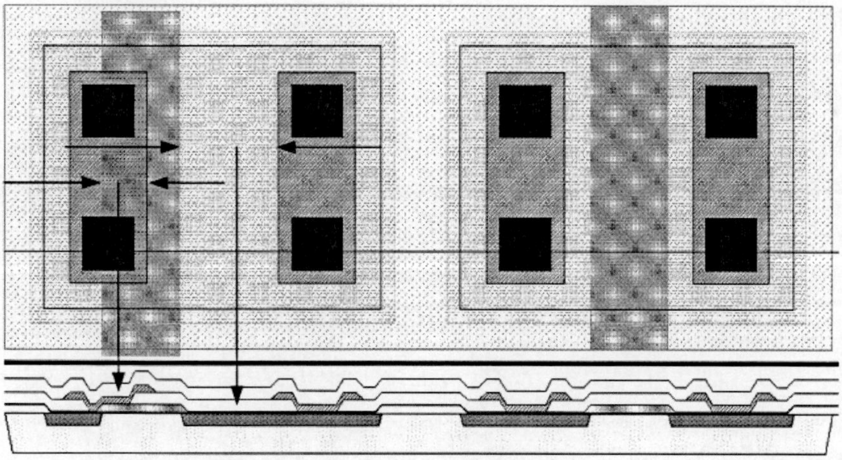

그림 3.17 간격 규칙의 또 다른 예제

더 중요한 것은, 왼쪽 트랜지스터에서 게이트 폴리실리콘에 대한 콘택의 간격 규칙은 게이트 폴리실리콘이 콘택의 아래 직접적으로 놓인 정도까지 어겼다는 것이다. 금속과 게이트 폴리실리콘 사이에 단락 회로가 만들어졌다. 우리는 3차원 그림에서 문제를 더 쉽게 관찰할 수 있다. 횡단 절단선은 아래쪽 콘택의 중앙에 놓여져 있다.

3.4.3 겹침 규칙

그 이름이 암시하듯이, *겹침 규칙*은 하나의 다각형이 다른 것에 의하여 겹쳐지게 되는 최소 크기의 겹침이나 둘러쌈(surround)을 말한다. 비아나 콘택 위의 금속의 겹침은 이 규칙의 가장 좋은 예이다.

이 규칙이 항상 다른 레이어들에 존재하는 다각형들을 포함한다는 것을 유념하라. 그리고 이 사실은 이 타입의 규칙이 왜 필요한 지에 대한 중요한 이유이다. 구조들이 서로 다른 레이어의 다각형으로 제조될 때마다, 두 개의 다각형의 원하는 위치와 실제 위치사이에 비정렬(misalignment)이 발생할 수 있는 주요한 기회가 생긴다. 다각형 사이의 비정렬은 관련되는 레이어에 따라 원하지 않는 개방이나 단락 회로 연결을 일으킬 수 있다. 본질적으로, 겹침 규칙은 제조 공정상에서 레이어들의 자그마한 비정렬의 영향을 감소시킬 수 있어 원하는 연결도를 유지하는 것을 보장한다.

두 개의 상호 연결 레이어 사이의 콘택이 있는 곳의 예를 고려해보자. 물리적으로, 콘택 다각형은 두 개의 상호 연결 레이어 사이에 절연체에서의 구멍으로 된다. 연결이 이루어 지도록 위의 레이어 물질은 구멍을 메우고 아래쪽의 레이어와 접촉을 만든다.

겹침 규칙은 문제의 두 개 레이어가 단지 서로 겹쳐질 뿐 만 아니라, 반드시 하나의 레이어가 일정한 값만큼 또 다른 레이어를 *둘러싸야(surround)* 한다. 이 값은 겹침 규칙을 위한 값이다. 콘택의 경우에, 위와 아래의 레이어들이 완전히 콘택을 겹쳐야 하며, 겹침 규칙 값만큼 콘택 구멍을 둘러싸야 한다. 만약 레이어 중의 하나가 콘택 구멍을 충분히 겹치지 않고 둘러싸지 않으면, 연결은 모든 제조 조건에 대하여 안정적이라고 할 수 없다.

겹침 규칙의 목적은 무엇일까? 물리적 다각형들이 완전하게 정렬되지 않은 경우에도, 위층의 물질이 여전히 구멍을 충분히 메울 수 있을 것이다. 만약 위나 아래의 레이어들이 완전히 콘택 구멍을 겹치지 못한다면, 전기적 접촉을 위해 이용되는 영역은 감소된다. 이것은 나쁘거나 약한 연결이 된다.(신뢰할 수 없다!)

그림 3.18의 보기 1과 2에서, 액티브와 금속1 사이의 나쁜 콘택의 결과를 관찰해보라. 만약 액티브가 콘택 다각형을 완전히 겹치지 못한다면, 콘택 기반은 충분히 폭넓지 못하다. 만약 금속이 콘택 다각형을 완전히 겹치지 못한다면, 콘택 구멍은 완전히 메워지지 않고 콘택은 다시 더 적은 연결 표면적이 될 것이다. 세 번째 경우에는, 금속1과 금속2 사이에 겹침 문제를 가지고 있다. 비아가 금속1 겹침이 하나도 없어서 연결이 최소화 되었다.

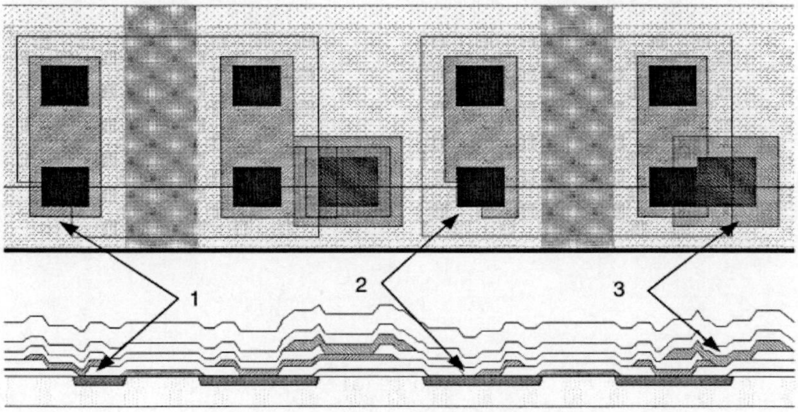

그림 3.18 겹침 규칙의 예제

그림의 예제는 개방 회로가 더 발생할 우려가 많다는 것을 보여준다. 자 이제는 겹침 규칙을 지키지 않았을 경우 단락회로가 발생하는 또 다른 예제를 고려해 보자.

이 경우에 게이트 폴리실리콘이 액티브 레이어와 결합되어 있는 조금 다른 트랜지스터 레이아웃을 고려하자. 트랜지스터 크기가 정확하고 소스와 드레인 노드 사이에 단락 회로를 피하는 것을 확실하게 하기 위하여 트랜지스터들에 관련된 특별한 규칙이 있다.

일반적으로 두 개의 겹침 규칙이 있다 : 게이트를 겹치는 액티브와 액티브 영역을 겹치는 게이트이다. 그림 3.19는 네 개의 서로 다른 경우를 보인다.

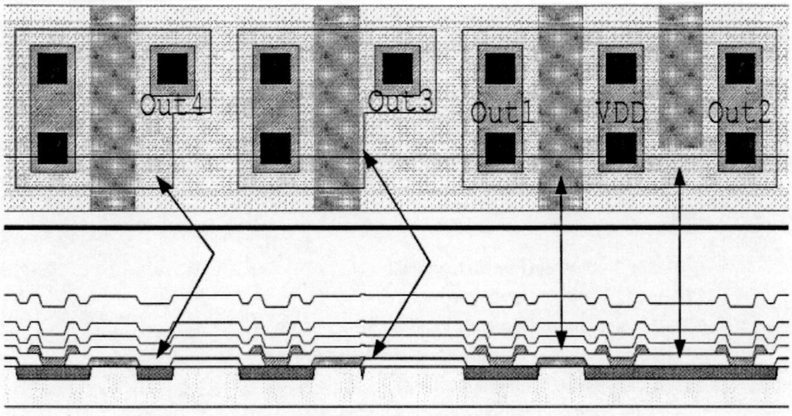

그림 3.19 겹침 규칙에 대한 다른 예제들

노드 Out4는 액티브 다각형에 의해 게이트가 적절히 겹쳐진 예제이다. 노드 Out4는 잘 정의되었다. 이 예를 노드 Out3와 대조해보라. 노드 Out3의 얇은 영역은 만들어 지지 않을 수도 있을 것 같다.

Out1와 Out2는 액티브 레이어를 겹치는 게이트 레이어의 예이다.

게이트 레이어가 충분히 액티브 영역을 겹치지 않기 때문에, 노드 Out2와 VDD가 서로 단락된 것을 알 수 있으며, 그들이 한 개의 다각형으로 되어 있다.

3.5 수직 연결 그림

ASIC 공정의 대다수는 연결에 대하여 매우 명확한 규칙들이 있다. ASIC 공정은 게이트를 위한 한 개의 폴리와 3~6 개의 금속 레이어를 가지고 있다. 그것은 우리들이 한 가지 종류의 콘택과 2~5 종류의 비아를 가지고 작업하여야 함을 의미한다.

액티브로부터 금속6까지 연결하기 위해서는 모든 가능한 콘택과 비아들이 사용되므로, 연결도는 이해하기가 쉽다.

더 복잡한 공정에서는 레이어 연결도의 수직 그림을 그릴 것을 제안하는 데, 그래야 레이아웃 설계자가 충분히 연결도 구조를 이해할 수 있다. 그림 3.20은 네 개의 폴리 레이어들과 세 개의 금속 레이어를 사용하는 DRAM 공정을 보여준다. 이 종류의 공정에는 레이어 사용과 연결 규칙에 제한 사항들이 있다.

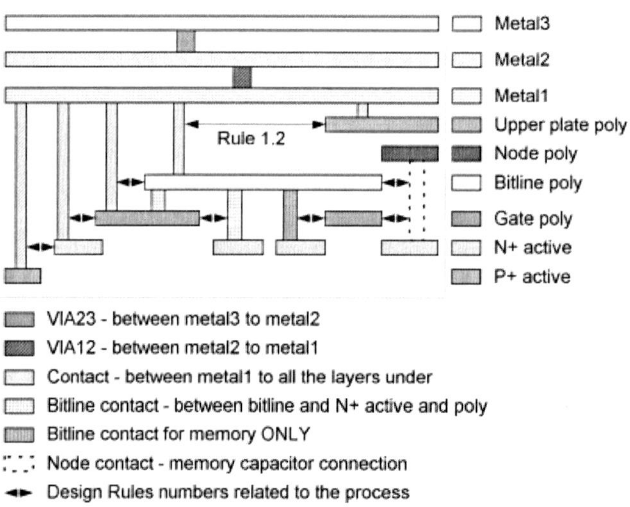

그림 3.20 DRAM 공정을 위한 연결도 수직 그림

3.6 따라야 할 일반적 절차

그림 3.21은 모든 설계 종류에 적용될 수 있는 일반적인 레이아웃 설계 흐름을 보여 준다.

이 절차는 명확하면서 쉽게 알 수 있고, 거의 모든 엔지니어링 작업에 적용될 수 있다. 물론 우리는 그것이 레이아웃 설계에 어떻게 적용되는 지에 집중할 것이다.

단계1은 일을 올바르게 시작하기 위해서 결정적이므로 상세하게 다룰 생각이다. 레이아웃 설계에 대한 우리의 지식을 모으고 재검토하여 그것을 특정 회로 설계에 고려해 가면서 적용하는 것이 바로 이 단계에서이다. 이 단계의 목표는 모든 소자들과 신호들이 거치게 될 일반적인 부분들을 문서화함으로써 주어진 설계를 공략하기 위한 전략을 세우는 것이다.

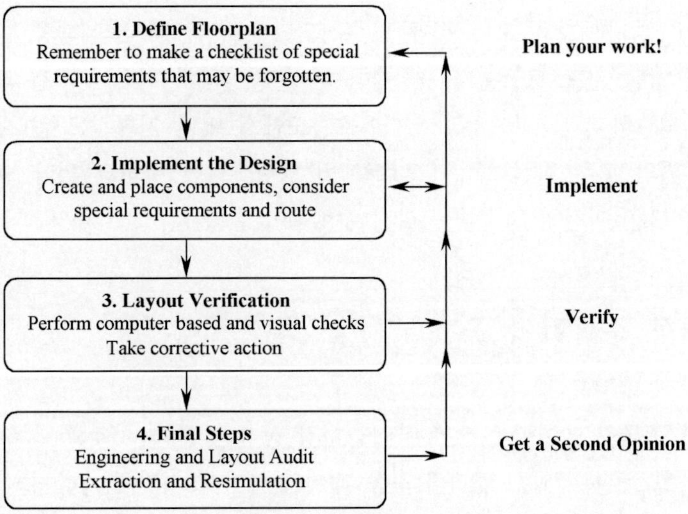

그림 3.21 레이아웃 설계 절차

단계2는 단순히 설계를 구현하는 것이다 : 구현의 실제적인 것에 근거하여 플로어플래닝을 하거나 개선하기도 하는 것이다. 설계 과정을 생각하는 한 방법은 "하향식으로 계획하고", "상향식으로 구현"하는 것이다. 이것에 의해 우리들은 먼저 최상 수준 회로를 가지고 전체 영역과 설계방식을 플로어플랜을 한다.

이 계획을 가지고 우리는 가장 낮은 수준의 요소부터 시작하여 설계를 구현해 나가면서 계획에서 정의한 면적들을 채운다. 더 낮은 수준의 설계 업무는 더 쉬운데,

이것은 그들에 부여된 제한조건이 최상 수준 플로어플랜에서 정의되어 있기 때문이다. 전체 영역들이 완료되면 다음으로 계획을 일부 조정한다. 플로어플랜이 잘되어 있으면, 조정은 많지 않고 설계의 완료가 쉽게 된다.

컴퓨터 기반 검사(이것은 3.10절에서 다룰 것이다)는 단계3의 근간을 이룬다. 이 검사는 3.10절에서 요약한 대로 특정한 순서에 의해 수행되어야 한다. 컴퓨터 기반 검사 처음엔 시각 검사를 먼저 하기를 권한다. 자동 컴퓨터 검사는 규칙이 코드화되어야만 유용하기 때문이다. 설계 전체를 그림으로 출력하고 그것을 살펴보라. 컴퓨터에 의해 검사되지 않는 많은 양상들이 있기 마련이다. 이것에 대한 예로는 균형이 잡힌 설계에서 좌우 대칭의 각도이다. 이 시각 검사들을 정규 검사리스트의 일부분으로 보라.

단계4는 최종 추출 과정과 함께, 모든 요구사항들이 충족되었는지, 빠뜨린 것은 없는지를 확인하는 마지막 검토이며 상호교차 검사이다.

그림 3.21에 보이는 절차와 흐름도, 또 이 장에서 보여준 여러 절차에 대하여 한 가지 짚고 가자. 그들 모두 설계가 수정되고 발전된 각각의 과정 후에는, 더 이상 유효하지 않을 지도 모르는 요구사항을 다시 확인하기 위하여 이전 과정으로 돌아가는 것이 필요한 것을 보여주고 있다. 흐름도에서 어떤 지름길도 없다는 것을 유념하라. 오른편의 모든 화살표들은 오로지 윗 방향으로만 향하고 있다. 따라서 매 수정 작업마다 모든 이전의 과정들을 다시 수행해야 한다.

3.7 시작 준비하기

어떠한 종류의 레이아웃 설계에서도 가장 중요한 단계는 *계획* 단계이다.

레이아웃 품질은 최종 결과물(최종 레이아웃)이 소비자의(예를 들면, 설계 기술자의) 요구사항을 충족시킴을 의미한다. 양질 결과물을 얻기 위하여 레이아웃 설계자는 모든 사양들을 고려한 입력 요구사항들의 목록과 출력 요구사항들의 목록을 준비해야 한다. 이를 통해 출력 레이아웃 요구사항이 충족된 것을 확인한다.

3.7.1 레이아웃 플로어플랜 개발하기

우리들이 하나의 트랜지스터가 어떻게 만들어지는 지와 설계 규칙과 제조 공정에 포함되어 있는 개념을 이해한다면 확실한 기본 지식을 가지고 우리의 레이아웃을 시작할 수 있다.

우리는 2장에서 나온 개념들을 기억하여야 한다. 레이아웃으로 보내진 스키매틱과 네트리스트에는 최적의 설계를 위해서는 구현되어야 할 필요가 있는 전기적, 성능 특성이 문서화 되어 있지 않다. 이상적으로는 서류로 정리한 요구사항들의 목록이 회로 설계와 함께 제공되어야 한다. 그것을 요청하라!

우리는 이 시점에서 설계 절차에서 굉장한 이점이 될 수 있는, 그러나 절차에는 나타나 있지 않는 하나의 제안을 갖고 있다. 당신이 시작하려는 레이아웃의 종류에 대한 이해도에 따라, 회로를 이해하려는 조그마한 노력이라도 좋은 생각이다. 당신이 이제까지 결코 수행된 적이 없었던 것을 시도하려고 하는 것은 매우 드문 일이다!

같은 종류의 또는 같은 공정의 예전 설계를 볼 것을 요구하라. 이 종류의 회로에 전문가가 누구인지를 물어보라. 만약 당신이 이 타입의 레이아웃을 하였던 이후 시간이 꽤 되었다면 이 책의 개념들을 재검토하라. 당신의 업무에서 재사용하고 도와줄 정보를 보기위해 투자하는 적당한 양의 시간은 항상 그 보상을 할 것이다. 심지어 시작하기 전에 당신의 일에 대해 또 다른 의견을 구하라!(다른 사람들에게 물어 봐서)

물론, 이 같은 접근은 달리 보면, 당신의 업무와 지식을 모든 사람들에게 유용하게 하는 것 역시 보상받을 수 있다는 점이다.

어떤 것도 놓치지 않는 것을 확실하게 하기 위하여, 당신의 연구로부터의 메모들로부터 만든 설계 전 점검표는 설계를 레이아웃 하는 전략을 계획하는 데 좋은 방법이다. 그림 3.22는 회로설계 요구사항에 근거하여 레이아웃 계획을 만드는 것을 위한 일반적인 절차의 예를 보여 준다.

첫 번째 단계인 1.1은 전원 공급들과 전역 신호들의 레이아웃 계획에 관련된다. 전원 공급 연결도는 전형적으로 전원 격자라고 부른다. 인터페이스에서 설계의 모든 부분까지의 전원 공급 저항이 고려되어야 한다. 이런 경우에 디자인을 통하여 공급선들의 폭과 전원선들의 격자 또는 그물 설계에 특별한 관심을 가져야 한다. 다시 한 번 다른 설계에 대한 인터페이스가 중요한데, 특히 어레이하는 경우가 많거나, 다른 셀에 이음새 없이 맞대는 방식의 셀 설계에서는 더욱 그렇다. 터브와 기판 콘택들이 전형적으로 전원 공급들로부터 연결된다는 것을 잊지 말라. 그래서 이 콘택들을 레이아웃하는 전략을 또한 고려하여야 한다.

단계1.2는 모든 입출력 신호들을 열거하는 것이다. 각각의 신호는 이웃 설계에 대한 인터페이스에서의 위치가 할당된다. 인터페이스는 설계의 경계로서 정의가 내려진다. 몇몇의 경우에는 어떤 신호들은 기본값이 아닌 특정한 크기의 신호 폭을 갖기도 한다. 신호를 위한 특별한 고려에는 클럭 신호들, 그들 사이에 잘 정리되어야 할 다중 비트를 가진 버스 신호들, 임계 경로 신호들, 그리고 차폐된 신호들을 포함할지도 모른다.

단계1.3에서는, 레이아웃 좌우대칭, 래치업 보호를 위한 특별 요구사항, 또는 잡음 내성 등과 같은 특별한 설계사양들을 다루어야 한다. 특별한 설계사양들의 더 많은 보기로서 설계가 피치가 맞아 떨어져야 한다는 것이 있을 수 있고 (예를 들면, 한 방향으로 크기가 제한된다든가 하는), 매우 특정한 임계 경로 신호가 있을 수 있고, 또 설계의 표준에 맞지 않는 부분일 수도 있다.

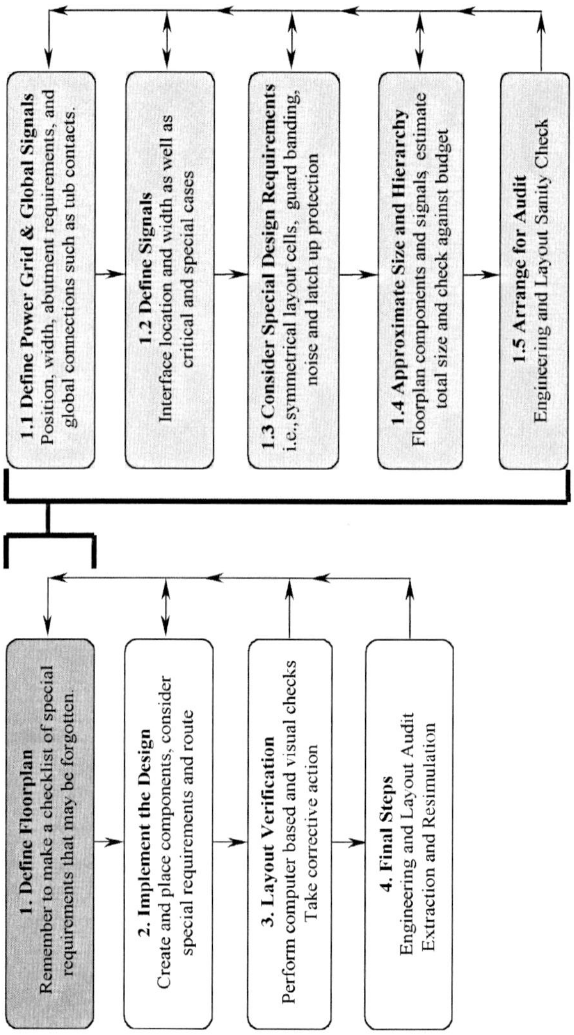

그림 3.22 레이아웃 계획 절차

단계1.4는 면적과 작업 일정의 조건하에서 설계의 모든 요구사항들을 충족시킬 수 있는지의 가능성을 추정하는 것과, 설계의 크기를 결정하는 것을 도와주는 매우 중요한 단계이다. 같은 복잡도와 공정 설계 규칙을 갖는 이전의 설계에 대한 지식을 가지고, 레이아웃 설계자는 각 구성 요소와 전체 설계의 크기를 예측할 수 있다. 구현되어야 할 몇 개의 구성 요소는 확인할 수 있고, 전체의 계층도나 설계의 분할 작업을 완료할 수 있다. 내부 배선과 신호 연결들을 위한 영역들은 할당되어야 한다. 각 상호 연결 영역에서 배선 레이어는 확인되어야 한다. 여분의 신호들 또는 공간을 마련해 두어야 하는데, 왜냐하면 우리들은 최종 설계에 대하여 단지 교육받은 예측만 갖고 있기 때문이다.

이 시점에서 우리들은 예비 플로어플랜과와 구현 전략이 있어야만 한다. 플로어플랜은 인터페이스나 경계에서의 정의와 적절한 위치에 할당된 모든 신호 단자들을 절충하여야 한다. 특별한 요구사항을 갖는 신호들은 확인되어야 한다. 그리고 이러한 특별 신호들의 면적 영향은 총면적 예측에 포함되어야 한다. 만약 계층적 설계이면, 하부 구성 요소들은 또한 그들 각각의 정의된 인터페이스가 알려져야 한다. 여분의 공간과 예비 신호 선들이 이 계획에 포함된다.

단계1.5는 모든 요구사항이 충족되고 빠진 것은 없는지를 확인하는 검토와 교차 검사이다. 거기에는 특별히 공정을 위한 레이아웃 지침과 스타일에 관련된 요구사항이 있으며, 또한 회로 설계 요구사항도 있다.

플로어플랜은 레이아웃과 회로 설계자 사이의 통신 도구이다. 회로 설계자는 대개 그의 설계를 위한 특정한 요구사항을 정의해 놓거나, 설계를 모델링하는 데 있어서 그것의 환경을 위한 어떤 종류의 레이아웃 플로어플랜을 가정해 놓는다. 회로 설계자를 검사 절차에 참여시키는 것은 매우 중요하다.

또한 레이아웃 감사는 당신이 설계한 조각의 다음 수준의 집적을 위해서도 관련이 있다. 당신이 지금 플로어플랜한 "벽돌(brick)"은 그것의 이웃들과 완전하게 인터페이스 되여야 한다. 그렇지 않으면, 조립될 때 계획된 것처럼 정확하게 동작하지 않을 것이다. 예를 들어, 최상 수준 칩 설계는 칩 패키지의 내용 안에 맞아야 한다. 그래서 어떠한 플로어플랜의 검토도 매우 중요하다. 당신의 설계를 집적하는 것을 책임지는 사람이 이 플로어플랜을 감사해야 하며, 게다가 설계의 크기와 관련된 요구사항, 레이아웃 구조 또는 접근방식, 그리고 설계 인터페이스를 검토해야 한다.

정말로 복잡한 플로어플랜의 감사를 위해 두 사람이 필요한 것은 드문 일이 아니다: 한 사람은 엔지니어링 요구사항을 검사하고, 다른 사람은 레이아웃 필요사항을 검사한다. 감사자들은 설계에 직접적으로 관여하지 않지만, 플로어플랜 품질을 평가하고 건설적인 의견을 낼 수 있는 전문성을 가진 사람이어야 한다. 감사자가 적절한 검사를 수행하도록 도와주기 위하여, 이상적으로는 각 레이아웃 설계 종류에 따른 점검표가 사용된다. 몇몇의 보기로서 부록의 점검표를 참조하라.

3.7.2 막대기 그림 (Stick Diagram)

막대기 그림은 레이아웃을 위하여 준비하는 것으로 회로를 플로어플랜하는 간단한 방법이다. 대부분의 경우에 회로 설계 엔지니어가 어떻게 레이아웃이 될 수 있는 지 또 될 수 없는 지를 더 현실적으로 상상하기 위하여, 설계 규칙을 고려하지 않고 그들 스스로 간단한 레이아웃을 그려 보는 것이 매우 유용하다. 회로설계는 최종 레이아웃이 어떻게 보일지에 대한 많은 가정들을 포함하는데, 그래서 쉽고 빠른 막대기 그림은 성공적인 설계의 가능성을 향상시켜 준다. 막대기 그림들은 여러 상세 수준에서 가능한 데, 여기에는 다루지 않을 것이다. 그림 3.23에 예제가 있다.

단계1은 모든 소자들의 예비 배치를 보여준다. 이런 경우에 VDD와 VSS 전원선 구조는 사전에 정의되었고, PMOS와 NMOS 트랜지스터들의 방위와 위치도 마찬가지이다.

단계2는 어떤 액티브가 같은 전위로 연결되는 지를 확인하는 과정과, 그리고 또한 이러한 노드들을 "공유"하는 장점을 확보하기 위하여 소자를 뒤집는 것의 효과를 보여준다.

단계3은 액티브 영역 공유의 최종 결과를 보여준다. 이것은 사실 최적화된 상호연결을 가진 최종 레이아웃이다.

셀은 이전 단계에서보다 더 폭이 좁다. 우리들은 3.7.1절에 언급된 검사를 위한 플로어플랜으로서 이 마지막 버전의 막대기 그림을 사용할 수 있다.

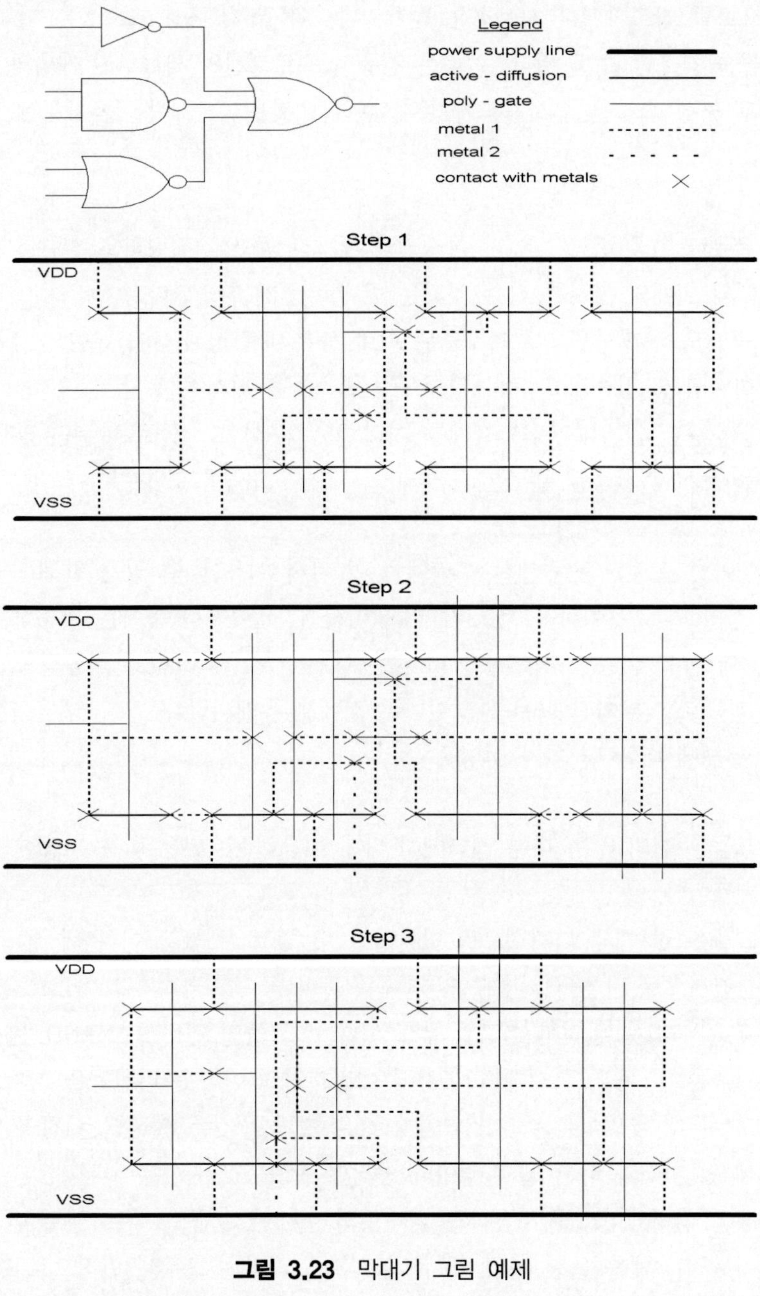

그림 3.23 막대기 그림 예제

3.7.3 계층적 설계

3.7.1에 언급하였듯이, 회로설계 분석과 그 결과로서 생기는 플로어플랜은 계층적 설계를 가지게 되는 것이 자연스러운 일이다. 계층적 설계는 그 설계를 위해서 다른

구성요소를 참조하거나 사용하는 설계이다. 이 하부 구성 요소들은 다시 다른 구성 요소들을 참조할 수도 있다. 이것은 컴퓨터 프로그램의 서브루틴 개념과 유사하다.

하부 구성 요소들을 사용하여 설계를 하는 것은 다음 이유들 때문에 많은 장점이 있다 :

- *컴퓨터 자원 관리* : 이미 디스크와 메모리 공간을 점령하고 있는 데이터는 데이터의 별개의 복사를 하는 것과는 반대로 쉽게 참조된다.
- *구성요소 재사용* : 설계자들은 이미 충분히 완성된- 이 분야의 전문가에 의해 설계되고, 검증되고, 검사된- 구성 요소들을 다시 이용할 수 있다.
- *동시수행 엔지니어링* : 설계를 여러 하부 구성 요소들로 나누면 많은 다른 작업을 동시에 진행할 수 있다.

레이아웃 설계의 관점에서 우리들은 이 다시 이용할 수 있는 하부 구성 요소들을 *리프 셀(leaf cell)*이라고 부른다. 리프(잎사귀) 셀이라는 용어는 계층적 설계가 나무 몸통, 더 많은 굵은 가지, 훨씬 더 많은 작은 가지들, 그리고 최종적으로 아주 많고 많은 잎들로 이루어진 나무를 닮았다는 점에서 유래되었다.

리프 셀에 대한 몇 가지 설명들 :

- 그들은 칩의 많은 다른 지역에서 다시 이용될 수 있는 반복 가능한 레이아웃 설계들이다.
- 그들은 한 개의 다각형으로 만들어질 수 있고 (예를 들어 콘택 셀), 또 세 개의 다각형으로 만들어질 수도 있다(예를 들어 금속1, 금속2, 비아12로 둘러 싸진 콘택 셀). 또는 완전한 회로일 수도 있다(예를 들면 인버터, NAND, 플립 플롭).
- 그들은 한 개의 스키매틱 버전에 여러개의 레이아웃 버전들을 가지고 있을지도 모르는데, 그 이유는 I/O 영역에 같은 크기를 갖는 인버터는 칩의 메모리 영역에 있는 것과 다른 셀 환경이나 인터페이스를 갖기 때문이다.
- 표준 인터페이스를 사용하는 다각형의 어떠한 그룹도 리프 셀로 만들어지는 것이 좋다. 예를 들면 논리 게이트의 라이브러리는 모두 일반적으로 표준 전원 공급 레이아웃 인터페이스를 가지고 있어서, 각 게이트는 셀이 되는 것이 당연하다. 만약 다중 논리 게이트의 설계를 구현하려면, 설계가 트랜지스터 수준에서 수행되는 것은 바람직하지 않다. 처음부터 논리 게이트 셀을 만드는 것이 적합하다.

- 전체적인 수정들이 요구되어 질때, 셀들이 사용되었다면 훨씬 더 쉽다. 100 개의 인버터들을 가지고 있는 설계를 새롭게 하는 것을 상상해 보라. 인버터 셀이 100 번 인스턴스된 경우와, 100 개의 인버터로서 연결된 200 개의 트랜지스터를 가진 “플랫”한 설계를 고려해 보라. 지금 모든 100 개의 인버터를 수정해야 한다. 인버터 셀 설계의 경우에, 인버터 셀만 업데이트하면 된다. 200 개 트랜지스터 경우 요구되는 수정의 정도에 따라 모든 200 개의 트랜지스터들을 고치는 것보다 셀들을 사용하여 처음부터 시작하는 것이 더 능률적일 수도 있다.
- 100 개 인버터 예제를 다시 생각해 보자. 반대로 100개의 셀 중에서 오직 한 개만 수정하는 경우에는 매우 조심해야 한다. 우리는 다른 99 개의 셀에 영향을 주지 않고 인버터 셀을 수정할 수 없다. 이런 경우에 수정 내용을 반영한 두 번째 인버터 셀이 필요하다. 그리고 새로운 것으로 고쳐야 할 인버터를 대체한다.
- 설계에 있는 모든 셀은 비록 그것이 이미 설계된 셀의 두 번째 인스턴스일지라도 고유한 식별자를 필요로 한다. INV라는 이름의 셀을 100 번 인스턴스한 우리의 예제 설계에서, 우리는 각각을 고유하게 식별할 필요가 있다. (예를들면, INV001, INV002) 그리고 셀의 식별은 만약 전기적인 일치가 있다면 회로설계에 사용된 이름과 일치하여야만 한다. 이 인스턴스 이름은 물리적으로 아주 동일한 INV 셀과 구별될 필요가 있다. 이것은 100 개의 인버터들 중에 한 개를 바꾸는 우리의 예제에서 매우 유용한데, 왜냐하면 우리는 고쳐야할 인버터를 식별하기 위해 인스턴스 이름을 사용하면 되기 때문이다.
- 셀들은 다각형의 그룹들보다 훨씬 더 쉽게 뒤집혀지고 회전될 수 있다.
- 만약 대칭형 설계가 요구되면, 디자인의 2분의 1을 나타내는 한 개의 셀이 필요한 전부이다. 그리고 이 기술은 결과로서 생긴 레이아웃이 완전하게 대칭적인 것을 보장한다!
- 비록 다각형 좌표가 그리드를 벗어나는 문제 때문에 조금 위험할 지라도, 셀들은 확대될 수 있다.
- 셀안의 모든 다각형이 나타내 질 필요가 없기 때문에 셀을 사용하는 것이 컴퓨터 스크린 다시그리기 자원을 최소로 만든다. 종종 오직 중요한 인터페이스 다각형만 나타내고, 셀의 세부 내용이 숨겨진 상태로 남겨두는 것이 필요하다.
- 셀들은 더 많은 컴퓨터 자원들을 절약하기 위하여 “어레이”할 수 있다. 하나의 어레이는 세포들의 행렬로서 생각될 수 있다. 예를 들어 메모리 셀의 10 x 10 행렬을 구현하는 경우를 생각해 보자. 우리들은 리프 셀로 단일 메모리 셀이 주

어져 있다. 하나의 선택은 메모리 셀을 100번 인스턴스하는 것이다. (이것은 저장할 필요도 없는 100 개의 X, Y 좌표, 또는 200 개의 숫자를 필요로 한다, 그래도 그것들을 만들어야 한다!) 더 훌륭한 선택은 X, Y 원점, X, Y 오프셋, 그리고 행과 열의 숫자(여섯 숫자)를 필요로 하는 어레이를 정의하는 것이다.

- 셀 어레이의 사용은 역시 컴퓨터 스크린 다시그리기 자원을 줄인다. 보기를 들면 어떤 소프트웨어 제품들은 어레이의 경계 셀만을 표시하는 옵션을 가지고 있다. 또 다른 옵션은 오직 모서리 셀을 표시하는 것이다.
- 계층적 레이아웃 검증 도구들은 많은 개개의 셀보다 작은 수의 셀들의 되풀이된 사용을 더 이용할 수 있다. 하나의 인버터 셀을 100 번 인스턴스한 우리의 설계 예제에서, 개념적으로 설계 검증 도구는 단지 인버터 셀을 검증하고 그 다음에 어떻게 이 셀들이 서로 인터페이스하는 것만 검사하면 된다. 이 방식은 200 개의 트랜지스터가 인버터로 연결된 경우를 검증하는 것보다 훨씬 더 빠르다.

그림 3.24는 인스턴스 이름과 다른 방위를 갖는 셀들의 예를 보인다. 멋있는 문자 F가 셀 원점에 붙여졌는데, 레이아웃 설계자에게 세포의 방위를 알려 주기 위해서다. 그림 3.24로부터, 다음을 유념하라 :

- 기본 셀 이름 = 모든 경우에 AGBC
- PDC는 최상 계층의 셀/블록의 이름
- 인스턴스 이름은 셀 AGBC가 설계에서 인스턴스될 때마다 다르다. 예를 들면, comp001, comp002, comp003
- 첫 번째 예제는 모든 셀들이 PDC 블록의 원점에 대하여 0 도로 방위되어 있음을 보여준다.
- 두 번째 예제는 인스텐스 comp002는 다른 셀에 대해 뒤집혀 있는 것을 보여준다. - 거울 축을 정의하는 두 개의 화살표를 관찰하라.
- 세 번째 예제는 어레이 구현을 보여준다.

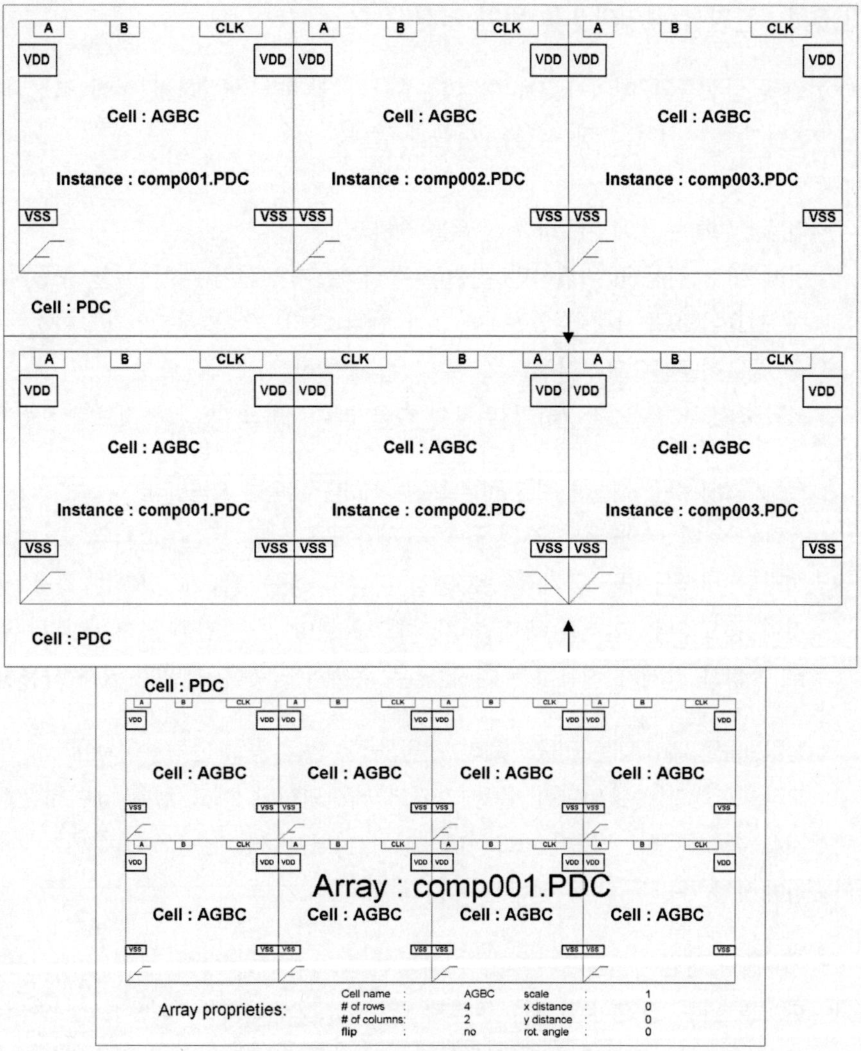

그림 3.24 계층적 설계 예제

3.8 일반적 지침

우리들이 레이아웃 플로어플랜을 고려하였으므로, 이제는 설계를 구현할 시간이다. 설계를 계획하고 구현하는 데 모두 따라야 하는 일반적 지침이 있으며, 이 절에서는 기본적인 것들을 열거한다.

3.8.1 전원선 레이아웃을 위한 지침

전원 공급선들의 레이아웃은 어떠한 셀들의 설계를 시작하기 전에 결정되어야 한다. 전원선들을 위한 특정 지침은 다음과 같다:

- 다음에 말하는 것에 기초하여 선 폭을 정하라 :
  선이 내부 사용을 위해서만 전원을 공급하는가? 선이 다른 셀을 구동하기 위하여 필요한 요구사항이 있는가? 칩의 전원 그리드의 일부분인가? 이것은 레이아웃 플로어플랜으로부터 결정될 수 있는 중대한 정보이다.
  선의 적절한 폭을 결정하기 위하여 다른 레이어들의 저항률 정보를 사용하라.

- 트랜지스터 수준 셀들을 위한 전원으로는 최하층 금속을 사용하라.
  전원을 위해 더 높은 수준의 금속을 사용하게 되면 트랜지스터와 공급선을 연결하려면 비아들이나 국지적 상호연결 다각형 등을 필요로 한다는 것을 생각하는 것이 중요하다. 이것은 공간을 차지하고, 셀의 접근 간격을 제한한다. 일반적으로 공정과 설계가 허용하는 가장 낮은 수준의 금속을 전원을 위해 사용하라.

- 전원선들을 베어 내는 것을 피하라. 전원선들은 많은 양의 전류를 이송한다 ;
  그러므로, 그들은 일관한 폭을 가지고 배선되어야 하고 절대 베어내 지지 않는 것을 확실히 하는 것이 중요하다. 선에 어떠한 *베어냄들*도 고전류 상태에서는 잠재적인 퓨즈가 되어 전원선이 끊길 수 있다.

- 셀 위로 전원 배선을 피하라. 자동화된 도구를 사용하여 전원을 배선하지 않는 한, 셀 위로 전원 공급선을 달리게 하는 것은 권장하지 않는다. 셀 안의 전원선은 셀을 만들 때부터 문제없도록 만들어져 있다. 셀 바깥의 전원 배선은 이상적으로 셀들 간의 연결에만 제한되도록 한다.

3.8.2 신호선 레이아웃을 위한 지침

다음에 말하는 것은 특별히 신호선 배선을 위한 지침의 목록이다. 이 개념들의 각각에 대한 더 많은 세부 내용은 뒤에 나오는 장들에서 언급할 것이다.

- 공정 변수들과 회로 요구사항에 근거하여 배선 레이어를 선택하라. 각각의 공정에 대하여 표준화된 배선 레이어 목록이 레이어 저항과 용량에 기초를 두어 정

해져야 한다. N 웰이나 액티브, 그리고 높은 저항 폴리 게이트 같은 레이어는 배선을 위해 사용하지 않는다. 배선 레이어 사이에서 우선순위를 정하는 것도 같은 기준을 사용하여 표준화한다.

- 입력 신호들의 폭을 최소화하라. 설계안의 신호들의 배선을 최소화하는 것은 또한 중요하다. 이것은 신호를 위해 입력 정전용량을 줄인다. 이것은 여러 번 사용된 셀의 일부분인 신호들을 위해 중요하다. 이것의 보기는 셀 내의 클럭 신호가 될 것이다.
- 주의 깊게 배선 폭을 선택하라. 배선 신호의 폭의 선택은 현명하게 이루어져야 한다. 그것은 단순히 최소 설계 규칙 선 폭을 배선 폭으로 사용하게 만든다. 연결들이 모든 선에 만들어져야 하기 때문에 이것은 실제적이지는 않다. 연결 점들은 비아나 콘택을 필요로 하는데, 그림 3.25에서 볼 수 있듯이, 비아나 콘택을 위하여 필요한 공간은 일반적으로 배선 레이어를 위한 최소 폭 규칙보다 더 넓다. 이 선은 훨씬 더 넓을 것이고, 다루고 유지하기에 훨씬 더 쉽다. 왜냐하면 그것은 콘택 주변에서 다른 신호들이 꺾이게 하는 것을 방지하기 때문이다.
- 셀 또는 블록내에서 일정한 배선 방향을 유지하라.(그림 3.26) 그러면, 레이아웃 설계자가 신호 방향을 바꾸기를 원할 때, 그것은 오직 한 가지 타입의 비아만을 사용할 것이고, 그것은 셀의 간격을 방해하지 않을 것이다. 대체로 각각의 레이어에 대해 일관된 금속 방향을 유지하고, 레이어에서 레이어로 방향을 바꾸는 것이 좋다. 예를 들면 만약 금속1, 금속3, 그리고 금속5가 수평으로 배선되면, 그러면 금속2, 금속4, 그리고 금속6는 수직으로 배선되어야 한다.

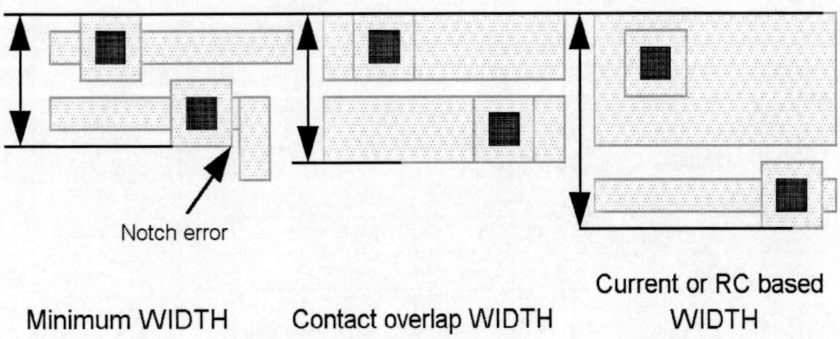

그림 3.25 배선 폭 고려사항

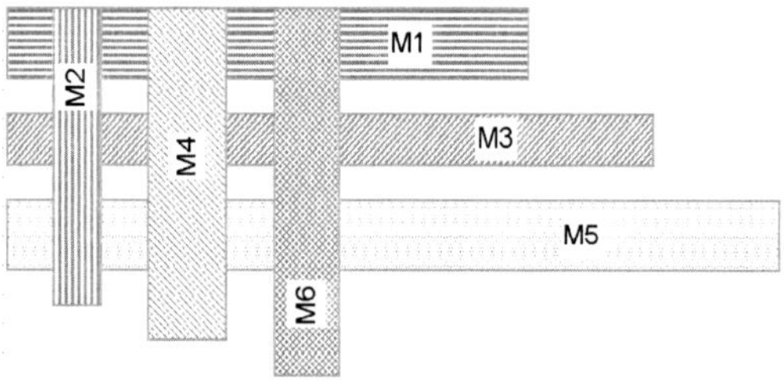

그림 3.26 배선 방향

- 모든 중요한 신호들에 라벨를 붙여라. 이것은 레이아웃 검증 과정, 특히 LVS를 위해 매우 중요하다. 오류 진단, 단락 고립, 그리고 LVS 실행 시간은 모두 노드에 라벨이 있을 때 더 쉽다.
- 모든 연결을 위한 콘택의 최소 수를 결정하라. 모든 연결을 위해 하나의 콘택이나 비아가 충분하다고 추정하지 마라. 예를 들면 어떤 메모리들은 신뢰도를 증가시키기 위해 이중 콘택들을 사용하고 있다.

3.8.3 트랜지스터 레이아웃을 위한 지침

다음에 말하는 것은 특별히 셀 수준의 설계 환경을 위한 지침의 목록이다.

- PMOS와 NMOS 트랜지스터 배치를 위해 미리 정의된 형판을 사용하라. 셀의 구조는 미리 규정되어야 한다. 그리고 이 형판은 셀 그룹의 기본적인 플로어플랜을 포함해야 한다. 그림 3.27은 셀 형판의 견본을 보인다.

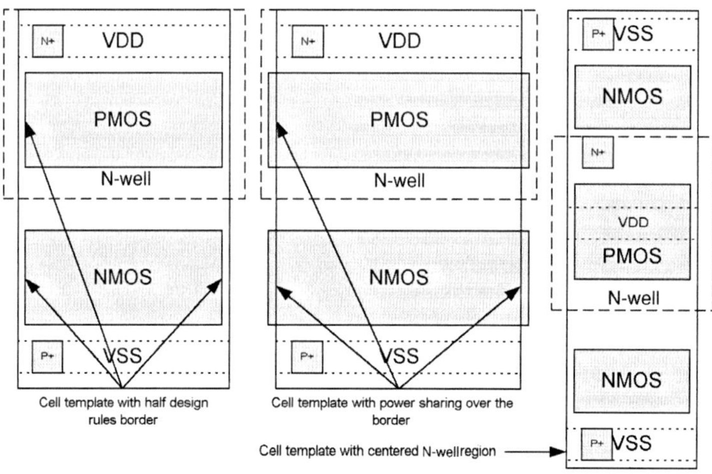

그림 3.27 형판 예제

- 크고 중요한 트랜지스터들을 위해 트랜지스터 핑거링을 사용하라. 그림 3.27과 유사한 셀 형판은 트랜지스터의 최대 폭을 셀 높이로 정의한다. 어떻게 우리들은 이 높이보다 큰 트랜지스터를 레이아웃 할 수 있을까? 해결책은 큰 트랜지스터를 평행하게 연결된 여러 개의 트랜지스터들로 "핑거"하는 것이다. 그림 3.28은 100 ㎛ 폭 트랜지스터의 한 개의 동등한 레이아웃 설계들을 보여준다. 짝수의 핑거에는 이점이 있다 : 액티브 정전용량이 더 작다. 왜냐하면 드레인 영역이 필드 대신에 게이트 폴리로 둘러싸이기 때문이다. 핑거링을 사용하는 또 다른 이유는 트랜지스터의 폭을 따라 생기는 게이트 폴리의 저항을 최적화하는 것이다. 게이트 폴리가 한쪽 끝으로부터 구동되고 또 저항성분이 있으므로, 한 개 핑거의 최대폭을 정해주는 지침을 가지고 있을 이유가 있다. 핑거링은 큰 트랜지스터들을 위한 이러한 지침에 적합한 유일한 방법이다. 직렬로 연결된 다수의 트랜지스터들을 핑거링하는 것은 더 교묘하다. 그림 3.29는 2 입력 NAND 게이트 핑거링의 예를 보여준다. PMOS 소자를 핑거링 하는 것은 명확하다 ; 그러나, 직렬 NMOS 소자를 핑거링 하는 것은 더 어려운데, 왜냐하면 소자 연결의 순서가 유지되어야 하기 때문이다.
- 면적을 절약하기 위해 전원 공급을 공유하라. 가능할 때는 언제나 노드를 공유하는 것은 이해하기 쉬운 개념이다. 전력 공급 노드들은 가장 쉽게 공유되는데, 왜냐면 그들이 연결하기에 매우 일반적이고 쉽기 때문이다. 매우 중요한 면적 절약이 성취될 수 있다. 면적이 절약되는 가장 주된 이유는 콘택 한 줄의 양쪽이 사용되고, 두 개의 액티브 영역을 서로 떨어뜨려 공간을 확보할 필요가 없는 것이다. 그림 3.30은 이 기법을 설명한다. 다른 폭을 갖는 트랜지스터들을 전원 노드를 공유하려면 더 작은 트랜지스터의 끝부분 액티브 공간에 폴리를 삽입하는 약간의 수고만 해 주면 된다는 것을 유념하라.
- 소스와 드레인 연결들을 위한 콘택의 최소 수를 결정하라. 하나의 단순한 규칙은 두 개의 콘택 사이의 최소 설계 규칙을 사용하여 가능한 많이 맞춰 넣는 것이다. 이 지침은 가장 믿을 만하고 트랜지스터의 성능을 최대화한다. 이 방식의 단점은 트랜지스터 위로의 배선이 제한되는 것이다. 만약 회로 설계에서 향상된 배선이 필요하고 고려되어 진다면, 최대 콘택 수 보다 적은 수가 전체 레이아웃 디자인을 위해 최적일 것이다. 이 방식은 주의 깊게 고려되어야 하고 회로설계 과정에서 고려되어야 한다. 대체로, ASIC 셀 라이브러리들은 셀내에 최소 수의 콘택을 사용하지만, 몇몇 고주파 설계나 아날로그 부분을 위해서는 트랜지스터들은 완전히 콘택 되어 진다.

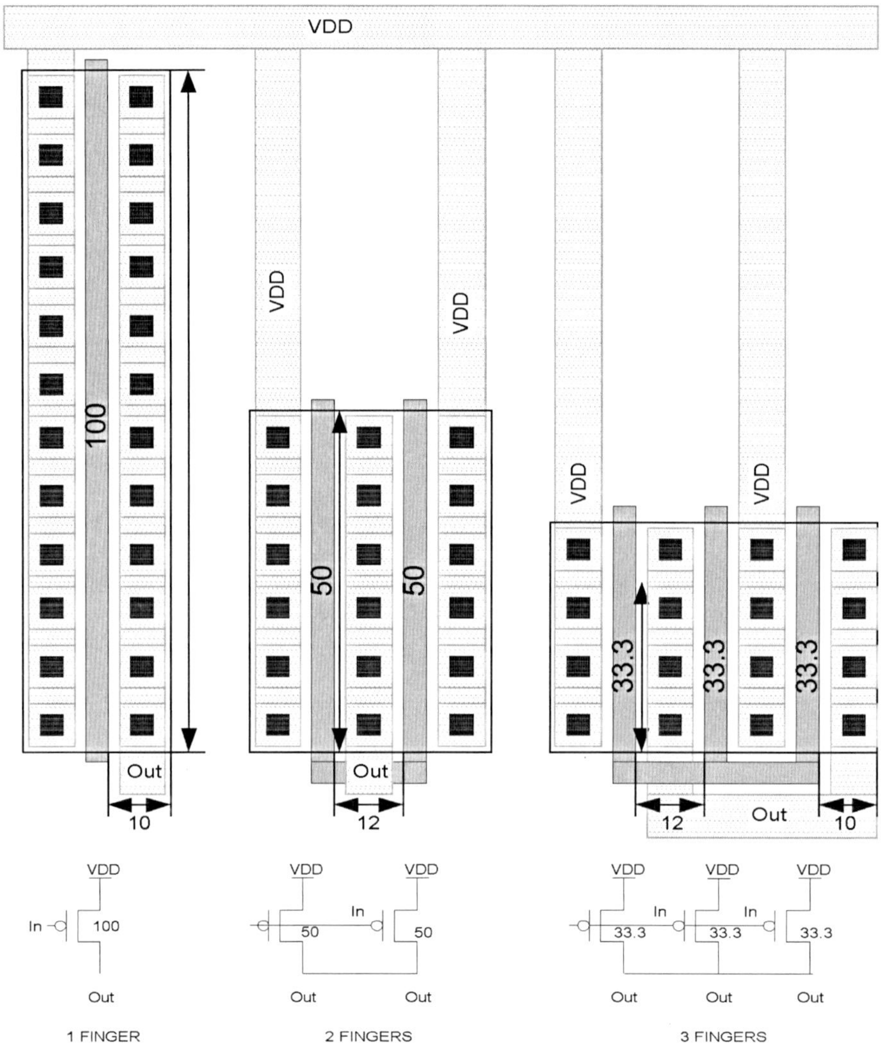

그림 3.28 트랜지스터 핑거링

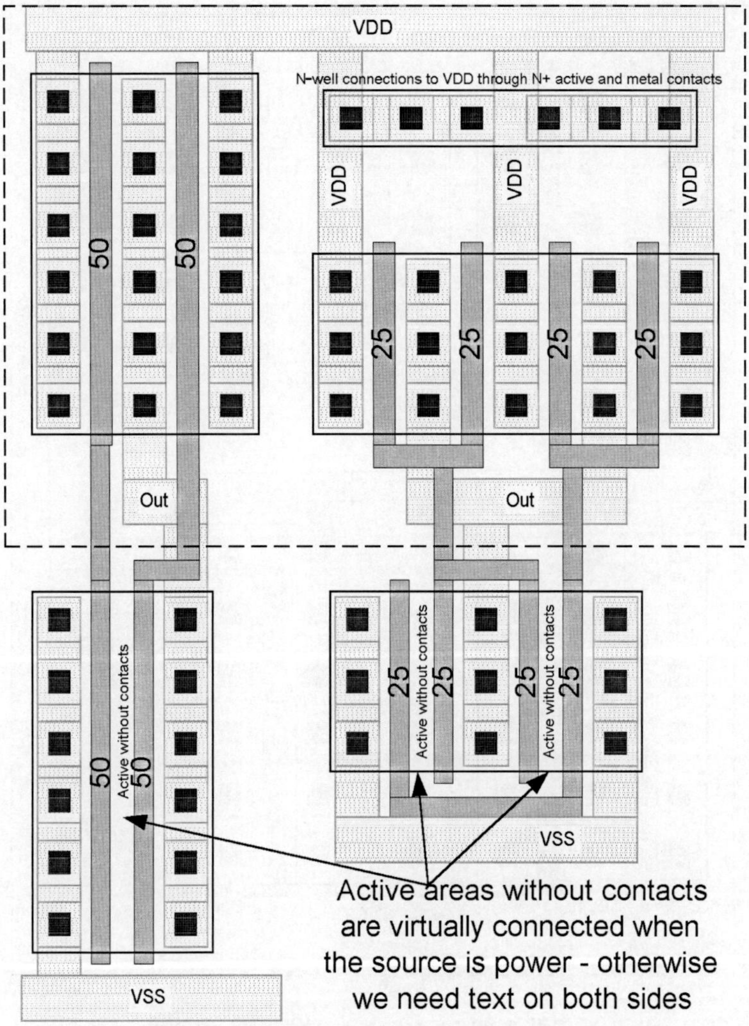

그림 3.29 NAND 게이트 핑거링 예제

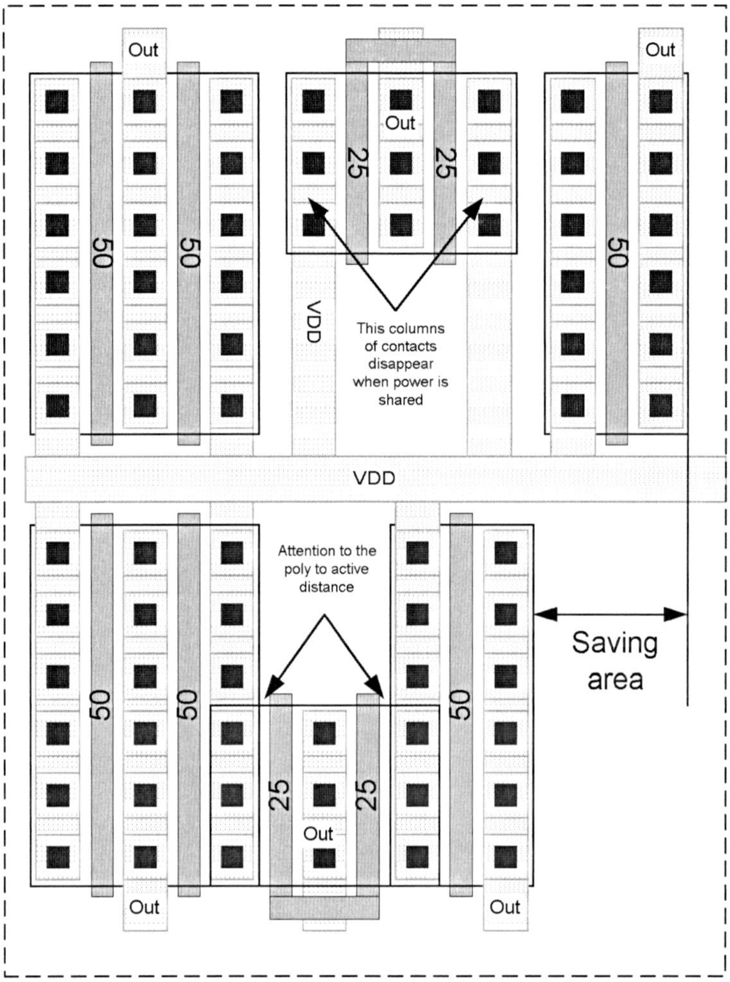

그림 3.30 트랜지스터 전원 공유 예제

- 가능하다면 언제나 90° 다각형 또는 경로을 사용하라. 대개의 설계는 이 방법으로 수행된다. 그 이유는 직교한 모양일 때 컴퓨터는 최소량의 데이터를 저장하고, 레이아웃 과정이 훨씬 더 쉽다는 것이다. 45° 레이아웃 설계는 면적이나 성능 제약조건에 여유가 적을 때를 위해 아껴둬라. 왜냐하면 45° 레이아웃이 수정하고 유지하기 더 어렵기 때문이다. 45° 레이아웃 설계 기술을 사용하기 위한 추가 노력은 보통 레이아웃 셀을 위해서는 그럴 가치가 없다. 45° 레이아웃 설계를 할 만한 가치가 있는 예는 메모리 셀과 피치가 제한된 레이아웃일 때이다. 또 데이터패스나 큰 전원 공급선도 그렇다. 그러나, 45° 콘택과 비어는 많은

CAD 프로그램에서 많은 문제를 일으킨다. 그래서 그들을 피해야 한다.

- 터브나 기판 연결 위치를 계획하고 표준화하라. N 웰을 논리적인 “1” 전원(VDD, VCC, VPP)에, 또 P+ 기판을 접지나 VSS로 연결하는 것을 계획하고 위치하라. 셀의 플로어플랜은 이 접촉이 놓여지는 일반적인 영역을 포함하여야만 한다. 여기에는 두 가지 기본적인 방법론이 있다 : 그것들을 PMOS와 NMOS 트랜지스터들 사이에 놓는 방법, 그것들을 트랜지스터 영역 외부에 놓는 것. 래치업 보호(나중에 토론할 것이다)를 위해서는 트랜지스터들 사이가 더 좋다. 그러나 이것은 셀 레이아웃을 복잡하게 한다.
- “스프트 연결” 노드들을 피하라. “소프트 연결” 노드는 비배선 레이어로 연결된 것을 말한다.(그림 3.31) 비배선 레이어들은 저항이 커서 회로 성능을 나쁘게 하므로 그렇게 분류된다. 전형적으로, 액티브와 N웰 레이어들은 배선 레이어가 아니다. 그러나 전기적 접속들을 만들기 위하여 부주의하게 이 레이어들을 사용하는 것은 여전히 가능하다. 이것의 문제는 DRC와 LVS는 통과하겠지만, 회로 성능을 나쁘게 만든다. 오직 매우 상세한 추출과 시뮬레이션 도구만이 이 타입의 소프트 연결 에러를 발견할 것이다. 전형적으로, 이렇게 일하는 것은 실용적이지 않다. 그래서 이 같은 결과를 피하기 위해서는 맞게 만드는 (correct-by-construction) 방식이 택해진다.
- 그림 3.31은 소프트 연결들의 두 개의 견본을 보인다. N 웰 예제는 어떻게 트랜지스터가 전기적으로 VDD에 연결되는지를 보여준다. 그러나 신호 경로는 연결의 일부분으로서 N 웰을 통하여 흐른다. 두 번째 예제는 어떻게 트랜지스터 성능이 금속으로 완료되지 않은 드레인의 연결에 의하여 저하될 수 있는지를 보여준다. 이 경우에 단일 콘택은 어떤 식으로든 별 도움이 안된다. 그리고 레이아웃은 그것 없는 것과 똑같다. 레이아웃 검증 과정에서 특별히 만들어진 검사는 이러한 문제를 확인하는 것을 도울 수 있다 ; 그러나, 그들은 디버그거하기 어렵고, 단순히 처음부터 오류를 만드는 것을 피하는 것은 가장 좋다.

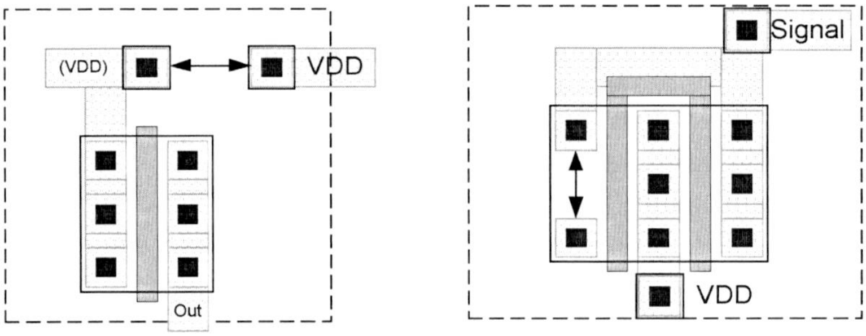

N-well Soft Connect　　Transistor Drain Soft Connect

그림 3.31 소프트 연결의 예제

3.8.4 계층적 설계의 레이아웃을 위한 지침

- 플로어플랜 계획을 개발하고 사용하라. 이것은 매우 중요한 것이다. 그것은 레이아웃 설계의 모든 수준들에서 수행되어야 한다.
- 계획 단계에서 설계의 계층구조를 정의하라. 설계의 계층구조 정의를 내리는 것은 어려우면서도 빠른 방법이 없고 그저 상식적으로 하면 된다. 여러 수준의 계층구조를 결정하기 위한 일반적인 지침은 다음에 말하는 것을 포함한다 :
  - 여러 번 인스턴턴스되는 회로들은 셀로 만든다.
  - 설계를 기능 블록, 또는 면적 특정 블록으로 나누어라.
  - 설계를 여러 설계자들이 동시에 일할 수 있게 할 수 있는 블록들로 나누어라.
  - 만약 대칭 레이아웃이 요구되면, 반쪽짜리 셀을 사용하여 그것을 반사 복사하여 전체 레이아웃을 완성하라.

  계층구조의 사용에 대해서는 책의 여러 부분에서 논의된다.
- 셀의 경계 근처의 레이아웃을 위한 표준을 마련하고 지켜라. 플로어플랜과 구현하여야 할 셀의 종류에 따라 셀이 어떻게 그것의 주변회로들과 인터페이스 하는지 정의해야 한다. 어떠한 설계의 인터페이스 요구 사항들은 계획 단계에서 미리 알려지고 이해되어야 한다.

  셀의 인터페이스를 적절히 설계하기 위한 몇몇 기법들과 지침이 있다 :
  - 전역적인 특성을 정의하기 위하여 형판 셀들을 사용하라. - 셀의 크기, 전력 공급들과 웰들의 배치 정보는 셀의 인터페이스 정의를 하는 데 중요한 것들이다. 형판들의 일관된 사용은 모든 셀들이 표준에 따르고 서로 순조롭게 집적될 것을 보장한다.

- 경계의 인터페이스가 고정되었다고 가정하라. - 만약 어떠한 다각형이 셀의 경계를 건너도록 요구되어 지면, 그것을 허용하기 전에 설계의 그 상위 계층에서 살펴보아야 한다. 이것은 다각형이 보이지 않은 것들과 겹쳐지는 것을 피하기 위해서다.
- 반 설계 규칙 접근방식 - 셀이 유사한 경계 조건을 가지고 그것 자신 또는 다른 셀과 접하는 경우, 맞게-만드는 방식은 모든 내부 다각형이 경계로부터 설계 규칙의 반 만큼 떨어져 있는 것을 확실하게 하는 것이다. 이렇게 하면, 셀이 다른 셀과 접하게 되면, 간격 규칙은 위반되지 않을 것이다.
- 셀을 그것의 주변에 있는 것과 같이 검증하라. - 이 기법은 셀이 모든 경우에 맞는 것을 보장한다.

3.8.5 품질 측정기준

필수적인 요구사항이 충족되고 우리들이 레이아웃을 하는 데 경험이 쌓였다면, 다음의 목록은 더 미묘한 문제들을 요약하고 측정기준은 이 책의 뒤에서 설명할 것이다. 여기서는 그 문제들을 단지 소개만 하는데, 이 진보된 요구사항을 위해 우리는 관여할 수도 있으며 잠재적으로 미리 계획할 수 있다 :

- 면적
- 성능
- 간격
- 제조성 (예를 들면, 그것은 모든 최소 설계 규칙인가? 그렇지 않다면, 그것은 제조에는 더 좋은 것으로 볼 수 있다)
- 보전성 (예를 들면, 만약 공정이 바뀌면, 레이아웃을 바꾸거나 최적화하기 쉬운가?)
- 장기간에 대한 신뢰성 (예를 들면, 전자이동)
- 인터페이스 호환성 (예를 들면, 모든 인스턴스에서 그것이 잘 접하고 잘 맞는가?)
- 수축성 (예를 들면, 레이아웃이 공정에 대해 미리 수축에 대비되어 있는가?)
- 재사용성 (예를 들면, 레이아웃이 다른 공정으로의 이전이나 기술이전에 대비되어 있는가?)
- 레이아웃 흐름에 대한 호환성 (예를 들면, 레이아웃이 P&R 같은 모든 이어지는 도구들과 방법론에 대해 잘 맞는가?)

3.9 설계 구현하기

우리들이 지금까지 배웠던 지식의 모든 것을 일하는데 활용해 보자. 이 시점에 우리들은 기본적인 레이아웃 설계를 완성하기 위한 기본적인 지식의 모든 것을 가지고 있다.

우선, 지금까지 나왔던 주요 개념들을 재검토하자(표 3.1). 만약 당신이 이 기초 개념들을 정복하였으면, 당신은 거의 어떠한 레이아웃 업무에도 도전할 수 있다.

어떠한 레이아웃 설계를 시작하기 전에, 계획을 세워야 한다는 것을 배웠다. 우리들이 이 계획을 진행하여 실행하기 전에, 항상 다음 단계에 참여하고, 설계를 구현해 나가면서도 이것을 잊지 말아야 한다. 이렇게 해야 우리들의 무지로 인해 야기되는 재작업의 양을 최소화하거나 제거한다.

표 3.1 개념 재검토

장	개념 요약	비고
1	레이아웃 설계란 무엇인가?	레이아웃 설계가 IC 설계 과정에서 어떻게 역할하는 지 다룬다.
2	스키매틱을 어떻게 읽을 것인가?	스키매틱은 눈으로 보이는 것 이상의 정보를 가진다.
3.2	레이어 정의	CMOS 공정에 대한 소개
3.3	CMOS 트랜지스터 레이아웃	기본 소개
3.4	설계 규칙	설계자가 할 수 있는 것의 한계를 정의한다.
3.5	레이어 연결도	무엇이 무엇에 연결되는 지를 정의
3.6	따라야할 절차	일반적 교육
3.7	계획 세우기	잠재적으로 성공을 위한 가장 중요한 단계
3.8	일반적 지침	지켜야 할 개념은 처음부터 맞게 일하는 것

플로어플랜에 근거한 구성 요소 배치 (그림 3.32의 단계 2.1)는 적절한 배치를 하는 데 노력한 만큼 반드시 그 대가가 나타나는 또 다른 면적이다. 설계가 완전히 배선되는 정도는 보통 구성 요소들의 배치에 의하여 제한된다. 이 구성 요소들은 인스

턴스된 구성 요소에 덧붙여 다른 트랜지스터들, 터브 콘택, 전력 공급 선들, 또는 신호를 위한 인터페이스 위치일 수 있다. 배치 단계에서의 어떠한 추가 노력은 길게 보면 쉽게 배선 가능한 설계가 된다는 것으로 결국 보답이 될 것이다.

신호선들이나 인터페이스들에 라벨을 붙여서 연결 오류를 피해야 하는 것도 이 단계에서이다. 이것은 전원, 신호, 피드 쓰루, 그리고 다른 다각형을 포함할 것이다.

단계2.1은 플로어플랜이 가능하다는 것을 확인하는 초기 배치로 생각될 수 있다. 단계 2.2에서 우리들은 더 자세한 세부 내용을 고려하기 시작하는데, 여기서 임계 경로 신호, 기판 콘택, 레이아웃 대칭성, 래치업 보호를 위한 특정 요구사항, 또는 잡음 내성과 같은 특별한 설계 요구사항들을 다뤄야 한다. 중요하고 까다로운 신호의 배선과 더불어 상세 배치가 이 단계에서 이루어진다. 전력 공급선들과 클럭 신호들이 이 분류에 속한다. 추가로, 설계가 시작된 후에나 완료되었던 후에 발생하는 새로운 설계 요구사항들을 대비하여 구성 요소들과 경로를 위한 여분 공간이 할당되어야 한다.

좋은 플로어플랜과 구성 요소들의 최종 배치로서, 단계 2.3은 매우 쉽게 된다. 이것 없이는, 특별한 설계사양들을 생각하면서 상호연결 배선을 완성하는 것은 어렵고 시간이 많이 걸린다. 플로어플랜은 배선 레이어들, 배선의 방향, 그리고 모든 신호를 배선하기 위한 공간을 고려하여야 함을 기억하라. 그래서 배선을 끝마치는 것은 매우 명확한 일이 된다.

이제 특별한 종류의 레이아웃 설계들에 관련된 문제들을 살펴보자.

3.9.1 셀 레이아웃

리프 셀 또는 논리 셀은 대체로 트랜지스터에 근거한 스키매틱으로부터 그려지는 레이아웃이다 ; 그러므로, 이런 종류의 디자인에 사용되는 구성 요소들의 대다수는 다각형, 트랜지스터들, 콘택, 그리고 신호 핀들이 될 것이다. "다각형 밀기"는 여기서 사용되는 레이아웃 설계 스타일이다. 가장 낮은 추상화 레벨에서 회로들을 구현하고, 전체 레이어 세트와 레이아웃 설계 규칙에 대한 상세한 지식이 필요 하다. 공식적으로, 이것은 "완전 주문형" 설계 스타일로 알려져 있다.

이 수준의 레이아웃에서 강조되어야 할 주요 개념들은 다음에 말하는 것을 포함한다 :

- 전체 레이어 세트와 레이아웃 설계 규칙에 대한 상세한 지식.

- 설계의 트랜지스터들 숫자와 레이아웃 설계 규칙으로부터 추정되는 설계의 크기.
- 논리 게이트를 구현하기 위한 트랜지스터 수준의 배치와 연결에 대한 유의.
- 면적을 최소화 하고 성능을 최대화하기 위한 조심스런 플로어플래닝과 구조 정의. 이 리프 셀들은 잠재적으로 수천 번 사용되므로, 각각 셀의 면적 축소를 위한 노력은 전체 칩에서 그대로 보상을 받을 것이다.
- 전원 공급 구현의 조심스런 설계. 이것은 또한 기판과 터브 콘택에 대한 고려도 포함한다. 이것이 잘 수행되면, 전체 블록이나 칩의 전원 공급 배선이나 벌크 연결 요구사항은 이러한 요구사항을 리프 셀의 설계에 반영함으로써 충족될 수 있다.
- 다른 셀들에 대한 인터페이스의 설계에 대한 유의. 이전에 언급한 것처럼, 이러한 리프 셀들은 여러 번 많게 사용될 수 있고, 면적 축소는 서로에게 인접한 두 개의 리프 셀들을 배치하는 데 필요한 오버헤드를 최소화 하는 것으로 달성할 수 있다. 이상적으로, 리프 셀은 그들에게 인접하여 놓여 질 가능성이 있는 모든 셀들에 직접적으로 접하도록 설계되어야 한다.

3.9.2 블록 레이아웃

셀과 블록의 차이는 해석에 맡겨져 있다. 그러나 일반적으로, 그것이 중간 정도의 복잡함과 기능을 가지면서 주로 인스턴스된 셀들로 구성될 때의 셀을 블록이라고 부른다. 블록은 셀보다 더 크고 더 복잡하며, 셀을 설계하는 사람들보다 더 많은 경험을 가진 설계자에 의해 구현된다. 우리는 이러한 설계 스타일을 "반주문형" 설계 스타일이라고 생각하는 데, 그것은 셀 기반의 설계를 완전 주문형 설계로 생각하는 것과 대비된다. 그림 3.32에 서술된 설계 흐름이 적용된다.

블록 수준 설계에서 마음에 새겨야 할 중요한 요소는 다음과 같은 것들이다 :

- 설계의 크기는 설계에 있는 셀의 수와, 외부적으로나 내부적으로 배선된 신호들의 수로부터 추정된다.
- 여분의 구성 요소나 신호들을 위해 할당되는 매우 큰 공간을 갖는 것은 블록에서는 보통이다. 단순히 블록을 통하여 통과하는 신호들 같은 경우이다. 이 신호들을 피드 쓰루 신호들이라고 부른다.
- 몇몇 블록은 디지털과 아날로그 셀들의 혼합과 같이 기능적으로 다른 구성 요소들을 가지고 있을 것이다. 이런 경우에 래치업과 잡음 면역성과 같은 다른 회로

요구사항을 위해 특별한 고려가 있어야 한다.

대체로, 레이아웃 설계자가 모든 위의 정보를 가지고 있다면, 이전에 만들어진 셀, 트랜지스터들(혹시 있으면)의 배치와 상호 연결 배선을 할 때이다.

대체로, 블록은 회로 동작성 및 레이아웃 스타일에 따라 정의가 내려진다. 공통적인 예제로는 열 셀들, 표준 셀들, 데이터패스나 레지스터 파일들, I/O(입출력) 링, 아날로그 블록, 그리고 기억 블록 같은 것들이다.

3.9.3 칩 레이아웃

전체 칩 레이아웃의 구현은, 레이아웃 계획으로부터 최종 검사단계까지의 과정이 똑같다는 점에서, 큰 블록의 구현과 개념상으로 아주 동일하다.

전체 칩 레이아웃 설계들은 다양한 종류들의 블록과 셀들을 혼합할 것이다. 그래서 모든 레이아웃 설계 스타일의 상세한 지식이 성공의 기회를 최대화하는 데에 필요하다.

다른 데에서는 아니고 칩 수준에서에서 강조되어야 할 측면들에는 다음과 같은 것들을 포함한다 :

- 매우 크고 다양한 블록의 설계 분할하기. 복잡한 칩의 많은 인터페이스를 정의하는 것은 복잡한 일이다.
- 회로 바깥에 대한 인터페이스를 정의하고 계획하기. 이것은 패드와 I/O 회로, 그리고 그들과 관련된 복잡함에 대한 지식을 포함한다.
- 전체 칩 위로 배선되는 중요한 신호들을 계획하고 구현하기. 이것은 전역적인 전원 공급선들과 클록 신호들을 포함할 것이다.
- 플로어 플래닝 기술과 유지는 여기서 가장 중요한 일이다. 전체 칩 수준에서 플로어플랜은 레이아웃 구현도구뿐만 아니라 통신도구로서 중대하다.
- 칩의 크기를 추정하는 것은 그 자체로 중요한 일이다. 예전의 설계나 경험으로부터 예측하는 것이 이 업무를 수행하는 데에 역할을 할 것이다. 현재 프로젝트의 공정 변수들을 이전 것과 비교하라. 이 부분이 플로어 플래닝 도구의 전문가가 정말로 도움이 되는 영역이다.
- 전체 칩 레이아웃에 책임이 있는 레이아웃 책임자의 역할에는, 레이아웃 방법론, 업무 할당, 그리고 전체 팀을 위한 일정 계획 등을 정의하기 위한 요구사항

이 있다. 또한, 레이아웃 설계와 레이아웃 검증 도구들에 대한 이해는 팀이 능률적으로 일을 해내는 것을 확실하게 하는 데에 중요하다.

무엇보다도, 레이아웃 설계에서 가장 도전적이며 흥미를 일으키게 하는 것은 전체 칩 레이아웃 업무의 복잡함이다.

3.10 검증

레이아웃의 구현이 끝났으면, 우리들은 검증 과정으로 간다.(그림 3.33). 이것은 사소한 일이 아니며, 매우 중요한 것이다. IC 설계에는 많은 실패 메커니즘들이 있으며, 그리고 오류를 수정하는 것은 매우 비용이 비싸다. 교체와 변경을 위하여 부품들에 접근하는 것이 상대적으로 빠르고 쉬운 자동차의 수리와 달리, 설계 오류들을 고치는 것은 수 개월이 소요될 수 있다. 우리들은 우리의 설계가 맞게 가기 위한 *단 하나의* 기회를 갖고 있는 그런 과정을 택해야만 된다. 왜냐하면 설계의 변경은 매우 시간이 많이 걸리고, 비용이 비싸기 때문이다.

(그것은 우주 궤도에 있는 인공위성을 고치는 것과 다소 비슷하다 - 가능하긴 해도 매우 비싸다)

모든 계획과 점검표에도 불구하고, 가장 좋은 결과를 위해서 확고한 검증 계획이 요구된다. 계획의 각 단계는 설계의 다른 측면들을 검사한다.

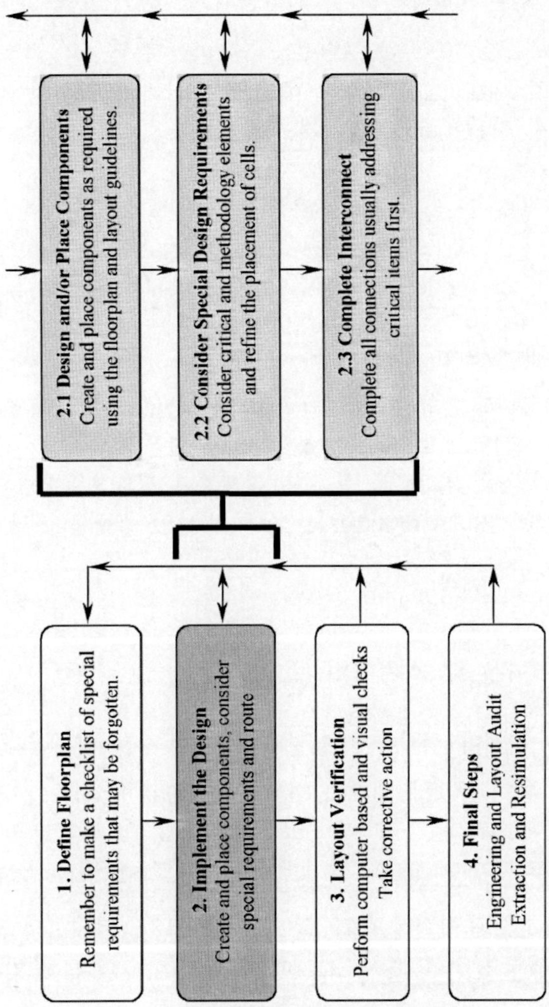

그림 3.32 레이아웃 구현 절차

3.10.1 설계 규칙 검사 (DRC)

설계 규칙 검증 단계는 레이아웃 데이터 베이스에 있는 모든 다각형과 레이어들이 제조 공정 규칙의 모든 것을 만족하는 지를 검사한다. 3.4절에서 설명한 것처럼, 이러한 설계 규칙은 제조할 수 있는 설계의 한계를 정의한다. 폭과 간격 규칙이 이 분류에 해당된다.

제조 요구사항을 충족시키는 것은 검사되고 정정되어야 할 절대적 최소 규칙 세트이다. 일단 설계가 완료되면 이것이 검증의 첫 번째 수준이기 때문에, 이후에 전형적으로 많은 방법론, 연결도, 그리고 지침 규칙 또한 검사된다. 우리들은 이러한 것들을 보충 규칙 세트라고 부른다. 예로는 레이어의 잘못된 사용(논리 영역의 ESD 레이어) 또는 잘못 사용된 소자나 연결들이 될 것이다.

TIP

완료된 DRC 검증 방식은 당신이 디자이너로서 구현한 설계뿐만 아니라, 그것이 사용될 상위 계층 설계 내에 놓여 질 당신의 설계를 검증할 것이다.

만약 당신의 설계와 인터페이스하거나 인접하는 특정한 구성요소들이 준비되었다면, 이 인터페이스 셀을 포함된 채로 DRC 검사를 수행하라. 만약 당신의 셀이 일반적 목적의 설계라면, 더 복잡하고 최선을 다하는 검사를 수행하여야 한다. 물론 모든 가능성 있는 인터페이스 셀들을 여러 방향과 방법으로 붙여 놓은 상태에서 검사하는 것을 포함한다.

3.10.2 레이아웃 대 스키매틱 (LVS)

LVS 검증은 설계가 정확하게 연결되어 있는 지를 검사한다. 스키매틱은 기준 회로이고, 레이아웃이 그것에 대해서 검사된다. 원칙적으로, 다음이 증명된다 :

- 입력, 출력, 그리고 전원 신호들을 포함하는 모든 신호들의 전기적 연결성
- 소자 크기 : 트랜지스터 폭과 길이, 저항 크기, 커패시터 크기
- 스키매틱에 포함되지 않은 여분의 구성요소와 신호들의 확인 ; 떠있는 노드들은 이것의 보기가 될 것이다.

마지막 항목은 다음에 설명할 전기적인 규칙 검사에서 검사하는 항목과 중복된다.

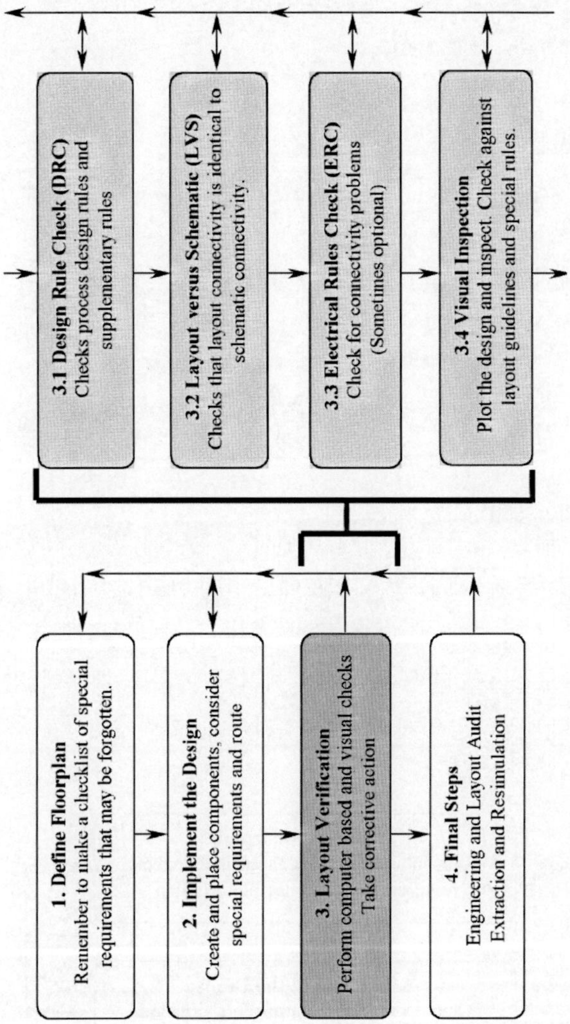

그림 3.33 레이아웃 검증 절차

3.10.3 전기적 규칙 검사 (ERC)

그림 3.33에 보이는 것처럼 ERC는 별도 검증 단계로 하는 것을 때때로 선택적으로 하거나, 또는 거의 하지 않는다. 다수의 문제는 LVS 검사에 의하여 파악되며, 그래서 ERC는 필요 없게 된다.

이 단계에서 검사되는 전기 규칙은 보통 연결도 또는 소자 연결에 있는 오류에 국한한다. 예로는 다음과 같은 것이 있다 :

- 연결되지 않은, 부분적으로 연결된, 또는 여분의 소자들
- 작동하지 않는 트랜지스터들
- 떠있는 노드들
- 단락 회로들
- 다른 곳에서 검사되지 않는 특별한 검사 (예로서, 안테나 규칙)

LVS 검사의 부분집합으로서, ERC는 일반적으로 더 빠르게 실행되므로 VDD-to-VSS 단락회로와 같은 오류를 잡아내는 것을 빠르게 하는 데 유용하다.

3.11 최종 단계

IC 설계를 위한 도구들이 지난 10년간 엄청나게 발전해 왔음에도 불구하고, 그리고 최고 설계자들의 가장 좋은 의도에도 불구하고, 개선이나 훑어 보아야할 것들은 항상 있다. 시간의 흐름에 따른 공정 설계 규칙의 복잡함과 변화는 오래된 문제에 대한 새로운 도전들을 만들어 낸다. 이러한 이유들 때문에 감사의 형태로 된 최종 검토와 교차 검사는 뜻 있게 쓰이는 시간이다.(그림 3.34)

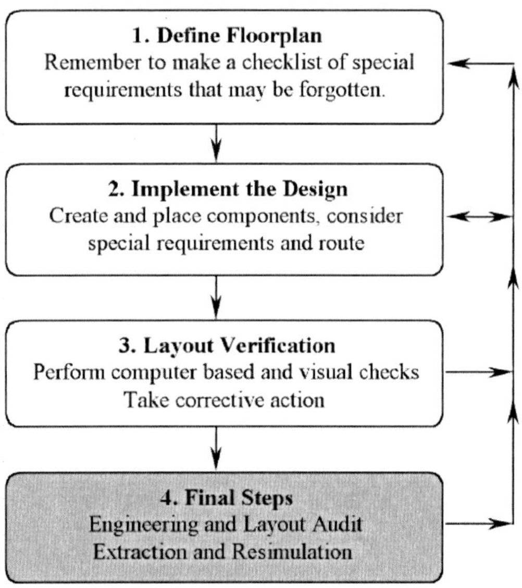

그림 3.34 최종 단계

아주 오래전과 비교해서, 감사 점검표들은 오늘날 더 적어졌을 것이다. 그러나 부담은 단순히 설계 CAD 도구들과 레이아웃 절차의 구축 및 유지에 대하여 책임이 있는 개인에게 이동하였다. CAD 검증 도구들은 많은 문제를 검사한다. 그러나 여전히 도구들이 그들의 일을 확실하게 하기 위해서는 지식이 있는 사람을 필요로 한다.

적절한 감사 결과의 핵심은, 문제 뒤에 숨어 있는 개념들과 어떤 문제의 확장문제까지 잘 이해하고 있는 감사자를 확보하는 것이다. 그 사람은 물론 해결책을 제안할 수 있을 것이다. 제 3의 감사자를 활용하는 것도 좋은 생각이다 : 감사해야 할 프로젝트나 설계에 직접적으로 관여하지 않았던 사람. 이것은 미리 갖기 쉬운 어떠한 편견이나 가정을 제거한다.

진행은 간단하다. 감사자는 설계에 대한 요구사항과 문서를 재검토하여야만 한다. 그리고 관련된 설계의 종류와 복잡함에 한정된 점검표를 사용하여, 이러한 요구사항에 대해서 최종 설계를 검증한다. 플로어플래닝 단계에 만들어진 점검표는 설계를 위한 문서의 가장 중요한 보기이다.

제기된 문제는 문서화해야 한다. 이 시점에서 회로 설계자를 감사 과정에 포함시키는 것은 좋은 생각이다. 뿐만 아니라 설계를 다음 상위계층으로 통합하는 것에 책임이 있는 사람도 포함시킨다. 이 방법으로, 확인된 모든 문제에 대한 해결책이 능률적으로 다루어 질 수 있고, 모든 관련된 정보를 쉽게 얻을 수 있다.

일단 해결책이 완료되면, 모든 문제는 문제를 확인하였던 감사자에 의해 서명으로 완료된다.

과정에서 진짜 최후 단계는 추출된 레이아웃을 생성하는 것이다.

추출은 회로 설계자에게 다시 되돌려지는 단계이다. 최종 레이아웃 설계 버전이 마지막 재 시뮬레이션을 위해 회로 설계자에게 다시 주어진다. 설계에 대한 수정들은 시뮬레이션 후에 떠오를지도 모른다.

추출은 레이아웃으로부터 시뮬레이션을 위한 네트리스트를 자동으로 생성하는 단계인데, 그것은 모든 소자 연결도, 소자 크기, 그리고 배선 정전용량과 저항 등에 대한 정보를 포함한다.

추출된 네트리스트는 레이아웃과 회로 설계자 사이에 훌륭한 통신 장치이다. 또한 그것은 레이아웃 설계가 완전히 마지막 시뮬레이션 결과에 달려 있다는 것을 나타낸다.

3.11.1 검증

최종 파일들에 대한 검증의 관점에서, 몇몇 고려할 사항들이 있다.

마스크 회사가 GDSII 파일 형태를 요구하기 때문에, 마지막 검증은 제조단계로 가는 *같은* 파일에 수행될 것이다. 마스크 회사로 보내진 레이어가 설계에 사용된 것과 다르면, 마지막 검증은 마스크에 의하여 요구되는 GDSII에서 수행되어야 한다. 데이터 베이스는 마스크 회사에 온라인으로 사용되고 검증되었고, 마지막 "정품" 검증으로 검증된 설계 레이어로부터 변환되어야 한다. 그러나, 오류없이 DRC나 LVS 검증을 통과하지 못하는 절차의 필요성을 위해 추가되어야 하는 몇 가지 구조가 있다. 이러한 구조적 오류들은 매우 주의 깊게 검사되어야 하며 무시되어서는 안 된다. 왜냐하면 그들은 실제적인 민감한 논리 회로와 연관 있고, 그래서 문제가 되기 때문이다.

가장 중요한 요소는 "얼린(frozen)" 데이터베이스로부터 만든 "얼린" GDSII를 사용하여 마지막 검증을 수행하는 것이다. "얼린"의 의미는 어느 누구도 원본 온라인 데이터를 손 댈 수 없음을 뜻한다. 이 방법으로 고유한 데이터를 확실하게 보장할 수 있다.

3.11.2 감사

이 단계에서 감사는 이미 한차례 이상 테이프 아웃을 해 보았던 경험이 있는 사람에 의하여 수행되어야 한다. 기본 검사로서 레이아웃 설계자는 앞서 제공된 점검표를 사용할 수 있고, 회사나 공정에 관련된 질문들을 덧붙일 수 있다. 다른 중요한 문제는 DRC 명령 파일에 따르지 않을지도 모르는 최근에 놓여 진 문제들을 감사하는 것이다. (점검표를 참조하라.)

가끔 잊혀지는 매우 중요한 업무는, 만약 DRC나 LVS 명령 파일들이 레이아웃에서 설계하지는 않았지만 CAD 소프트웨어에 의해 생성된 레이어를 위한 검증을 포함하고 있다면, 마스크 만들기 전에 설계를 재 감사하는 것이다.

하나의 예는 P+ 기판에 있는 N 트랜지스터들을 둘러싸는 N+ 레이어이다. 대체로, 레이아웃 설계자들에 의하여 그려지지 않고 마스크 만들기 전에 생성된다. 우리들의 경험에 의하면, 이 같은 레이어들은 마스크 준비 전에 검사되지 않으면 문제를 생성할 수 있다는 것을 안다.

3.11.3 테이프 아웃 절차

사람들이 테이프 아웃 절차를 말할 때는 앞서 설명한 상세한 단계들 외에 특정한 문서 서명 완료와 배포 절차를 말한다. 마스크 회사로 배포된 각 칩을 위해, 해줘야 하는 회사 내부 절차가 있다. 예를 들면 관리부서는, 프로젝트 팀장들과 회로 및 레이아웃 설계자들과 함께, 모든 감사 보고서, 추가적인 회사 규격 서명 완료 절차들을 재검토하여야만 하고, 테이프와 첨부되는 문서와 데이터들을 서명하고 배포하여야 한다.

테이프 아웃된 칩에 관련된 모든 매크로들, 문서들, 검증 결과, 감사 보고서들, 그리고 명령파일들을 다음 프로젝트 할 때 쉽게 접근하기 좋게 보관하는 것을 신경 쓰는 것은 좋은 습관이다. 만약 배포된 프로젝트에 어떠한 문제가 있으면, 모든 관련 있는 구축물과 문서들에 접근하는 것은 쉬울 것이다.

PART 4

레이아웃 설계 흐름

1장에서, 우리들은 레이아웃 설계가 무엇인지 정의를 내렸고, 레이아웃 설계가 IC 디자인의 전체 과정에서 어디에 해당하는 지를 설명하였다. 용어 "흐름"은 이 책의 전반에 걸쳐서 여러 번 사용되었다.

이 장에서, 우리들은 흐름이 무엇인지, 왜 서로 다른 많은 흐름들이 있는 지, 어떻게 모든 이 흐름들이 발전되었고, 오늘날 가장 일반적인 타입들이 무엇인지 정의를 내리려고 노력할 것이다. 오늘날 가장 인기 있는 설계 흐름이 소개될 것이다. 세 개의 기본 설계 흐름과 특별한 종류의 도구들을 요약하는 것으로 이 장을 마칠 것이다.

4.1 흐름은 무엇인가?

우리들은 흐름을 다음과 같이 규정한다 :

> 아이디어의 유용한 표현을 캡쳐하고 검증하는 효과적인 방법론으로 그 최종 결과는 그것의 의도했던 용도를 위해 적합한 특성을 나타낸다.

*방법론*은 어떤 것을 "어떻게" 하느냐이다. 방법론은 따라야 하는 일련의 단계들을 정의하지만, 또한 무슨 문제를 주의해야 하는 지, 다른 것과 대체하는 기법들, 그리고 단계를 진행해 가면서 생기는 다른 이득들에 대한 지식을 포함한다.

*효과적인 방법론*은 지금 하고 있는 작업을 위해 적합한 것이다. 이것은 어떤 설계 흐름의 유효성에도 중요하다. 사용되는 흐름이 시도되고 있는 설계 스타일의 요구사항과 잘 맞아야 한다. 그렇지 않으면, 실패하는 것이 확실하다.

언제 흐름이 효과적일까?

어떤 설계 흐름에 대한 절대적 최소 요구사항은 *아이디어의 유용한 표현을 캡쳐할* 수 있다는 것이다. 아이디어의 유용한 표현이란 반드시 이해하여야 할 주요 개념이다. 아이디어는 종이에 적을 수 있다. 그러나 아이디어를 교환하는 데에는 다른 것보다 유용하지 않다. 데이터가 유용하며 또 아이디어의 기능적 표현임에 틀림없다. 스키매틱, 블록 그림들, 네트리스트, 그리고 레이아웃 그림들의 컴퓨터 데이터베이스는 모든 IC 설계의 기본이 되는 아이디어의 유용한 표현이다.

최저 수준의 기능성 없이는, 우리들은 정말로 흐름을 가지고 있지 않는 것이다. 그래서 이것은 정말로 흐름의 유효성의 문제에 대응하지 않는 것이다. 만약 우리들이 우리들의 아이디어를 캡쳐할 수 있고 구현할 수 있는 두 개의 흐름 중에서 선택하여야만 한다면, 우리들은 어떻게 각각의 효과성을 결정할 수 있을까?

가장 짧은 시간에 가장 적은 비용으로 *그것의 의도했던 용도를 위해 적합한 특성을 나타내는* 설계를 만들어 낼 수 있는 것이 더 효과적인 흐름이다.

*특성*은 설계의 공식 규격에서 예상되는 문제들을 포함한다.(표 4.1)

표 4.1 설계 특성 목록

동작	타이밍	전력	면적	인터페이스
공정	유지성	신뢰성	공간율	흐름 호환성
복잡도	잡음내성	수율	일렉트로- 마이그레이션	래치업 내성

설계 전문가는 여전히 높은 요구에 놓여 있는 것은 자명하다. 왜냐하면 CAD 도구들이 표 4.1에 목록으로 만들어진 모든 문제를 다 처리할 수 없는 것이 명백할 것이기 때문이다. 사실상, 도구들이 급격히 많아졌는데, 이것은 현존하는 흐름에서는 처리하지 못하는 문제들을 개별적으로 전문화하여 해결하기 위해 새로운 공급자와 도구들이 노력하기 때문이다.

그것의 의도했던 용도를 위해 적합한 특성은 우리들의 설계가 단지 각각의 특성을 위해 "요구사항을 충족한다"는 것만 필요로 하는 것을 암시하고, 반드시 사람이 하는 것처럼 "가장 작고 가장 빠른" 특성을 보여줄 필요는 없다. 만약 흐름이 스포츠카를 만들었다 하더라도, 해치백이 요구되어 졌었다면, 비록 모든 성능 규격들이 초과 달성되었다 하더라도 흐름은 효과적이지 않은 것이다.

흐름이 수행될 때 설계의 적합성은 어떻게 측정될까? 특성은 흐름의 각 단계에서 지속적으로 *검증되고* 측정된다.

경쟁 시장에서, 제품의 성공 또는 실패를 결정하는 총수입, 시장 점유율과 같은 것은 근본적으로 사업 문제이다. 효과적인 흐름이 회사들 사이에서 차이를 확대할 수 있는 것이다. 몇몇 회사들은 다른 회사들보다 더 빠르게 똑같은 설계를 만들어 낼 수 있다. (그래서 다른 어느 누구보다 앞서 시장 점유를 한다.) 다른 회사들은 우수한 특성(속도와 같은)을 나타내는 설계를 만들어 내고, 또 다른 회사들을 저가의 설계를 만들 것이다.(그래서 더 능률적이다.)

요약하면, 흐름은 일들이 어떻게 수행되어야 하는 지에 대한 지식의 포장씌우기이다. 흐름은 일련의 단계들과 특정한 타입의 설계 스타일에 대한 디자인 도구 세트들을 규정한다. 성공적인 회사들은 그들의 제품들을 공급하는 것에 대한 사업 요구사항과 보조를 맞춰 그들의 설계 흐름을 발전시키고 최적화 할 수 있다.

레이아웃 설계의 영역에서, 이 책은 모든 설계 흐름에 대한 기반을 형성하는 기본적 원칙들을 설명할 것이다.

역사적으로, 모든 설계는 완전 주문형 방식으로 수행되었었다. 즉 프로젝트의 각 부분은 손으로 설계되었고, 검증되었고, 레이아웃되었다. 첫 번째 컴퓨터가 IC 설계를 위한 적당한 플랫폼과 전문화된 소프트웨어를 제공하기 시작하자마자, 신제품들의 개발자들은 새로운 도구들에 그들의 설계 흐름을 적용시키기 시작하였다. 과거에는, 방법론과 흐름들은 설계의 종류에 의존하였지만, (예를 들면, 완전 주문형, ASIC, 메모리, 그리고 그 외), 그들은 다른 흐름들을 혼합하여 대응시켜 왔다.

표준 흐름들의 시간에 대한 가장 중요한 변화와 흐름이 발전해 가야 하는 이유에 대한 인식에 대해 정의를 내리고자 한다 :

- *시장 출하 시간 압력* : 통합된 흐름은, 완전 주문형이라 하더라도, 흐름이 없는 것보다 훨씬 더 능률적이다. 흐름은 빠른 설계와 도구 자원의 적당한 할당을 가져오는 접근방식이다. 더 중요하게 그것은 테이프 아웃 시간을 짧게 한다. 예를 들면 10,000 개 게이트의 칩을 설계하는 데 2 년이 걸렸던 과거에 비교하여 지금은 6 개월 만에 설계된다.

- *증가하는 칩 복잡도* : 완전 주문형 흐름과 도구들은 설계자 팀이 100,000+ 트랜지스터들을 가진 설계를 충분히 빠르게 만들어 낼 수 있게 하진 못한다. 비록 빨라진 도구들과 컴퓨터 하드웨어가 있다 해도 마찬가지다. 칩 설계자들은 새로운 칩들뿐만 아니라, 설계의 증가된 복잡도에 대처하는 새로운 방법론들까지 개발해야 하였다.
  해결책은 설계를 높은 수준의 추상화로 구현하며, 더 추상화된 모델로 작업하는 설계 도구들을 신뢰하는 것이다. 그래서 각각의 트랜지스터로 설계를 하는 데 소모되는 시간을 줄이는 것이다. HDL 기반의 설계 방법론들은 이러한 관점에서 발전하였고, 논리회로들을 트랜지스터 대신에 RTL 수준에서 설계하는 것을 가능하게 하였다.

- *설계 서비스와 팹리스 반도체 회사들의 성장* : 그 다음 시장 현실은 많은 경험있는 설계자들이 그들의 큰 회사들을 떠나 그들 자신의 회사를 세우는 것이었다. 일반적으로 신생 회사들은 너무 작은 시장이거나 큰 회사들이 이해하지 못하는

시장에 중점을 두고 있었다.
이 신생 회사들은 팹리스 회사들로서, 칩을 설계하였고, 지금은 ASIC 모델로 알려진 사업 모델로서 그들의 아이디어를 반도체 회사를 통하여 제조해 왔다. 이 새로운 회사들은 그들의 사업을 지원하기 위한 새로운 도구들과 방법론을 요구하였으며 구매하였다.

- *커지는 칩 크기와 작아지는 소자 구조* : 모든 사람은 이익을 개선하고 하나의 칩에 점점 더 많은 트랜지스터들을 넣으려고 노력하였다. 그래서 공정 기술이 계속해서 발전되고 왔다. 트랜지스터 게이트 크기는 10 년 안에 5에서 0.5 ㎛ 로 변했고, 그 다음 5 년 안에 0.5에서 0.18 ㎛까지 줄었다. 그러한 작은 크기를 사용하여, 칩 하나에 마이크로프로세서용으로는 10,000,000 개 트랜지스터까지, DRAM을 위해서는 256,000,000까지 지원한다.
  아날로그적이며 물리적인 많은 효과가 설계의 성능에 영향을 준다는 것을 작은 트랜지스터들, 커패시터들, 그리고 저항들은 보여주고 있다. 이제 논리 설계자들은 이전에 오직 아날로그 또는 RF/마이크로파 디자이너들만이 다루었던 효과들에 대해 대처해야 한다. 신호 완전성과 정밀한 레이아웃 추출 도구들에 대한 강조는 오늘날 설계 흐름 내에서 주요한 관심사다.

- *시스템 온 칩 설계* : 거대한 칩 크기들은 더 효과적인 시스템 설계를 위해 하나의 칩 안에 서로 다른 많은 어플리케이션을 통합할 능력을 가능하게 하였다. 이것이 *시스템 온 칩*(SOC)의 개념이라고 불린다. 그러한 복잡도를 가진 칩을 짧은 시간 내에 모든 다양한 응용 분야에 전문화된 커다란 설계 그룹을 구성하지 않고 설계하는 데에는 어떠한 하나의 도구나 플랫폼이 사용되는 것은 아니다.
  많은 응용분야를 내부적으로 설계하는 것 대신에, 다른 기능 블록들을 팔고 사는 새로운 시장이 발전되어 왔다. 이것을 지적 재산(IP) 블록이라고 불린다. 그리고 이 사업은 설계 재사용을 증진하고, 설계팀들의 생산성을 증가시키고자 한다.
  이런 경우에, 설계팀은 전체 칩을 위한 사양서를 작성할 것이다. 그러나 오직 그들의 전문 영역에 있는 블록만을 설계할 것이다. 모든 다른 블록에 대해서는 그들은 여러 수준에서 이미 설계되어 다른 팀이나 회사들에 의해 기능적으로 검증된 블록들을 채택한다.

이러한 것들이 사람들이 VLSI 칩을 설계하는 방법을 변화시켜 온 중요한 혁명의 몇 가지 예제들이다. 설계팀들은 시장과 일정의 압력, 지식 제한 사항들, 그리고 변화하는 공정 능력에 맞춰지도록 요구되어 졌다; 새로운 흐름과 방법론이 진행 중인 성공의 열쇠이다.

무엇이 사용 중인 흐름을 결정할까? 또는 흐름은 어떻게 정의가 될까? 해답은 설계될 칩의 종류와 칩의 여러 다른 블록들이다. 흐름은 칩의 다른 블록에 대해서, 특히 SOC 설계에서 다를 것이다. 메모리가 다른 하나를 요구하였던 반면에, 마이크로프로세서들은 시간에 맞춰 끝내기 위해서 하나의 흐름을 필요로 하고, 메모리는 또 다른 흐름을 필요로 한다. 모두에게 인식될만한 공통의 제품과 그들의 흐름은 이어지는 절에서 논의될 것이다.

4.2 마이크로프로세서 설계 흐름

가장 유명한 마이크로프로세서들은 인텔 펜티엄 시리즈, 디지털의 Alpha와 워크스테이션의 RISC 칩들이다. 다른 것으로 작은 마이크로프로세서들은 가정 용품, 사무용 기계, 자동차 들, 장난감들 등등을 위한 제어 장치들로 널리 사용된다.

MPU, 즉 마이크로프로세서 장치는 코드화된 명령어를 받아들여, 받아들여진 명령어를 실행하고, 요구된 결과를 전달하는 매우 복잡한 집적 회로이다.

마이크로프로세서들은 가장 복잡한 칩들이다. 그래서 대체로 모든 단계는 추상화의 상위 수준에서 매우 잘 규정되고 검사된다. 단지 개념들이 증명된 후에만 정상적인 완전 주문형 설계 흐름에 들어간다. 다음은 마이크로프로세서를 위한 개발 흐름의 매우 간소화된 예제이다. (그림 4.1)

01 *칩 기능 사양* : 첫 번째 단계는 마케팅 정보로부터 칩에 필요한 기능의 종류를 정의하는 것이다. 블록과 가능한 응용들에 기초하여 프로젝트 팀장은 알려진 표준 구조를 따를 것인지 새로운 것을 개발할 것인지를 결정한다.

칩은 버스 인터페이스들, 타이밍 규격, 그리고 제조 패키지들을 위해 표준을 따라야 한다 ; 그러므로, 프로젝트 팀장은 그것들의 각각에 대해 중요성의 순서와 우선 순위를 결정하여야 한다. 일반적으로, 모든 가능한 요구사항들이 다 충족되는 것은 아니다. 왜냐하면 그것들을 다 강조하려면 너무 많은 시간이 소요될 것이기 때문이다. 결론적으로 완벽하지만 시장에 제 시간에 나오지 못하는 칩은 회사에 수입이 되지 않는다.

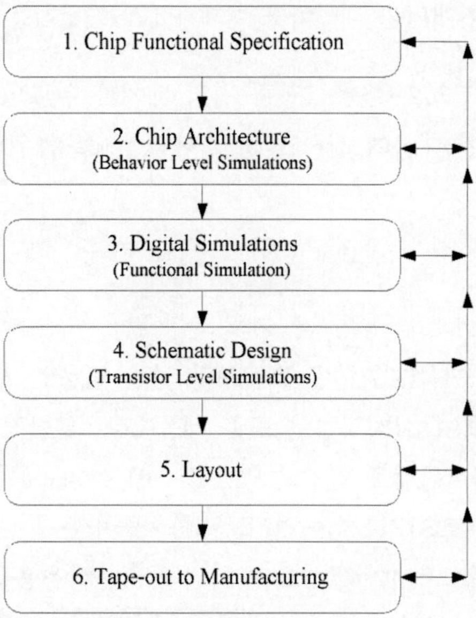

그림 4.1 마이크로프로세서를 위한 완전-주문형 흐름

02 *칩 구조* : 칩의 구조는 본질적으로 칩이 기능 블록들로 쪼개지는 방법이며 블록이 어떻게 서로 연결되는지에 관한 것이다. 구조를 정하는 데 있어서, 원하는 성능 목표를 충족하기 위하여 최적화되어야 하는 것은 여러 블록들의 선택과 정의이다.

레이아웃 면에서는, 구조는 블록이 어디에 그리고 얼마나 큰 지를 나타낸다. 또 블록을 어디에 놓는 것이 좋은 지, 블록들 사이의 관계는 무엇인 지, 그리고 많은 것들 중에서 중요한 신호들이 무엇인지를 나타낸다. 이 수준에서 칩은 패드 프레임으로 둘러싸인 안쪽이 빈 많은 블록들로 이루어진 칩 같아 보인다.

03 *디지털 시뮬레이션들* : 의도하는 설계의 동작 모델을 검증하는 것의 일부분으로서 디지털 또는 기능적 시뮬레이션들이 수행된다. 시뮬레이션은 칩 구조가 실행할 수 있는 지, 원하는 동작을 수행할 것인지를 검증한다.

04 *스키매틱 설계* : 이 시점에서 여러 블록들이 트랜지스터 수준까지 설계를 표현하는 스키매틱들로서 다시 정의된다. 이 수준에서 설계자는 소자나 경로의 소비되는 열, 전력 소모, 저항, 그리고 정전 용량 같은 실제 현상을 다루어야 한다. 동작과 소자의 크기가 또한 검증된다.

05 *레이아웃* : 레이아웃은 회로를 다각형 기반의 표현으로 생성하기 위하여 시뮬

레이션된 스키매틱을 레이아웃 설계자에게 전달하는 설계 단계이다.

06 *제조쪽으로 테이프-아웃* : 전체 칩의 배치가 완료되고, 공정 요구사항이나 최종 스키매틱에 대하여 검사가 되고 나면, 제조를 위해 데이터를 준비할 때다.

4.3 ASSPs

특정 용도 표준 제품(ASSP)은 DRAM와 같은 범용인 제품과는 다르게 특정한 기능을 구현하기 위하여 설계되었던 표준 제품이다. 일반적으로, 처음에는 큰 회사들이 VLSI 설계에 시장독점을 가지고 있었고, 대부분의 그들은 많이 팔릴 제품들을 개발하였다. 이것들은 ASSP가 아니라 표준 제품들이다.

어떤 전문 영역을 지렛대로 삼으려 하거나, 니치 응용분야를 정하고자 하는 신생 회사들이 ASSP를 생산하는 것이 전형적이다. 오늘날 우리는 우리 생활의 거의 모든 부분에서 칩을 사용한다 : 자동 응답기, 자동차 진단 컴퓨터, GPS, 휴대폰, 커피제조기, 그리고 여러 전자제품을 위한 전원 공급기들. 이러한 응용분야의 각각은 특정한 칩을 필요로 하는 데, 경쟁 환경에서 이익을 내려면, 신생 회사들은 새로운 도구들을 필요로 하는 새로운 방법론을 개발하여야 하였다.

여러 ASSP의 설계자들은 약간 다른 설계 흐름을 사용하는 데, 왜냐 하면 ASSP는 다음 절들에서 요약한 대로 다른 종류로 분류될 수 있기 때문이다.

4.3.1 DSPs

디지털 신호 처리, 또는 DSP는 전통적으로 아날로그 구성요소들을 사용하여 해결해 왔던 신호 수신과 분석분야의 여러 문제를 대처하도록 설계된 디지털 회로들에 의하여 수행된다. 시간과 온도 변화에 따른 안정도에 대한 요구사항이 중요한 데에서는 DSP가 빠르게 아날로그 신호 처리 함수를 대체하고 있다. DSP는 영상, 소리, 무선 펄스, 그리고 다른 신호들 같은 표준 실제 기능들을 향상시키고, 분석하고, 필터하고, 변조하고, 취급한다. 즉 파형을 분석하고 변형하는 것이다. (예를 들면, 모뎀을 경유하여 전화선으로 데이터를 전송하는 것)

설계의 복잡도와 개발 비용에 기초하여, DSP 설계는 ASIC 흐름이나, 또는 기본적으로 완전 주문형 흐름인 마이크로프로세서 흐름과 유사한 흐름으로 구현될 수 있다.

4.3.2 ASICs

특정용도 집적회로(ASIC)들은 DRAM 또는 마이크로 컨트롤러들과 같은 범용 부품과는 다르게 소비자의 특정 요구에 적합하게 특별히 설계된 반도체 회로들이다.

ASIC 흐름의 난제는 전형적으로 설계가 새롭고 전문화되어 있으며 기초가 될 만한 예전의 기본 구조 결정 역사가 없다는 것이다. 이 경우에 설계의 구조를 정의하고 검증하는 데 굉장히 중점을 둔다.

ASIC의 또 다른 특성은 설계가 논리 구조 쪽으로 몹시 치우쳐 있다는 것이다. 이 같은 타입의 회로의 설계 입력은 완전 주문형 환경에서는 지루하고, 5,000 트랜지스터들을 초과하는 설계에서는 실용적이지 않다. 그래서 트랜지스터들이 설계자로부터 완전히 숨겨져 있는 이와 같은 설계를 위해서는 HDL 방법론이 표준이다.

레이아웃의 관점에서, 모양은 매우 유사하다. 레이아웃 설계자는 더 이상 트랜지스터 수준의 설계와 구조에 관여하지 않고, 발달된 배치 배선 도구를 사용하여 블록 수준에서 한다. 그는 실제로 라이브러리의 전체 레이아웃 뷰를 보지 않을 지도 모른다. 왜냐하면 배치 배선을 위해서는 장애물 음영 블록만 있어도 복잡한 블록이나 칩들을 만들어 내기 위하여 충분하기 때문이다. 우리들은 다음 장에서 라이브러리 개념을 더욱 공부할 것이다.

지금, ASIC 흐름이 어떻게 되는 지, 설계를 완성하려면 다양한 단계는 무엇인지 알아보자. (그림 4.2)

01 *구조적 / 동작적 설계* : 4.2 절의 칩 구조의 정의를 보라.

02 *RTL 디자인* : 설계자들은 시스템 수준과 기능적 RTL HDL 코드를 개발하고 재검토하며, 원하는 기능을 구현한다. Verilog와 VHDL이 이 기능을 위한 표준 언어들이다.

03 *논리 설계* : 원하는 설계의 동작적 모델을 유효화하는 것의 일부분으로서 디지털 또는 기능 시뮬레이션들이 수행된다. 시뮬레이션은 칩 구조가 실행할 수 있는 지, 원하는 동작을 수행할 것인지 검증한다.

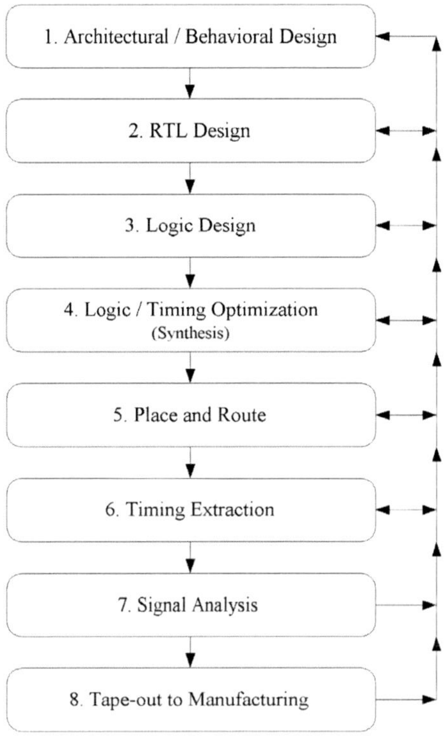

그림 4.2 상세한 ASIC 흐름

04 *논리 / 타이밍 최적화* : 이 단계는 가장 유명한 단계이고, 완전 주문형 스키매틱 기반의 설계 시대로부터 IC 설계를 발전시켜 왔다. 이전 단계에서 구현된 HDL 코드는 코드를 합성하는 능력 없이는 쓸모가 없다.

이 단계에서, 합성 도구들은 두 개의 입력을 필요로 한다: RTL 코드로 된 설계 기능성, 그리고 합성 뷰와 시간 정보를 갖는 표준 셀 라이브러리가 그것이다. HDL내에 코드화된 각 기능에 대해서, 합성 도구는 그 업무를 수행하기 위한 가장 적합한 라이브러리 셀이나 혹은 셀의 조합을 선택할 것이다. 합성의 최종 결과는 표준 셀들과 그들의 연결도를 포함하는 네트리스트이다.

05 *배치 배선* : 배치 배선 도구(P&R)는 다음의 것들을 필요로 하는 자동화 도구이다:

- 표준 셀 라이브러리 물리적 정보. 즉 셀 크기, 연결점, 타이밍, 배선 장애물
- 합성된 네트리스트. 이것은 설계에서 제약조건과 임계 경로정보를 포함하면서 인스턴스들과 그 연결 관계를 상세히 표현한다.

- 연결 레이어를 위한 모든 공정 요구사항들. 여기에는 배선 레이어의 설계 규칙, 저항과 정전용량, 전력 소모, 그리고 각 레이어를 위한 전자이동 규칙이 포함된다.

  이 정보를 이용하여, 레이아웃은 자동으로 구현되고 최소 면적과 이상적 타이밍을 위해 최적화된다.

06 *타이밍 추출* : 이 단계는 셀들이 배치되고 배선된 후에 연결 신호들의 타이밍을 추출하고 계산하는 단계이다. 지연 정보가 만들어 져서, 레이아웃 후의 설계의 재검증을 위해 회로 시뮬레이터에게 되돌려진다. 추출의 결과는 표준 지연 포맷(SDF)와 같은 형태로 된 파일이다. 이 파일은 되돌아가서 물리적 설계로부터 만들어진 실제값을 가지고 네트리스트에 정보를 추가하기 위해 사용된다.

07 *신호 분석* : 이 새로운 네트리스트를 사용하여, 설계자는 설계를 다시 시뮬레이션 할 수 있고, 기능과 타이밍 사양이 만족되는 지 알 수 있다. 대체로, 사양이 만족될 때까지 많은 P&R, 추출, 다시 시뮬레이션, 그리고 합성의 반복이 있다.

08 *제조로 테이프-아웃* : 회로 사양과 레이아웃 설계 규칙이 만족되면, 레이아웃 데이터는 제조 쪽으로 보내진다.

이것은 지난 15년 동안 발전하였던 기본적인 ASIC 흐름이다. 설계의 복잡도가 커지면서 도구와 방법론도 향상되었다. 기본적인 레이아웃 흐름에서 향상된 것은 다음에 말하는 것을 포함한다 :

- *커지는 도구 능력* : P&R 시장에서의 하나의 경쟁은 누가 하나의 런에 더 많은 게이트들을 배치 배선할 수 있는지에 대한 것이었다. 칩의 크기가 250,000 객체 이상으로 커졌을 때, 작업을 플래튼하게 하는 것은 비효율적이 되었다. 그래서 시장은 계층적 설계로 옮겨 갔다.
- *ASIC 흐름에 플로어플래닝 도구들의 도입* : 계층적인 레이아웃은 이전에 완전 주문형 칩 설계자들에 의해 사용되었던 플로어플래닝 도구에 의해 수행되는 데, 이것으로 블록 사이의 계층적 요구사항들을 조정한다.

합성 도구가 사용하는 셀을 선택하기 위하여, 우리들은 연결 지연에 많은 가정들을 만들어야 한다. 처음 방법론은 배치 배선 작업을 하기 전에 연결 부하에 대해 통계 모델을 사용하는 것이었다.

타이밍 지연이 100 ns이었을 때, 배치 배선 도구와 설계자의 전문성의 변동 때문에 ± 10 ns의 오차가 나는 것이 허용되었다. 공정이 0.25 ㎛까지 가고, 중요한 신호들의 타이밍이 10 ns 아래가 되었을 때, 어느 누구도 10 ns의 오차를 용인할 수 없었다. 그러므로, 해결책은 ASIC 흐름 초기자들에게 약간의 물리적 정보를 제공하는 것이었다.

우리는 칩이 실제적인 셀과 연결 데이터를 갖기도 전에, 어떻게 레이아웃 데이터를 플로어플랜으로 가져갈 수 있을까? 전체 배치 알고리즘과 전체 배선기를 실행시켜서, 우리들은 레이아웃으로부터 이러한 신호들을 위한 배선 부하 정보를 추출할 수 있다. 데이터가 100% 정확한 건 아니지만, 그것은 이전에 했던 가정보다는 훨씬 더 실제에 가깝다.

플로어플래닝과 전체 배선이 없으면 최종 레이아웃까지 5~10 번의 반복이 걸린다. 플로어플래닝과 앞의 물리적 정보가 있으면 과정은 설계당 2~3 번의 반복으로 줄어든다. 그것은 한 번의 흐름은 아니지만, 그것은 원하는 결과에 더욱 빠르게 다가간다.

10 장에서 상세하게 토론될 것처럼, 도구들 사이에는 많은 연결고리가 있다. 특히 P&R의 경우, 플로어 플랜과 배치, 배선 프로그램들 사이에 연결고리가 매우 가까운 것이 좋다. 이러한 툴들의 탄탄한 통합이 필수적이다.

4.3.3 ASM

특정 용도 메모리(ASM)는 ASIC 흐름에 기초한 칩이지만, 큰 메모리 블록을 포함하고 있다. 오늘날 거의 모든 칩은 메모리 부분을 포함하고 있다. 그들은 정적 RAM, 동적 RAM, ROM, 기타 등등일 수 있다. 그러나 일반적으로 그들은 512 kbits 이상이지는 않다. ASM는 1 Mbit에서 64 Mbits까지의 큰 메모리를 필요로 하는 칩이다. 예를 들면 비디오 RAM(VRAM), 동기 그래픽 RAM(SGRAM) 같은 것이 있고, 때로는 더 복잡한 설계도 있다.

다음 절에서 충분히 설명하는 것처럼 메모리 블록의 설계는 완전 주문형 방식으로 이루어진다. 만약 메모리 전문기술이 전체 설계 과정의 일부분이면, 칩은 또한 완전 주문형 흐름으로 구현될 수 있다. 또는 내장된 메모리 블록(IP)이 해답일 수 있다. 커다란 ASM은 4.5절에서 설명하는 것처럼 SOC 흐름으로 분류되기도 한다.

4.4 메모리

오늘날 매우 다양한 메모리들이 시장에 나와 있다. 메모리는 일용품성 부품이다. 왜냐하면 그것들은 다목적 소비를 위하여 대규모로 만들어지기 때문이다. 메모리는 개념상으로 단순하다 : 그것의 기능은 어느 때라도 끄집어 낼 수 있도록 데이터를 저장하는 것이다.

메모리 IC들의 예로는 ROM, 동적 또는 정적 RAM, EPROM와 EEPROM, SDRAM, FRAM, 그리고 SLDRAM이 있다. 전체 목록은 꽤 길다. 여기에 여러 종류들에 대한 간단한 용어 소사전이 있다 :

- *ROM (읽기 전용 메모리)* : 메모리의 내용은 고정되어 있고 오직 읽힐 수만 있다.
- SRAM (정적 무작위 접근 메모리) : 매우 빠르게 작동하고 전원이 칩에 공급되는 한 데이터를 기억한다.
- *DRAM (동적 무작위 접근 메모리)* : SRAM와 유사하지만, 더 조밀하고 정기적으로 리프레쉬 되어야 한다. 그렇지 않으면 데이터를 잃는다. 데이터는 동적이다.
- *PROM (프로그램 가능한 읽기 전용 메모리)* : 일반적으로 한 번 프로그램되고, 한번 쓰기와 여러 번 읽기로 사용된다. 물론 전기적으로 프로그램되고 지워질 수 있다.
- *HDRAM™ (고밀도 무작위 접근 메모리)* : ASIC 공정 기술에서 구현되는 내장된 메모리 마크로셀. 이것의 장점은 특별한 제조 공정이 필요하지 않다는 것이다. MOSAID Technologies 회사가 HDRAM을 위한 많은 특허 기술을 갖고 있다.

설계 흐름의 관점에서, 메모리는 모두 매우 면적 집약적이다. 메모리 유효성의중요한 측정기준은 메모리의 밀도와 능률이다.

일반적으로 메모리 공정이 다른 것들보다 1 세대 앞서기 때문에 공정 전문가들과의 관계가 매우 긴밀하다. 메모리 칩이 공정 특성에 전적으로 의존하기 때문에, 그들은 최소 제조 게이트 사이즈, 예로 0.25, 0.18, 또는 0.11 ㎛, 에서 앞서가야 한다. 오늘날 만약 마이크로프로세서안에 1000만 개의 트랜지스터를 넣을 수 있다면, DRAM 메모리서는 256 Mbit를 쉽게 생산할 수 있다.

메모리는 완전 주문형 기법을 사용하여 구현되는데, 이 사실은 면적에 대한 강조가 주요 문제라는 것을 말해 준다. 1 미크론이라도 메모리 설계에서는 중요하다! 현재 DRAM 메모리가 한 칩에 256 Mbits를 포함하는 것을 생각하라. 메모리 셀 면적에서 조금만 줄여도, 그 줄여진 면적에 256,000,000을 곱한 크기만큼 전체 칩의 면적을 줄일 수 있다!

메모리의 분명한 특징은 그것이 한 방향으로 피치가 제한된 많은 셀을 가진 매우 반복적인 구조라는 것이다. 그러므로 설계 흐름의 관점에서, 메모리는 매우 흥미로운 상향식 설계와 하향식 설계 방법론을 가지고 있다. 칩과 메모리 구조들이 먼저 정의되고, 그 다음에 모든 레이아웃이 메모리 셀부터 시작하여 바깥으로 커진다. 칩 크기는 기본적으로 메모리 셀 크기와 그 셀 주위에 관련된 레이아웃에 의하여 결정된다. 그래서 조심스러운 완전 주문형 레이아웃 기법들이 사용된다.

4.5 시스템 온 칩, 또는 SOC

오늘날 (1999년 현재) 가장 최근의 설계 흐름은 시스템 온 칩, 또는 SOC이다. 이것은 매우 크고 복잡한 칩에 대한 필요가 있으나 모든 것을 처음부터 설계할 시간이 없을 때의 경우이다.

이 같은 종류의 칩에서 매력적인 단어는 *설계 재사용*과 *지적 재산* (IP) 블록이다. 설계 재사용에서는, 각각의 블록을 처음부터 재사용을 염두에 두고 설계한다. 이 방법론의 단점은 재사용을 위해 블록을 설계하는 데 걸리는 시간이 통상 흐름보다 더 길다는 것이다. 이유들은 명백하다 :

- 사양서는 현재 프로젝트를 위한 특정한 것들이 아닌 공통의 문제를 다루어야 한다.
- 더 다목적인 시뮬레이션들이 수행되어야 한다.
- 만약 블록이 특정한 공정에서 구현된다면, 구조는 주문식으로 설계되지 않을 것이다.
- 공정 변화에 대하여 더 많이 고려해야 한다.

그러나 앞으로의 설계를 위한 코어로서 블록을 재사용할 때 큰 장점들이 있다:

- IP의 보존 - 몇몇 전문가들은 다음 설계에서 바쁠 수도 있다.(또는 회사를 떠났을 수도)

- 두 번째 또는 세 번째 것을 설계하는 데 걸리는 시간이 50~70%까지 줄어들 수 있는데, 그것은 가져오는 블록의 종류에 달려 있다. (하드, 소프트 기타 등등)
- 블록 또는 개념은 실리콘으로 검증되었다. 그 사실은 다음 설계 팀에게 그 블록이 동작할 것이라는 신뢰를 준다.

전체 설계 흐름의 관점에서 SOC 설계는 각각의 특별한 블록의 종류에 기초하여 서로 다른 흐름을 혼합하여 조화시킨다. ASIC 스타일로 만든 제어 블록이 있을 수 있고, 완전 주문형 기술을 필요로 하는 아날로그 블록이나 메모리가 있을 수 있다. 이 모든 블록들의 통합은 SOC 설계의 실제적인 난제이다.

이제 SOC 설계의 요구사항을 충족시키는 흐름을 어떻게 정해야 하는 지 알아 보자. 흐름은 많은 요소들에 의해 영향을 받고, 많은 문제점들을 이해한 후에야 결정되어야 한다. 여기에 몇 가지 고려할 것들이 있다 :

- *기술 선택* : 어떤 종류의 공정이 사용될 것인가? 내장된 메모리의 경우에, 아마도 혼합 공정이 될 것이다.

- *칩이 조립될 보드의 종류* : 이것으로부터 패키지 종류, 풋프린트, 다이 크기, 가격, 핀 위치들과 할당, 그리고 전력 소모 제한사항들을 결정하는 것은 가능할 것이다.

- *코어/블록의 가용성. 즉 그것을 내부적으로 확보하고 있는지, 또는 회사들이 외부 시장에서 팔고 있는 지의 여부* : 그들은 소프트 또는 하드 코어인가?

- *선택한 공정에서 사용가능한 라이브러리* : 그들은 실리콘으로 검증된 것인가? 전력 소비 크기, 속도, 그리고 설계 도구들이 그들과 호환되는가?

- *설계에서 역점을 둔 테스트 가능성의 수준* : 이것은 또 다른 중요한 문제이다. 테스트 가능성을 위한 설계 (DFT).

- *제조 공정의 제한 사항들* : 시간 일정, 특별한 레이어들, 레티클 제한 사항들, 패키지 제한 사항들, 등등

- *선택한 공정의 신뢰성* : 그것이 실험적인가? 첫 번째 시도인가? 소수의 동작 칩만으로 검증된 것인가?

레이아웃의 관점에서, 이러한 설계에서 가장 큰 작업은 블록(내부의 것이든지 또는 외부에서 가져온 것이든지 간에) 사이에 모든 인터페이스들이 명백하게 정의된 계층적인 설계를 준비하는 것이다. 즉 플로어플래닝이다. 공급자가 Virtual Socket Initiative Alliance(VSIA)에 의해서 정해진 것과 같이 이용할 수 있는 표준을 고려하지 않았거나, 공정이 동일하지 않으면 IP 블록을 가져오는 것은 조금 조심해야 한다.

블록은 그들이 어떤 공정에 특정하지 않고, 조심스럽게 목표하는 공정으로 구현될 필요가 있을 때 "소프트"하다고 일컫는다. "하드" 블록의 경우에는, 레이아웃은 반드시 인스턴스되든가, 또는 블록 수준에서 이전되고, 추출되고, 그리고 새로운 공정에서 타이밍과 기능성을 검사하기 위하여 시뮬레이션으로 다시 정보를 추가해야 한다.

여기서 소개한 흐름이 아무리 최신의 것이라 하더라도, 이 책이 시장에 나올 때쯤이면 설계 기술자들, 공정 전문가들, 그리고 소프트웨어 개발자들은 새로운 문제를 발견할 것이다. 우리들, 사용자 커뮤니티는 날마다 새로운 설계 문제를 풀기 위하여 창조적 사고를 가져야만 하는 흥미로운 직업을 가지고 있다는 것을 기억하자.

4.6 흐름의 일부로서의 CAD 도구

흐름의 각 단계는 보통 요구되는 동작을 수행하는 특정한 CAD 도구들을 주축으로 기초되어 있다. 어떠한 흐름 내에서 도구들을 선택 하고 이해하는 것은 많은 요소에 달려있다. 그리고 그것이 우리들이 이 절에서 논의할 요소들이다.

이해하여야 할 첫 번째 개념은 본질적으로 모든 CAD 도구들이 이 두 가지 분류 중의 하나에 속한다는 것이다 :

- *설계 입력* : 모든 원하는 특성을 만족하면서 사용할 수 있는 형태로 아이디어를 구현해 주는 방법론.
- *설계 유효확인* : 설계가 정확하게 입력되었는지 (예를 들면, 그것은 적절히 동작하고, 요구된 대로 수행하고, 제조가능한 지) 분석하고 검증하는 방법론.

다른 도구들은 이 두 가지 요구사항을 다른 방식으로 강조하거나 다른 문제에 중점을 둘 수도 있다. 각 회사들이 가장 효과적인 설계 흐름을 개발하기 위하여 아주 좋은 방식을 찾기 위해 노력하면서 그렇게 전체 산업을 성장시켜 온 것은 바로 이러한 각기 다른 접근방식이었다.

시간이 흐름에 따라, 선택하고 이해하여야 할 도구들의 숫자는 엄청나게 많아졌다. 왜냐 하면 다음과 같은 다양한 것에서 굉장한 성장이 있었기 때문이다 :

01 *설계 종류* : 예를 들면, 마이크로프로세서 설계를 위한 흐름은 아날로그 구성요소를 위한 그것과 매우 다르다 ; 그러므로, 다른 세트의 도구들이 사용된다. 이 예제에서 물론 디자인 크기와 복잡도 차이도 다루어야 하는 데, 그것이 그들 사이에 다른 흐름을 만들어 내게 한다.

02 *캡쳐 기술* : 어떤 툴들은 추상화의 여러 수준에서 동작하는 데, 이는 설계자들이 그들의 설계 아이디어를 더 효과적으로 캡쳐하게 만들기 위해서이다. 플로어플래너와 다각형 편집기 사이의 차이는 이 개념을 증명한다. 그들은 둘다 레이아웃 입력 도구이지만, 그들은 설계 아이디어를 블록 수준(플로어플래너) 또는 트랜지스터 수준(다각형 편집기)에서 캡쳐한다.

물론 회로 입력 영역에는 여러 캡쳐 기술이 있다. 스키매틱 캡쳐가 한 종류이다; HDL의 사용(high-level description language, 보통 VHDL 또는 Verilog)이 또 다른 것이다. 스키매틱 설계는 설계를 트랜지스터 수준에서 캡쳐한다 ; HDL의 사용은 RTL(레지스터 전송 수준)에서 설계를 캡쳐한다.

이 두 가지 종류의 회로 입력 사이의 차이점은 레이아웃 설계에 많은 영향을 주는데, 왜냐하면 결과로서 생긴 회로 설계의 데이터베이스 형태, 크기, 그리고 복잡도에서 분명한 차이가 있기 때문이다. RTL에 근거한 설계는 어디서든지 레이아웃에서 수백만의 인스턴스들까지 결과로서 생길지도 모른다. 이 설계를 위한 흐름은 훨씬 작은 설계를 만드는 스키매틱 기반의 흐름과 매우 다를 것이다.

03 *설계 크기와 복잡도* : 도구들의 한 가지 분류는 기호 논리학적으로 설계자가 수작업으로는 완성하기에 불가능한 작업을 자동화하는 것이다. 수 백만의 인스턴스들까지 구현하는 배치 배선 도구는 이 분류에 속하는 자동화 도구의 보기이다.

04 *특수화의 정도* : 각각의 도구는 레이아웃 설계를 위해 적은 수의 요구되는 특성을 해결하거나 다루는 것에 중점을 둔다. 예로, 블록안에서 신호선들을 배선하는 단계와 블록들 사이에서 같은 일을 하는 것은 종종 분리되고 각각 다른 도구를 사용한다. 왜냐하면 그 들 두 가지는 하나의 도구에 의해 해결될 수 없는 각기 다른 요구사항과 제약조건을 가지고 있기 때문이다.

표4.1에 열거된 특성들(이 문제들을 다 해결해야 할 필요가 있다고 생각하는

골치 아픈 설계자들을 복잡한 흐름으로 이끄는)의 각각에 대하여 유용한 각각의 도구가 있을 것 같다.

05 *인터페이스 접점* : 설계 흐름에서 피드포워드와 피드백 루프들을 가지는 것에 대한 뚜렷한 경향이 있었다. 이것은 흐름의 각각의 단계에서 인터페이스 접점 수를 증가시켰다. 예를 들면 플로어플래너는 인터페이스 정보를 회로 검증 도구들뿐만 아니라 다른 배치 도구들에게도 제공한다. 레이아웃 편집기들은 또한 그들의 결과를 플로어플래닝 도구들에 되돌려 줄 수 있어야 한다.
회로설계 정보는 회로 설계자로부터 레이아웃으로 (제약조건 또는 목표로서) 흘러가야만 한다. 그리고 각각의 단계에서 레이아웃의 결과는 검증을 위해 회로 설계자들에 피드백되어야 한다. 만약 이 정보가 더 자주 그리고 정확하게 전해지면, 전체 설계 과정은 훨씬 더 좋은 결과를 만들어 낼 것이다.

06 *정확성 요구사항* : 디자인 도구들은 새로운 프로세스 기술들을 구현하기 위하여 그들의 능력과 정확성을 증가시켰어야 했다. 추출 도구들은 정확성을 증가시켜 왔는데, 예로 바디-근처 정전용량 계산을 위해 3D 영역 해석 기술같은 것들이다.

07 *가속 기술* : 종종 흐름에 있는 단계는 기발한 방법으로 문제에 접근하는 새로운 도구들을 사용하여 가속될 수 있다. 단계의 기능성은 변화가 없지만, 그러나 도구에서의 알고리즘은 과정을 가속시킨다. 보기로 계층적 레이아웃 검증의 출현을 들 수 있는데, 이것은 기존의 플랫 계층 방식보다 훨씬 더 빠르면서 동일한 기능을 제공한다.

08 *데이터베이스 형태* : 몇몇 회사들은 그들의 도구들을 위해 자체적인 데이터 베이스 형태를 개발한다. 또한 이 회사들은 사용할 수 있는 것이 있어도 똑같은 기능의 도구들을 개발하는데, 이것은 설계자들에게 그들이 필요한 모든 도구들을 자체 데이터 베이스를 사용한 것으로 제공하기 위해서이다. 다른 방법으로 다른 데이터 베이스 형태를 자기네 것으로 인터페이스하는 변환기를 개발한다.
구현하여야 할 회로가 예전의 설계나 제 3자에게서 왔을 경우를 위해 데이터 베이스 호환성의 문제가 있다. 어떤 경우에는, 재사용을 통하여 다른 사람들의 경험을 이용하거나 또는 블록 기반의 설계는 흐름에서 도구의 선택에 영향을 줄지도 모른다. 전형적으로, 흐름에서 도구나 단계가 회로를 검증하거나 변환하기 위해서 추가되는 데, 물론 그것은 흐름의 현재 도구들의 세트와 호환성이 있어야 한다.

특정한 예제들을 사용하여, 이 장의 나머지 부분은 오늘날 일반적인 여러 디자인 종류들의 흐름에 대한 영향에 대해 집중할 것이다. 설계의 종류는 대체로 도구 세트들을 정의한다. 왜냐 하면 설계 크기와 복잡도가 수긍할 만한 시간 안에 설계를 달성할 수 있는 도구 세트들을 결정하기 때문이다. 이 예제들은 여기서 설명한 개념들을 증명할 것인데, 이것은 당신이 특정한 설계 종류를 위해 적합한 도구 세트들을 이해하기 쉽도록 도와 줄 것이다.

4.6.1 아날로그 IC 설계 흐름

오늘날 생산되는 가장 많은 수의 IC는 이 분류에 속한다. 아날로그 IC의 기능은 단일 트랜지스터 소자로부터 매우 정밀한 특성에 의하여 규정되는 복잡한 함수들까지 그 범위가 넓다. 연산 증폭기, 변환기, 그리고 위상 고정 루프들은 오직 이 소자 종류들의 매우 일부분 예일 뿐이다.

이 소자들은 매우 정확한 아날로그 특성을 나타내도록 설계된다. 출력전압 수준들과 전력 소비는 매우 주의 깊게 제어된다. 제조 공정을 매우 세세하게 제어하는 것이 필요한 데, 왜냐 하면 칩 안의 회로들은 트랜지스터 특성의 아주 작은 변화에도 매우 민감하기 때문이다. 수율과 신뢰성 문제도 다른 소자 종류에 비해 더욱 완전히 살펴봐야 하는 데, 이것은 매우 많은 수의 소자가 생산되기 때문이다. 표 4.2는 아날로그 IC들의 설계에서 가장 관심인 주요 특성들을 요약하여 보여준다.

표 4.2 아날로그 IC의 주요 특성

동작	타이밍	전력	면적	인터페이스
공정	유지성	신뢰성	공간율	흐름 호환성
복잡도	잡음내성	수율	일렉트로-마이그레이션	래치업 내성

전형적으로, 회로의 기본적인 동작을 이해하고 캡쳐하는 것은 간단하다. 회로 설계자는 시간의 작은 부분만을 설계의 동작이 정확하게 캡쳐되었는지 검증하기 위하여 사용한다. 다른 설계 종류와 비교해서, 설계 내부에 트랜지스터들의 수는 매우 적다.

어떤 종류의 흐름이 이 종류의 IC를 설계하는 데 사용 될까? 대답은 아마도 오늘날에도 변하지 않고 존재하는 가장 오래된 흐름중의 하나인 것이다. 한 번에 모든

IC 설계가 여기서 설명하는 기본적인 흐름을 사용하여 수행되었다.

이 종류의 흐름은 일반적으로 "완전 주문" 설계 흐름으로 알려져 있다. (그림 4.3) 이 용어는 설계의 모든 양상을 완전히 주문식으로 할 수 있는 자유스러움으로부터 유래되었다. 트랜지스터 크기와 레이아웃 구현은 둘 다 모두 주의 깊게 설계되어 최종 설계가 의도된 대로 동작하는 것을 보장해야 한다.

그림 4.3에 나타난 흐름은 간단하다. 사양으로부터, 회로가 입력되고 확인된다. 일단 완성되면, 레이아웃이 구현되고, 검증되고, 그리고 최종 단계로서 물리적 구현이 설계된 대로 동작하는 지 보장하기 위해서 추출 과정을 거쳐 다시 시뮬레이션 되어야 한다.

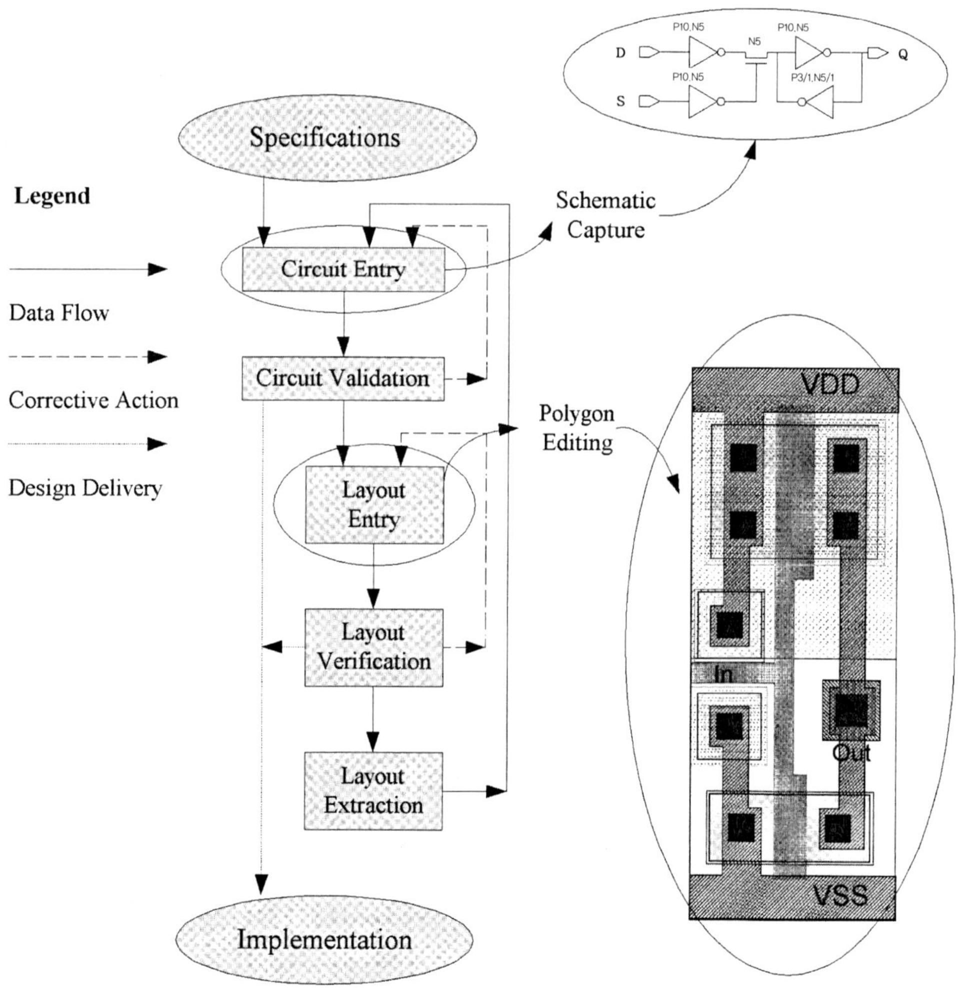

그림 4.3 완전 주문형 (아날로그) 설계 흐름

회로 입력 단계는 *스키매틱 캡쳐*로 알려져 있는데, 트랜지스터들과 주문형으로 된 논리 게이트가 설계의 구현으로서 입력된다. 구성 요소들은 수동으로 선택되고, 배치되고, 연결된다. 스키매틱의 도형적인 모양은 흐름 관점에서 순수하게 미학적이다. 그러나 이해할 수 있는 스키매틱은 설계의 회로 구현을 개발하고, 의견 교환하고, 오류를 잡아야 하는 설계 팀을 위해서는 매우 중요하다.

레이아웃은 다각형 또는 경로들로서 캡쳐된다. *다각형 편집기*는 각각의 트랜지스터를 캡쳐하고 그리기 위하여 사용된다. 제조 공정과 레이어들 사이의 관계에 대한 매우 상세한 지식이 이 수준의 레이아웃에서 요구된다. 여러 레이아웃 구현방식이 회로 성능에 미치는 영향에 대해서도 완전히 이해하는 것 또한 매우 중요하다.

스키매틱 캡쳐와 다각형 편집 도구는 완전 주문형 설계 흐름의 기초를 이룬다. 이 도구들은 기본적으로 흐름의 정의에서 언급된 것처럼 *아이디어의 유용한 표현을 캡쳐하는 것*의 역할에 사용된다.

이 타입의 흐름을 자동화하는 것은 어려운데, 왜냐하면 설계팀이 처리하여야 하는 중요한 문제는 현존하는 CAD 도구들을 사용하여서는 쉽게 해결되지 않기 때문이다. 일단 레이아웃이 완료되면 잡음 내성, 신뢰성, 그리고 수율과 같은 문제는 검토하도록 설계팀에 맡겨진다. 회로 타당성 검사 과정은 전형적으로 상세한 시뮬레이션 모델들로부터 만들어진 방대한 파형 데이터 베이스의 육안 검사를 포함한다.

그와 같이, 설계가 *그것의 의도했던 용도를 위해 적합한 특성을 나타내는지* 아닌지를 결정하기 위한 방대한 양의 분석은 트랜지스터 동작과 제조 공정의 물리적 특성에 대한 전문적인 지식을 필요로 하는 노동집약형 일이다.

요약하면, 아날로그 회로 설계는 완전 주문형 설계 흐름이 제공하는 구현방법에서 정확성과 제어를 요구한다. 이것은 매우 정밀하고 엄중한 아날로그 성능 특성에 대한 설계의 요구사항 때문이다. 스키매틱 캡쳐와 다각형 편집은 이 흐름의 근본적인 도구들이다.

4.6.2 ASIC 설계 흐름

IC 설계 산업에서, 사람들이 "우리 시스템의 심장은 복잡한 ASIC이다" 또는 "우리 설계는 ASIC 스타일로 구현되었다." 라고 말하는 것을 듣는 것은 그리 어려운 일이 아니다. 회사들은 "ASIC 설계 기술"을 가진 사람들을 모집을 위한 광고를 낸다. 이것은 정말로 회사가 ASIC 설계 흐름에 익숙한 사람들을 찾고 있음을 의미한다. 여기서 설명할 것은 ASIC 설계 흐름에 대한 업계의 정의이다.

엄격한 의미로, ASIC(특정 용도 집적 회로)은 다목적 소자가 아닌 특정한 용도를 위해 설계되었던 구성요소를 일컫는 포괄적인 용어이다.

예를 들면 통신시스템은 계수기, 논리 게이트, 그리고 플립플롭 같은 표준 부품들을 사용하여 설계될 수 있다. 또 한편으로는 만약 ASIC 부품이 사용되었다면, 계수기와 논리 게이트는 하나의 IC에 통합되었을 것이고, IC의 기능은 오직 그것이 의도되었던 시스템에서만 유용할 것이다. 몇몇 경우에서는 이러한 ASIC이 다수의 시스템에서 사용되는 표준 제품으로 팔릴 수 있다. 이 마지막 경우는 일반적으로 ASSP(특수 용도 표준 제품)라고 불린다.

이론상, 어떠한 ASIC이라도 앞 절에서 설명한 완전 주문형 설계 흐름 (또는 그 문제를 위한 어느 다른 흐름)을 사용하여 구현될 수 있다. IC 설계 산업에서는, 그러나, 용어 ASIC은 양쪽 뜻 모두로 사용될지라도 디자인 종류보다는 하나의 설계 흐름에 훨씬 더 가까운 말이 되었다.

ASIC 설계 흐름은 무엇을 의미하는 걸까?

"합성" 그리고 "배치 배선" 우리들의 산업에서 이 두 매우 일반 용어는 ASIC 설계 흐름의 본질을 나타낸다. 그들 방법론들은 오늘날 IC 설계가 수행되는 방법을 개발시켜 왔다.

먼저 그림 4.4에 보여 지는 이 흐름의 기초가 된 원리를 이해하여 보자.

다음에 말하는 것은 몇몇 중요한 요점이다 :

- *회로 입력* : 설계는 일반적으로 RTL(레지스터 전송 수준)로 알려진, 그러나 실제적으로는 RTL 수준에서 씌여진 HDL(고수준 서술 언어)인 소프트웨어 언어를 사용하여 구현된다.
  VHDL 또는 Verilog가 설계 정보를 캡쳐하기 위하여 사용되는 HDL 언어의 예제들이다. 이 언어들은 많은 다른 구조들을 지원한다. HDL을 사용하여 아이디어를 서술하는 가장 일반적인 방법은 RTL이라고 불리는 추상화의 수준에서 코드를 쓰는 것이다. 이 추상화의 수준에서, 코드는 자동으로 플립플롭과 래치들과 같은 순차 소자와 논리 게이트로 변환될 수 있다. 이 과정은 일반적으로 합성이라고 알려져 있다.

- *레이아웃 입력* : 합성 도구들에 의하여 만들어진 논리 게이트와 순차 소자들은 P&R(배치 배선) 도구들을 사용하여 자동으로 배치되고, 자동으로 연결된다.

P&R 도구들은 "만들어지면서 올바른" 레이아웃을 만들도록 설계된 것을 유념하라 ; 그러므로, 흐름에서 시뮬레이션을 위한 레이아웃 추출은 레이아웃 검증 전의 단계이다.

레이아웃 데이터 베이스의 무결성을 보장하기 위해서, 또 P&R이 검증된 다음에 만들어진 어떠한 추가사항이나 변화를 검사하기 위하여 레이아웃 검증이 항상 최종 단계로서 요구된다.

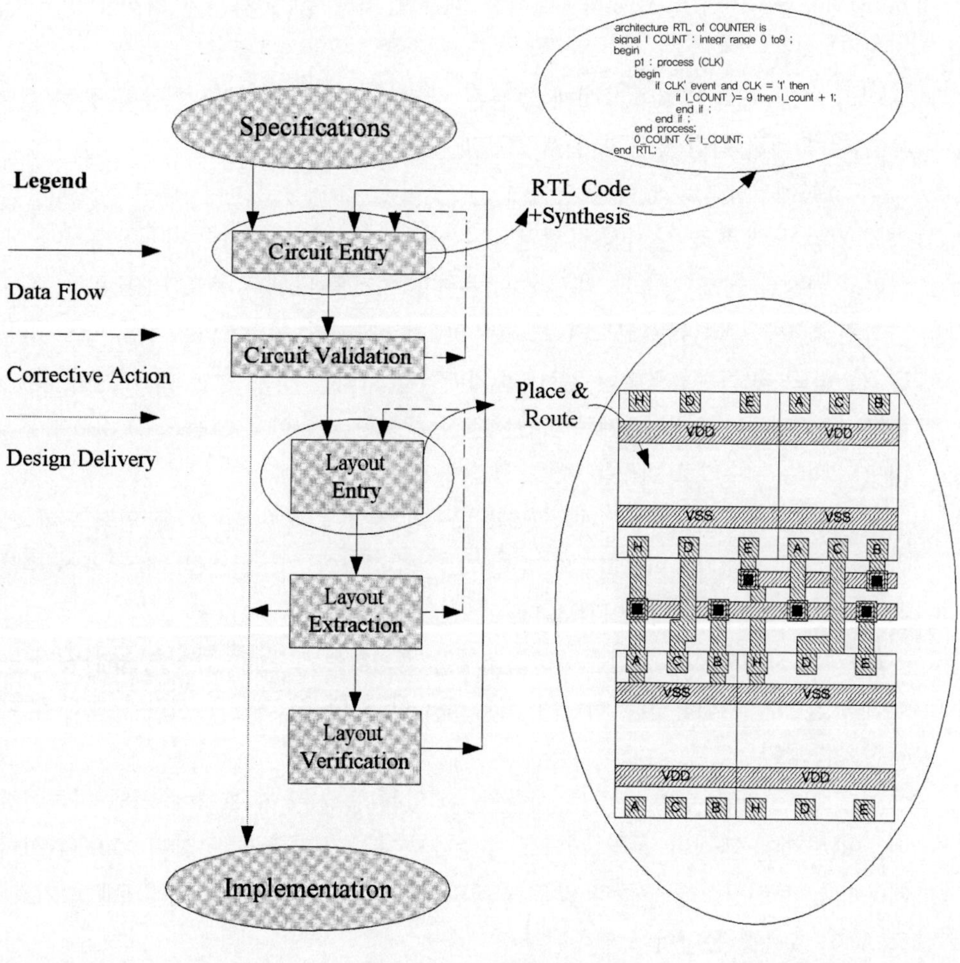

그림 4.4 ASIC 설계 흐름

- *셀들의 라이브러리* : 이 흐름에 전제조건은 셀들의 라이브러리가 있다는 것이다. 라이브러리는 합성 그리고 P&R 도구들이 사용하는 논리 게이트와 순차 소자들

로 이루어져 있다. 완전히 ASIC 흐름을 따르는 어떠한 설계 흐름에서, 전체 설계는 다른 어떤 것도 아닌 단지 라이브러리 셀로만 구현된다.

ASIC 설계 흐름은 오늘날 가장 일반적인 설계 흐름인데, 많은 흐름과 도구 개발이 이 방법론을 지원하고 있다.

기술의 수준이 매우 빠르게 진보하고 제품들이 몇 년 내에 시대에 뒤떨어지게 되는 산업에서, 성공적인 회사들의 주요한 사업 초점은 매우 빠르게 그리고 생산적으로 신제품들을 만드는 것이다. 어떠한 제품의 시장 출하 시간을 최소화 하는 것은 결정적이다.

여러 가지 면에서 ASIC 설계 흐름은 생산성에서 이 혁명을 가능하게 하였는데, 특히 더 오래된 완전 주문형 설계 흐름과 비교하면 더욱 그렇다.

이 흐름에서, 회로 입력은 단순히 "코딩"이며, 그러므로 매우 빠르고 쉽다. 많은 양의 기능이 매우 짧은 시간에 캡쳐될 수 있다. 그것은 유지하고 재사용하기에 쉽다. 그리고 특정한 제조 기술에 의존하지 않는다. 이것들은 모든 중요한 장점이다.

그림 4.4에 나타나는 코드의 보기는 0에서 9까지의 계수기의 VHDL 코드이다(분당 25 워드 속도로 입력하면 2분). 스키매틱을 그리는 것은 훨씬 더 시간이 많이 걸린다. 스키매틱 기반의 설계로 (또는 완전 주문형 레이아웃 흐름으로) 100에서 0까지 감소하는 계수기로 바꾸는 것을 생각해 보라.

회로 측면 생산성의 이 전개는 P&R 도구의 개발에 의해 레이아웃 입력 단계와 맞아 떨어지게 되었다. 회로설계가 수만 또는 수십만의 인스턴스일 때는 완전 주문형 레이아웃 기법들은 실제적이지 않다!

IC 제조 공정에서의 발전은 ASIC 흐름을 형성하는 모든 자동화 기술의 발전을 촉진하는 것 중의 하나이다. 하나의 칩에 유효한 트랜지스터들은 시간이 흐름에 따라 극적으로 증가하였다.

이 같은 증가된 수의 소자를 사용할 수 있는 능력은 이 흐름에 의해 다루어졌는데, 이는 설계 과정이 논리 게이트 수준까지 올라갔고 논리 동작이 주요 관심이기 때문이다. 트랜지스터 수준과 많은 공정과 관련된 문제는 라이브러리내에 숨겨져 있고 ASIC 흐름을 통하여 모델화된다.

표 4.3은 ASIC 설계 흐름에서 가장 관심이 있는 주요 특성들을 요약하여 보여준다.

이 흐름은 IC 설계의 생산성을 증가시켰을 뿐만 아니라, 그것은 또한 많은 사람들의 마음을 IC 설계의 세계로 끌어 들였다. 회로 및 레이아웃 설계자들은 복잡한 공정 설계 규칙의 복잡도들로부터 떨어져 있는 데, 이것은 이러한 규칙들이 라이브러리에 숨겨져 있기 때문이다. 회로 설계자는 오직 논리 함수들을 구현하는 것만 신경 쓰면 된다. 레이아웃 설계자는 오직 배선 레이어와 관련된 공정 지식만 알고 있으면 된다.

표 4.3 ASIC 설계 흐름의 주요 특성

동작	타이밍	전력	면적	인터페이스
공정	유지성	신뢰성	공간율	흐름 호환성
복잡도	잡음내성	수율	일렉트로-마이그레이션	래치업 내성

요점을 다시 말하면, ASIC 설계 흐름은 설계를 구현하기 위하여 HDL 코딩, 합성, 그리고 P&R 방법론을 사용하는 특정한 설계 종류이다. 이런 경우에 ASIC 설계 흐름의 기초를 형성하는 것은 회로 입력을 위한 HDL의 사용이다.

우리들은 ASIC 흐름을 위한 많은 도구들을 추리할 수 있다. HDL 회로 입력은 다음에 말하는 것들을 요구한다 :

- HDL 코드에 특정한 회로 검증 방법론
- HDL 설계를 논리 게이트로 구현하기 위한 합성 사용
- 결과로서 생긴 논리 게이트 설계를 위한 회로 검증 방법론
- 그룹화라든가 타이밍 제약 조건과 같은 회로 제약 조건을 피드 포워드 하는 도구
- 추출된 레이아웃 데이터를 관련된 회로 검증 데이터로 변환해 주는 도구

결과로 얻어진 설계의 크기와 복잡도는 완전 주문형 설계 흐름을 위한 도구들 중 여러 가지의 레이아웃과 관련된 도구의 사용을 요구한다 :

- 셀들의 배치를 그룹화하고 안내하여주는 플로어플래닝 도구
- P&R의 형태로 된 자동 레이아웃 입력 방법
- 커다란 설계를 위한 대용량 레이아웃 검증 및 추출 도구

라이브러리를 만들기 위한 추가적인 도구들과 방법론도 있다 :

- 합성과 시뮬레이션을 위한 모델을 만드는 특성화 도구
- 완전 주문형 흐름을 사용하여 셀을 레이아웃으로 구현하기
- 다른 방법으로, 현재 라이브러리로부터 셀을 이전
- 또 다른 방법으로서, 라이브러리 셀들을 만들기 위해 레이아웃 합성 도구를 사용

요약하면, ASIC 설계 흐름은 복잡하고 꽤 큰 논리 설계를 구현하는 것에 가장 적합한 것이다. HDL 회로 입력, 합성, 그리고 P&R 도구가 이 종류의 디자인에 대한 이상적인 것들이다.

4.6.3 메모리 IC 설계 흐름

빠른 페이지 DRAM, 캐시, EDO DRAM, SRAM, 그리고 SDRAM은 최근에 개인용 컴퓨터를 구입하였던 어느 누구에게나 친숙할 용어이다. 어떠한 PC에서 메모리의 용량과 종류는 잘 광고가 된다. 우리들은 지금 컴퓨터가 더 많은 메모리를 가지면, 그것이 더 잘, 더 빠르게 실행된다는 것을 잘 안다.

우리는 메모리 IC 설계를 분리된 절에서 다루고 있는데, 이것은 그것이 레이아웃 우선 설계 흐름을 사용하여 가장 잘 구현되는 설계 종류이기 때문이다. 레이아웃 설계의 관점에서, 그것은 회로 설계 전에 레이아웃이 구현되는 몇 안 되는 설계 흐름 중의 하나이다!

이것은 먼저 메모리 IC의 구조를 토론하는 것으로 설명될 수 있다.

그림 4.5는 DRAM 메모리의 플로어 플랜 예를 보인다. 칩 면적의 대다수를 코어 메모리 셀들과 지원하는 회로들이 차지하고 있다는 것을 유념하라.

이해해야 할 중요한 개념은 상대적으로 적은 수의 리프 셀이 있고, 그것이 글자뜻 그대로 수백만 번 반복된다는 것이다. 각각의 리프 셀에서 얻어지는 조그만 면적 축소는 칩 전체적으로는 굉장히 곱해져서 축소된다.

이것의 가장 중요한 예제는 메모리 셀 그 자체이다. 메모리 제조 공정은 그들이 적은 메모리 셀 크기를 위해 특별히 설계되었다는 점에서 고유하다. 메모리 셀 설계의 경우에, 측정의 단위는 미크론보다는 더 자주 나노미터가 사용된다.

그림 4.6은 전형적으로 메모리 설계에 사용되는 설계 흐름을 보여 준다.

다음은 몇몇 중요한 요점이다 :

- 메모리를 위해서 중요한 설계 특성들은 면적, 면적, 그리고 면적이다. 메모리

IC는 일용품 제품들이고, 여분의 면적은 여분의 비용과 같다.

메모리 설계의 목표는 가장 작은 면적에 일정한 수의 메모리 셀들을 묶어 넣는 것이다. 그러므로 설계팀의 목표는 주변회로와 비메모리 셀 회로에 의하여 소비되는 면적을 최소화 하는 것이다. 전체 칩 면적에 대한 메모리 셀 면적에 대한 비율은 *셀 효율성*으로 알려져 있다.

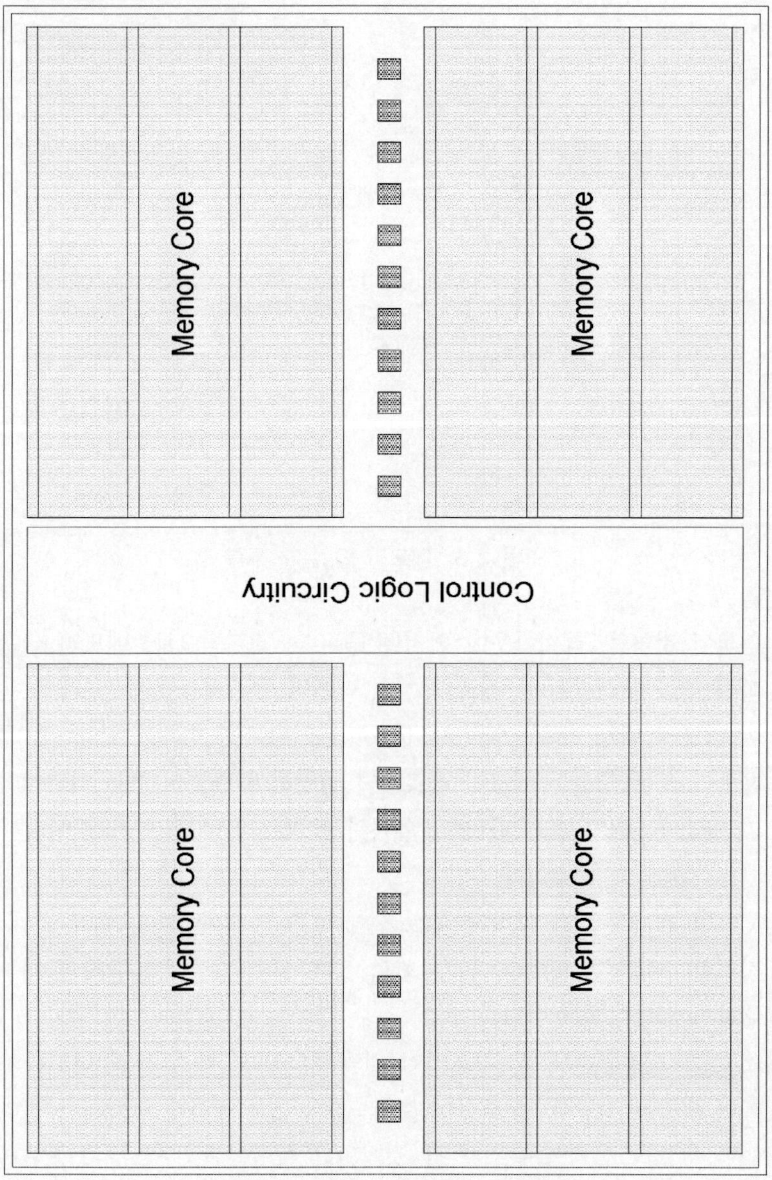

그림 4.5 DRAM 플로어플랜 예제

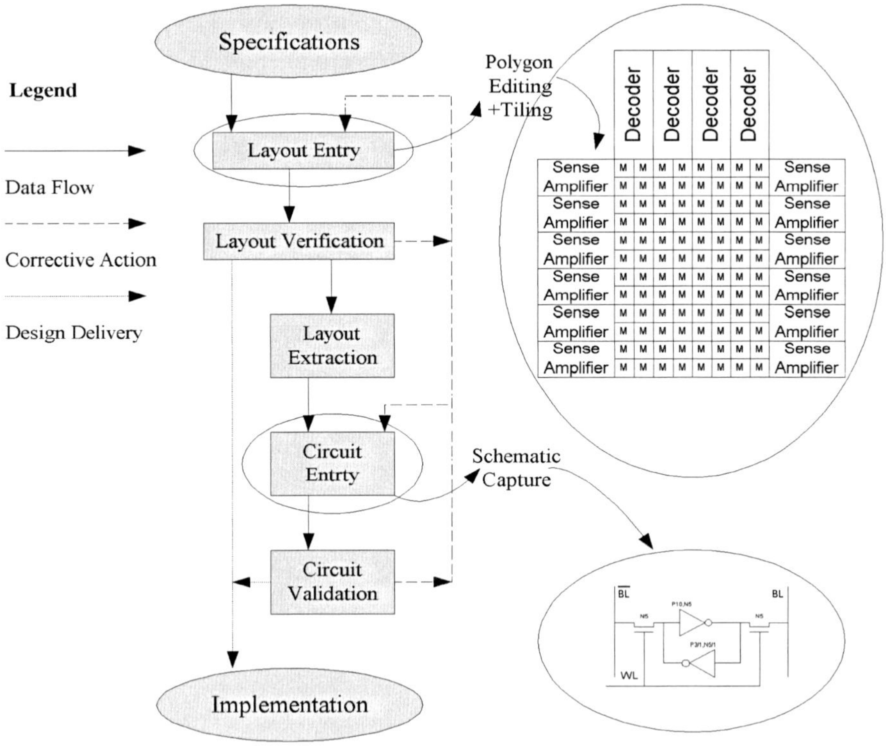

그림 4.6 메모리 IC 설계 흐름

- 언급된 것처럼, 레이아웃이 먼저 수행된다. 전형적으로, 메모리 셀은 공정 개발과 관련하여 개발된다. 메모리 셀의 레이아웃은 제공될 수 있다.
- 이 메모리 셀은 안쪽-외부(inside-out) 레이아웃 흐름을 위한 근거를 형성한다. 메모리 코어 회로는 메모리 셀로부터 출발하여 만들어진다. 디코더와 감지 증폭기 셀들은 "피치 제한적"인데, 왜냐하면 메모리 셀의 피치가 이러한 셀들의 크기를 제한하기 때문이다.
- 메모리 코어의 피치 제한적 회로 설계 흐름은 레이아웃과 회로 설계사이의 매우 밀접한 반복적인 것이다. 많은 회로 설계 절충은 면적 능률적인 최종 구현을 실현하기 위하여 이루어진다.

  이 설계 절충들은 물론 구조적인 것일 수 있다. 예를 들면 디코더와 감지 증폭기의 숫자는 적당한 셀 효율이 보장되도록 조심스럽게 선택되어 진다.
- 일단 메모리 설계의 구조가 잘 정의되고 확인되면, 구조는 종종 나중에 사용을 위해 메모리 컴파일러나 레이아웃 타일 프로그램내에서 캡쳐된다. 메모리는 매

우 규칙적인 구조를 가지고 있고, 그러므로 자동적인 과정으로 쉽게 프로그램된다.

- 메모리의 제어 논리는 칩의 총면적을 최소화하기 위하여 일반적으로 아직까지 완전 주문형 방식으로 이루어진다. 전형적으로 스키매틱 캡쳐가 설계 캡쳐 방법론으로 사용된다.

요약하면, 메모리 IC 설계 흐름은 면적이 첫 번째 우선 순위가 되며, 그래서 레이아웃 특성이 칩의 개발 동안에 중요한 고려 사항이다. 따라서, 메모리의 설계는 레이아웃 설계 분야에서 더 흥미로운 도전들 중의 하나이다.

4.6.4 마이크로프로세서와 SOC 설계 흐름

이러한 디자인은 가장 복잡하고 뒤얽힌 설계 흐름을 가지고 있고, IC 설계의 현재 기술 수준을 나타낸다. 인텔과 모토로라와 같은 회사들에 의하여 생산되는 마이크로프로세서 설계는 우리들이 지금까지 토론하였던 여러 흐름들의 모두를 혼합하여 사용한다. SOC(시스템 온 칩)는 단일 칩 위에 여러 다양한 복잡하고 변형된 기능들을 통합하는 IC를 위한 일반적인 용어이다. 양쪽 경우에, 그들의 개발을 추진하는 요구되는 기능들을 구현하는 것은 단일 칩 솔루션의 성능과 비용 효과들이다.

칩을 위해 하나의 설계 흐름만 있는 것이 아니라 완전 주문형, ASIC, 그리고 메모리 설계 흐름의 혼합형이다. 물론 개발하는 블록에 따라서 세 가지 흐름의 변형들도 있다.

이 종류들의 설계로 들어간 노력과 전문기술은 조금씩 나아가고 있고, 여러 해가 걸리고 있다. 단순히 이 IC 중의 하나의 플로어플랜을 살펴보는 것은 이러한 설계들의 변화와 복잡도를 명백하게 한다. 각각의 주요한 블록은 그것의 종류에 대해 가장 적합한 흐름을 사용하여 계획되고 구현된다. 일단 각각의 블록이 완성되면, 블록을 모으는 다른 흐름이 수행된다.

PART 5

특화된 구성 블록 레이아웃 설계를 위한 고급 기술

이 장에서 우리는 여러 종류의 레이아웃 리프 셀 또는 오늘날 일반적인 "구성 블록"에 대해 우리의 레이아웃 설계 지식을 적용하기 시작할 것이다. 그것들이 전체 설계를 구성하기 위하여 반복 사용되는 셀들의 기반 또는 라이브러리를 형성하기 위하여 최적화되기 때문에 일반적으로 이러한 리프 셀들은 완전 주문형 설계 흐름으로 만들어진다.

5.1 표준 셀 라이브러리

로직 셀들의 라이브러리는 4장에 거론된 ASIC 설계 흐름을 위한 구성 블록의 집합이다. 그것은 공통의 인터페이스 구현과 규칙적인 구성 때문에 일반적으로 "표준 셀 라이브러리"라고 불린다.

라이브러리는 합성과 배치 배선을 위한 셀의 레이아웃 표현을 위해 사용될 기능 구성 블록들을 제공한다. 제공된 라이브러리에 있는 로직 셀들로만 HDL 합성 과정이 이루어 진다는 사실을 인식하는 것은 매우 중요하다. 이것은 설계가 배치 배선 도구를 사용하여 구성되는 경우 셀들의 물리적, 또는 레이아웃 표현이 만들어 진다는 것을 보증한다.

5.1.1 표준 셀들의 간단한 이력

표준 셀에 요구되는 특성을 이해하는 한 가지 방법은 그들의 개발 이면에 잠재된 이력과 이유를 이해하는 것이다. 일단 이러한 설계 과정 뒤의 개념과 방법론이 이해되면, 셀들 자체에 대한 레이아웃 요구사항을 충분히 평가하는 것은 더 쉽다.

라이브러리는 왜 개발되었는가?

- 독립된 블록은 완전 주문형 설계를 위해 너무 크고 복잡하게 된다. 그래서 회로 설계와 레이아웃 설계 과정을 빠르게 할 필요성이 있었다.
- 수작업에 의하여 복잡한 완전 주문형 설계 블록을 만드는 특화된 개인 능력의 부족이 있었다 ; 자동화는 이 문제를 다소 해결하였다.
- 전형적인 제조 공정의 발전은 2~3 개의 금속 레이어로 배선 레이어의 수를 증가시키는 것을 포함하였다. 이것은 최적 결과를 위한 완전 주문형 레이아웃 설계 과정을 더욱 더 복잡하게 만들었다.
- 심지어 완전 주문형 설계 절차에서도, 구성 블록 요소가 미리 정한 표준에 따라

구현될 때 20개 이상의 셀 배치가 더 쉬워졌다. 셀 인터페이스의 표준화는 라이브러리에 구현된 개념이다.

그 해결책은 큰 디지털 회로들을 미리 정의되고 특성화된 "구성 블록"(셀)을 사용하여 회로 및 레이아웃 설계를 단순화하는 것이다.

회로 합성 도구들을 이용할 수 있기 전에, 처음의 아이디어는 미리 정한 단순한 로직 회로들을 발전시키는 것이었다. 그 예를 몇 가지 들어보면, 인버터, NAND, NOR, 그리고 플립 플롭 정도일 것이다. 이것들은 전문가에 의하여 설계되고 분석될 것이고 그 다음에 일반적인 사용을 위하여 과제에 제공될 것이다. 모두가 그들의 회로를 위한 구성 블록으로 이 셀들을 사용할 수 있다.

특정 로직 셀이 다른 상황에서 유용하도록 하기 위하여, 라이브러리는 각각의 논리 셀에 여러 가지 크기를 포함시키도록 확장된다. 처음에, 다양한 크기는 개별 설계자들에 의해 우연히 결정된다.

추가적인 개선을 위한 작업은 설계가 구성에 따라 더 쉽게 올바로 될 수 있게 하기 위하여 라이브러리의 각 로직 셀을 다른 크기로 정의하는 것이다. 이것은 더욱 더 큰 부하를 구동하기 위하여 신호를 증폭하는 경우에, 다음의 팬 아웃에 대한 가이드라인을 따르는 것에 의해 달성된다. 예를 들면, 만약 최소 사이즈 인버터가 P2.5/N1.25으로 명시되면, 라이브러리의 다른 인버터 크기는 이 크기의 배수 형태가 될 것이다. 2× 인버터, 즉 INV×2는 P5/N2.5의 크기, 그리고 INV×4는 P10/5 크기, 등등.

크기를 표준화하게 되면 어느 누구도 회로 설계 면에 P8/N4 또는 P6/N3와 같은 이상한 크기를 사용하려고 하지 않을 것이 확실하게 된다. 그리고 소자들을 최대한 공유하는 것이 달성된다.

합성 과정이 발전되었을 때, 회로 설계자는 실제로 레이아웃 셀들을 보지 못하였다. 그래서 표준화에 대한 필요는 더욱 더 훌륭하게 되었다. 우리가 이미 언급한대로, 합성 도구들은 자동으로 그 작업을 위한 가장 좋은 셀을 선택한다 ; 그러므로, 만약 셀들의 선택 폭이 더 넓으면, 합성 도구는 회로를 최적화할 더 좋은 기회를 가지게 된다.

라이브러리 셀들의 개발에 영향을 준 또 다른 요인은 첫 번째 자동 배치 배선 도구의 영향이었다. 배선 도구들이 특정 방식으로 만들어진 셀들에 의해 가장 잘 동작하였기 때문에, 첫 번째 자동 배선 도구는 설계자들의 완전 주문형 연결 방식을 바꾸기 시작하였다. 셀 설계는 자동 도구들의 제한에 의하여 몹시 영향을 받았으며,

현재도 그렇다.

오늘날, 표준 셀은 ASIC 설계의 기초이다. 다른 제조 공정으로 라이브러리를 설계하고 이전하는 것이 독점적인 사업인 회사들이 있다. 다양한 EDA 공급자들이 특별히 라이브러리들을 위한 회로 및 물리적 설계 도구들을 계속 제공한다.

ASIC 설계에서도, 완전 주문형 설계의 "임의 로직"을 구현하기 위하여 표준 셀 설계 방법론이 널리 사용되고 있다. 처음에, 회로는 각각의 미리 정의된 기능에 상응하는 몇몇 더 작은 블록으로 분할된다. 각각의 로직 블록 내에, 셀은 라이브러리 셀들의 집합으로부터 구현된다. 일반적으로, 라이브러리는 상업화된 ASIC 라이브러리보다 훨씬 더 작다. 그러나 그 방법론은 동일하다.

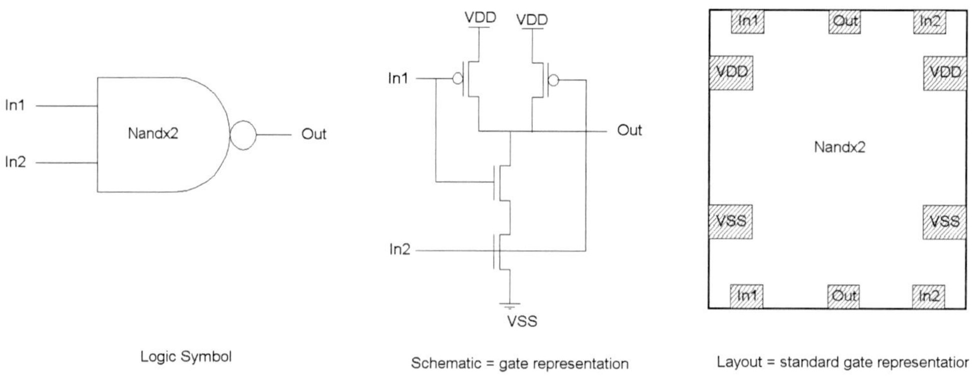

그림 5.1 NAND 표준 셀의 예

5.1.2 표준 셀 특성

간단한 NAND 게이트를 그림 5.1에 나타내었다. 게이트의 표준 셀 표현을 보여준다. 이미 거론된 바와 같이, ASIC 레이아웃 설계는 셀 또는 게이트 수준으로 구현되며, 게이트의 상세한 내용은 요구되지 않는다.

이 절에서, 우리는 셀 그 자체의 설계에 대하여 기술할 것이다. 그것이 ASIC 설계 흐름과 호환성이 있도록 하기 위해서는 표준 셀 설계에 대한 이해가 필요하다. 여기에는 고려해야 할 많은 사항들이 있다. 먼저, 가장 주요한 것은, 셀들의 라이브러리가 사용될 제조 공정의 특정한 제한 또는 특징과 호환되어야 한다는 것이다.

일반적으로, 표준 셀들의 설계 또는 구조는 목표로 하는 공정 기술에서 이용할 수 있는 배선 레이어들의 수에 기초하여 선택되어야 한다. 어떤 특수한 상황에는 셀들의 설계가 유효한 금속 레이어들의 특성에 달려있을 것이다.

다음에 나열되는 사항은 모든 표준 셀 라이브러리들에 일반적인 특성에 대한 사항이다.

회로 설계에 관련된 특성은 다음과 같다 :

- 기능성과 각각의 셀의 전기적 특성들은 테스트되고, 분석되고, 그리고 명시된다. 일반적으로, 테스트 칩이 제조되고, 각 셀의 성능은 실리콘으로부터 분석된다. 몇몇의 경우에는, 트랜지스터 특성의 시뮬레이션 모델을 완성하기 위하여 단지 공정 특성화 단계가 완료되고, 그리고 라이브러리 특성화 도구는 각 셀의 시뮬레이션 검증을 생성하기 위하여 이 모델을 사용한다.
- 각각의 셀 종류를 위한 다중 구동 세기가 만들어진다. 추가적로, 다른 구동 세기는 기초 또는 최소 크기의 병렬이다.

다음 특성은 셀들의 기본적인 모양에 관련된다 :

- 셀들의 레이아웃 설계 동안에, 셀들은 모든 요구사항을 만족시키는 것을 확실하게 하는 미리 정의된 템플릿을 사용하여 만들어진다. 그 템플릿은 셀의 높이, 웰의 배치, N 트랜지스터들, 그리고 P 트랜지스터들, 그리고 셀이 수직으로 또는 수평으로 대칭 이동될 수 있고, DRC 위반과 같은 오류들을 만들지 않고 모든 다른 셀들의 옆에 놓일 수 있도록 하는 지침을 포함한다.
- 셀들은 직사각형이다.
- 특정한 열 또는 칩 영역에 대한 셀들은 모든 같은 높이이다 - 라이브러리는 셀들의 복합 설정들을 포함할 수도 있다. 예를 들면 다른 셀은 로직, 데이터패스, 그리고 입출력 영역을 위해 사용될 것이다.
- 모든 셀 길이는 격자의 배수가 되도록 반올림된다. 이 격자는 다음에 기술되는 것 중 어느 하나에 의하여 측정된다 :
  - 특정 설계 규칙(예 : 최소 웰 폭)
  - 배치를 더 쉽고 더 빠르게 할 목적(격자를 사용하는 것은 가능한 배치 좌표수를 줄여서 배치 과정을 가속시키기 위함)
- 전원 공급선들은 전체 라이브러리를 위해 미리 정의된 폭과 위치가 있다 - 셀 길이 위로의 전원 공급 폭은 항상 균일하다.

다음 특성은 셀들의 인터페이스에 관련된다 :

- 모든 입출력 포트들은 정의된 타입, 계층, 위치, 크기 및 인터페이스 지점이 있다. 이 특성은 설계를 구현하기 위하여 사용된 배치 도구와 배선 도구에 기초를 두고 결정된다. 포트들은 배선 도구를 위한 목표물이고 가장 좋은 결과를 위하여 배선 도구들에 최적화되어야 한다.

이것의 예는 배선이 격자에 의해 규정된 신호 피치를 사용하는 것으로 더 빠르고 더 쉽게 만들어질 수 있는 것이다. 도구의 요구된 연산이 간단하기 때문에 만약 격자가 사용되면 배선 도구는 연산 자원을 거의 필요로 하지 않을 것이다.

- 셀들의 인터페이스는 어떤 연결들을 공유하도록 설계될 수 있다. 그 예는 전원 공급에 연결된 트랜지스터들의 소스 연결들이 될 것이다. 또는, 공통 기판과 웰 콘택은 셀들 사이에 공유될 수 있다.
- 각각의 배선 레이어에 대한 직사각형 테두리와 장애물(obstruction)들의 설정 또한 각 셀의 특성이다. 장애물들은 각 각 계층의 순서를 정하는 것을 위해 따로따로 정의가 내려질 수 있으며, 또는 셀의 전체 테두리가 장애물로 사용될 수 있다. 장애물들은 어떠한 모양도 가질 수 있다. 직사각형에 그 모양이 제한되지는 않지만 그들은 배선 도구에 의해 인식되어야 한다.
- 모든 공유되지 않는 다각형들은 레이어 간격 설계 규칙의 절반에 해당하는 값만큼의 간격이 셀의 경계에서 유지되어야 한다. 이것은 셀들의 경계를 접하게 구성하는 것을 확실히 올바르게 한다.

셀 라이브러리들에 대하여 언급할 또 다른 사항들은 다음과 같다 :

- 피드 쓰루 또는 채움 셀이라고 불리는, 그 안에 트랜지스터가 전혀 없는 셀들이 있다. 그것은 셀 위에 추가적인 배선 자원이 없을 때 수직 연결을 위하여 셀들 사이에 더해질 수 있다.
- I/O 셀들의 경우에는, 셀들의 열 두 개가 만나는 곳에 칩의 코너를 위한 특별한 모양의 셀들이 있다.

전형적인 표준 셀 라이브러리는 수백 개의 셀들로 구성된다. 진보된 라이브러리들은 1,000 개 이상의 셀들로 이루어져 있다. 저 전력, 고속, 매우 좋은 간격 등을 위해 특별히 설계되고 발전된 셀 라이브러리들도 있다.

5.1.3 표준 셀 구조

앞에서 언급한 바와 같이, 표준 셀의 설계와 구조는 제조 공정 기술에 유효한 배선 레이어들의 수에 의존한다. 그 이유를 알아보도록 하자. 표준 셀의 예를 그림 5.2에 나타내었다.

오직 한 가지 레이어가 셀 내의 트랜지스터들 대부분의 내부 접속을 만들기 위하여 사용된 것에 주목한다. 이러한 표준 셀 방식은 채널 배선 도구의 초기 버전들과 호환성이 있다. 이러한 배선 도구들은 오직 셀의 경계에 놓인 셀 핀들에의 연결을 만들 수 있다.

그림 5.2에서와 같이 제 2 금속 레이어에의 연결은 최상위 및 최하위 층 옆에 셀 단자들에 만들어진다.

그림 5.3에 나타낸 설계는 두 개의 열과 그 사이의 배선 채널로 이루어져 있다. 설계의 피드 쓰루에 주목한다. 그들은 서로 다른 배선 채널에 위치한 신호들을 연결하는 수직 경로를 수용하기 위해 있는 빈 셀들이다.

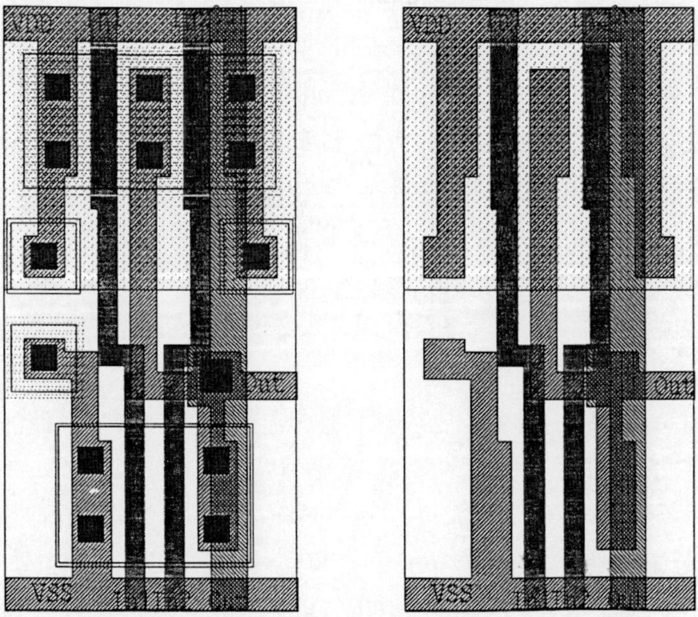

그림 5.2 모든 레이어를 보여주는 표준 셀 예시

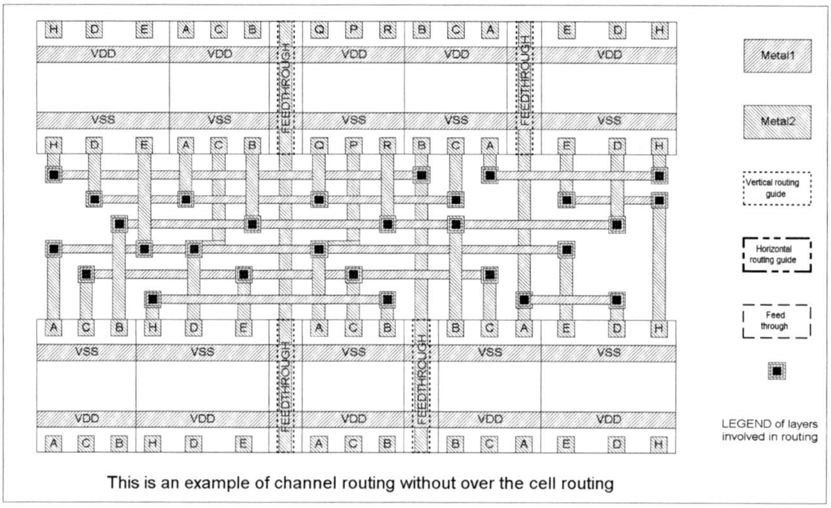

그림 5.3 채널 배선

오직 두 개의 배선 레이어를 갖는 공정에서, 피드 쓰루는 수직 배선 경로를 추가하는 유일한 방법이다. 이러한 경우에 배선은 두 단계로 수행된다. 첫 번째, 충분한 피드 쓰루는 수직으로 달리는 신호들이 필수한 수만큼 구현되도록 배정된다. 배선 작업의 나머지 완성은 피드 쓰루 배치를 따른다.

셀의 중앙에 비아를 제공하는 다른 설계가 이루어질 때, 거기에 단자들이 배치될 수 있으며, 셀 위의 배선이 가능하다. 명백한 예를 위해 그림 5.3을 참조하도록 한다. 이런 경우에 수직 배선 경로는 셀 위에 가능하고, 피드 쓰루의 사용은 최종 설계에서 감소된다.

그림 5.4는 두 개의 셀 구조들을 비교하고, 단자들의 차이점과 설계의 인터페이스를 비교한다.

Example A에서는 설계의 단자들이 설계의 상층 및 하층 옆 부분에 접근하기 쉬워야 한다는 점에 주목한다. 이것은 배선 채널들이 가장 효율적으로 사용되고 분리된 피드 쓰루의 사용을 최소화하는 것을 확실히 한다. 셀의 위아래 측면으로 셀 내에 단자들을 배선하는 오버헤드는 증대되고, 신호에 기생적인 부하를 추가하며 최종 설계의 전체적인 공간율을 감소시킨다. Example B와 C는 이러한 오버헤드의 고충이 없으며, Example A와 동등한 셀은 전반적으로 더 작을 것이다.

그림 5.4에 나타낸 Example C는 셀 위 배선의 이점과 숙련된 접속 설계를 보여준다. 이러한 경우에, IN1 및 IN2 단자로의 연결은 그것에 연결된 셀이 그 중 하나

에 바로 인접하게 배치된다면, 매우 짧을 것이다. 이 경우에, 공간은 어떠한 배선 채널에서도 낭비되지 않는다.

그림 5.5는 셀 위 배선에 의한 배선 설계와 셀 위 배선을 사용하지 않은 배선 설계를 비교한다. 두 경우 모두, 경로 배선에 이용할 수 있는 금속은 오직 두 개의 레이어만 있지만, 그 차이는 셀 위 배선이 가능한지 아닌지 이다.

최상위 그림에서, 우리는 배선에 사용된 채널이 셀 경계선 사이의 빈 공간일 수밖에 없다는 것을 알 수 있다. 두 번째 예에서 이 제한은 그리 심각하지 않다. 두 번째 설계의 면적은 무척 더 작고, 그 차이는 더 큰 설계에 대하여 증가한다. 셀 위 배선의 경우, 더 작은 면적이 중요한 이유는 다음과 같이 요약하여 기술될 수 있다 :

- 배선 도구는 인접한 출력 – 입력 단자 연결 사이에 수평으로 배선할 수 있는가? 이 효과 하나에 의해서도 셀 사이의 배선 채널이 감소할 수 있기 때문에, 이것은 면적을 절약하는 주요한 자원이다.
- 이용할 수 있는 채널 크기는 셀 면적을 포함하며 따라서 매우 효율적이다.
- 간격은 인접한 셀들 사이의 수평적 금속 연결들 때문에, 상층 및 하층 옆 사이의 단자 신호의 배선의 제거에 의해 감소된 셀 크기 때문에, 그리고 최종적으로 피드 쓰루의 제거 때문에 훨씬 더 크다.

3 금속 레이어 공정에서, 거의 모든 채널들은 제거될 수 있으며, 모든 배선은 셀들 위에 완료될 수 있다.

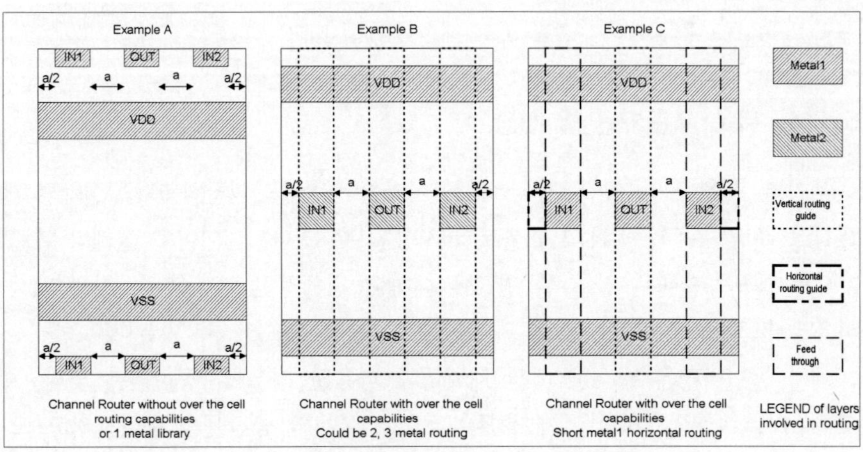

그림 5.4 셀 인스턴스의 비교

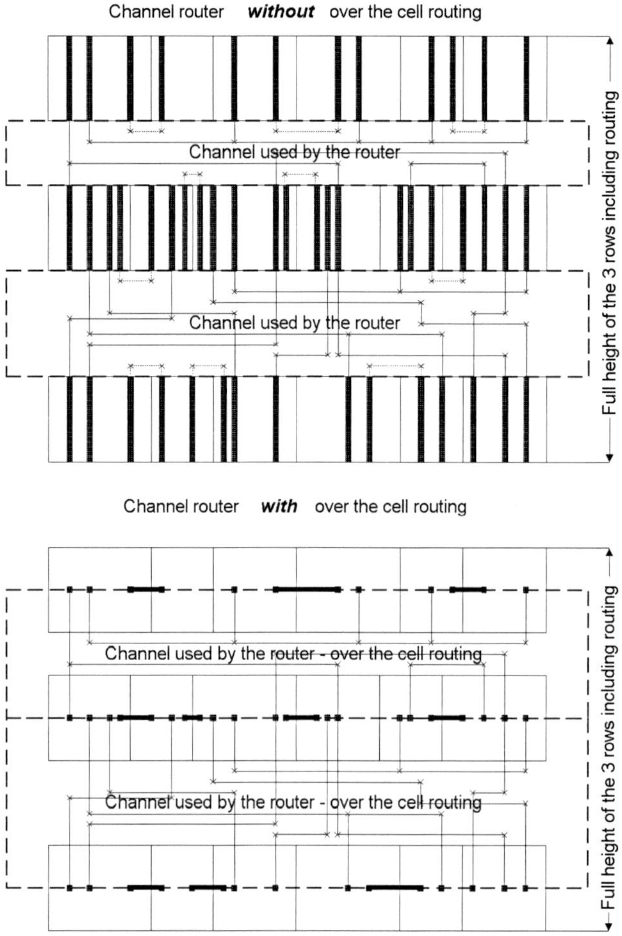

그림 5.5 배선 형태의 비교

5.1.4 더욱 표준화된 셀 개념

우리는 설계에서 "공간율(porosity)"이라는 용어를 언급하였다. 설계의 공간율은 품질의 측정 규준과 설계의 효율로서 사용될 수 있다. 레이아웃 설계와 관련이 있는 것으로서의 공간율은 전체 셀 면적에 대하여 전체적인 이용할 수 있는 배선 면적의 비율로서 정의가 내려진다. 셀 핀들은 배선 면적에 포함되지 않는다.

예를 들면, 많은 순수한 배선 채널들이 사용된 경우에, 공간율은 낮다. 이상적으로, 우리는 어떤 채널들을 제거하는 것으로 설계의 공간율을 증가시키고 오직 설계를 구현하기 위해 필요한 로직 셀들을 가지고 있기를 원한다.

우리는 적절한 시간에 설계를 완성하고 배치 배선 도구의 어떠한 특징을 이용하는 것을 확실히 하기 위하여 라이브러리 내의 공간율을 절충시켜야 할 필요가 있을 수도 있다. 동시에 우리는 이러한 도구들이 가지고 있을 수도 있는 제한 사항들을 피해야 한다. 셀 라이브러리를 설계하기 전에 사용된 배치 배선 도구에 대한 사용 설명서를 읽는 것은 유용하다.

그 중에, 우리는 이미 대략적인 배선과 셀 크기 격자가 배치 배선 도구들의 연산 자원을 줄이는데 유용한 것을 언급하였다. 이러한 점들을 포함하여 표준 셀들을 설계할 때 주목할 사항으로는 다음과 같은 것들이 있다 :

• 배선 격자의 선택은 중요하다. 오늘날 세 가지 종류의 격자가 사용된다 : 선에서 선, 선에서 비아로, 그리고 비아에서 비아로. 그림 5.6은 세 가지 경우의 예와 그들이 표준 셀 설계에 영향을 줄 수도 있는 상황을 보여준다.
  선-선 피치는 비아가 사용될 때마다 많은 신호 조깅이 요구된다는 점에서 어려움이 있다. 셀 크기는 가장 작은 것이지만, 배선 가능성에는 어려움이 있다. 또한, 작업을 완료하기 위한 배선 엔진을 위한 실행 시간은 훨씬 더 오래 걸릴 것이다.
  마찬가지로, 비아-선 피치의 경우에는, 두 개의 비아가 우연히 인접한 선들에 놓일 때마다 신호 조깅이 일어날 것이다. 이 경우를 피하려고 하는 것은 감소된 신호 피치의 면적 이점을 부정할 수도 있는 부담이 된다.
  비아-비아 피치의 경우에는, 설계의 공간율이 최대한으로 활용된다. 그리고 배선은 더 수월하다.
• 라이브러리를 위한 표준 셀 높이와 최대 셀 길이는 사용될 도구들, 라이브러리의 목적, 공간율, 그리고 배선 레이어들의 개수에 근거하여 결정되어야 한다.
  예를 들면, metal1이 셀들 내부적으로 사용되는 레이어인 경우에는, 경험에 근거하여 이런 말을 할 수 있다. "가장 긴 셀의 길이는 셀 높이의 6배보다 더 크지 않아야 한다." 셀들이 더 긴 경우에는, 셀 높이가 극적으로(아마도 두 배) 증가되어야 한다. 그 이유는 배치 도구들이 적당한 높이-길이 비율에서 훨씬 더 쉽게 작동할 수 있기 때문이다. 긴 셀은 내부 metal2 점퍼들이 훨씬 더 많기 쉬우며, 따라서 배선을 위한 공간율이 감소된다.

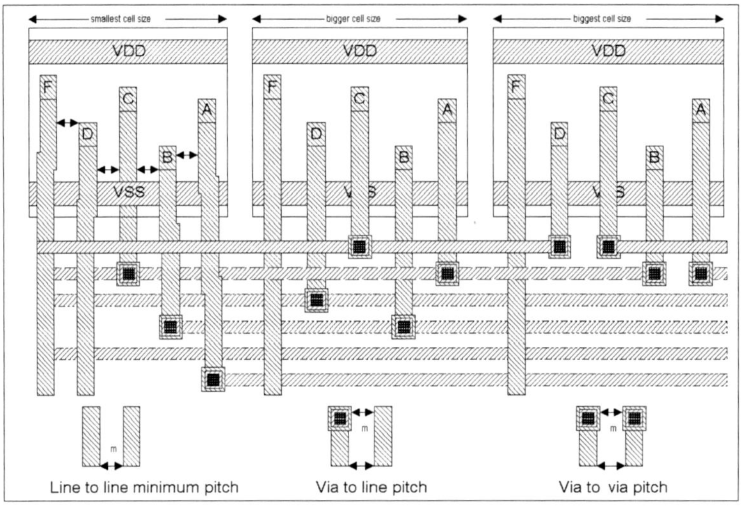

그림 5.6 배선 격자 종류

- 배치 배선이 일어나기 전에 전체 블록을 위한 전원 공급 문제가 제기되어야 한다. 전원 공급원의 연결은 표준 셀 설계를 구현할 때 항상 제일 먼저 시작된다. 다음 사항들이 고려되어야 한다 :
  - 표준 셀들 사이의 연결성
  - 표준 셀에 내부적으로 배선되는 경로
  - 트랙 폭과 비아 개수에 적용되는 전자이동
  - 저항값
- 배치 배선 도구들은 오직 배치와 표준 셀들에의 연결성에 관계되기 때문에 셀 추상(abstract)의 설계를 고려하는 것은 유용하다. 셀 추상은 설계의 물리적 부분은 아니지만, 오직 배치 배선 도구에 의하여 사용된다. 추상은 다음과 같은 것으로 이루어져 있다 :
  - 셀 경계
  - 목표 핀들의 위치와 형태
  - 배선 장애물들

배선 장애물들 또는 “출입 금지들”은 할당된 레이어로 배선이 불가능한 셀 안의 영역들이다. 예를 들면 지역을 위한 상호 연결에 사용된 많은 metal1이 있기 때문에 거의 대부분의 표준 셀들 내의 영역은 metal1 배선에 좀처럼 이용할 수 있지 않다.

만약 배선 도구가 셀을 연결시키려고 하는 것에 metal1을 자유롭게 사용할 수 있으면, 그것은 어디에 신호 트랙들을 놓을 수 있는지 없는지를 알고 있어야 한다. 셀들 내의 장애물들은 배선 도구에 주어진 레이어의 모양 형태에 이 정보를 준다.

그림 5.7A는 표준 셀의 예와 metal1 사용의 영역을 보여준다. 장애물 영역들의 정의를 내리는 한 가지 방법은 모든 metal1 모양을 복사하는 것이 될 것이다.

심지어 작은 블록(500 개의 셀)에 대해서도 배선 도구의 연산 시간과 장애물들이 정의되는 방식 사이에 강한 의존성이 있다. 배선 소프트웨어 알고리듬은 모든 레이어를 위해 배선 공간율의 지도를 만들어야 하며, 그래서 출입금지 레이어의 모양이 더 복잡할수록 파일은 더 커진다. 복잡한 다각형들로 인해 연산적 요구사항은 더 길고 더 복잡하게 되며, 배선 시간은 기하급수적으로 증가하기 시작한다. 그러면 매우 제한된 컴퓨터 자원을 사용하면서 어떻게 도구가 더 빨리 그리고 더 능률적으로 동작하도록 도와줄 수 있는지를 알아보도록 하자. 예를 위해 그림 5.7A를 참조하도록 한다.

그림 5.7A에서, 영리한 출입금지가 metal1에 의한 한 개의 다각형이고 그것이 최소 좌표 수를 가지고 있는 것을 쉽게 알 수 있다. 오직 장애물만 간결하게 정의 내려지는 것이 아니라 배선을 위해 비아를 둘 수 있는 경우에 배선 도구를 위한 열려진 공간도 있다.

자동으로 적절한 모양을 얻기 위하여 우리는 다음에 언급되는 사항을 수행할 단순한 매크로를 사용할 수 있다 :

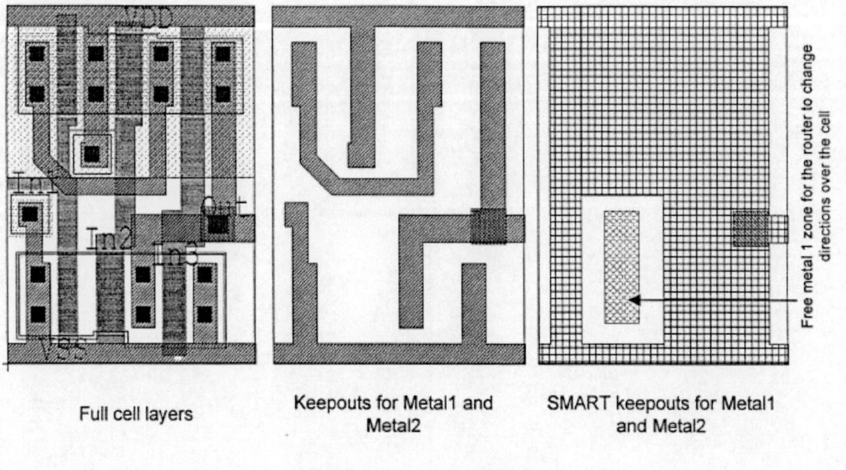

그림 5.7A 셀 장애물 예

- 각 배선 레이어에 다각형의 크기 증가
- 모든 다각형들을 합병
- 같은 양만큼 다각형들의 크기 감소

예를 들어, 다각형을 크게 하거나 작게 하기 위하여 필요한 양을 결정하기 위하여 다음 계산을 검토해 보도록 하자 :

Metal1 폭 = 0.5μm

Metal1 간격 = 0.4μm

격자 = 0.05μm

$$\text{초과 크기 값} = Metal1\,\text{간격} + \frac{Matal1\,\text{폭}}{2} - \text{격자}$$

$$= 0.4\mu m + \frac{0.5\mu m}{2} - 0.05\mu m$$

$$= 0.6\mu m$$

그림 5.7B는 상기 단계의 그래픽 구현을 보여준다.

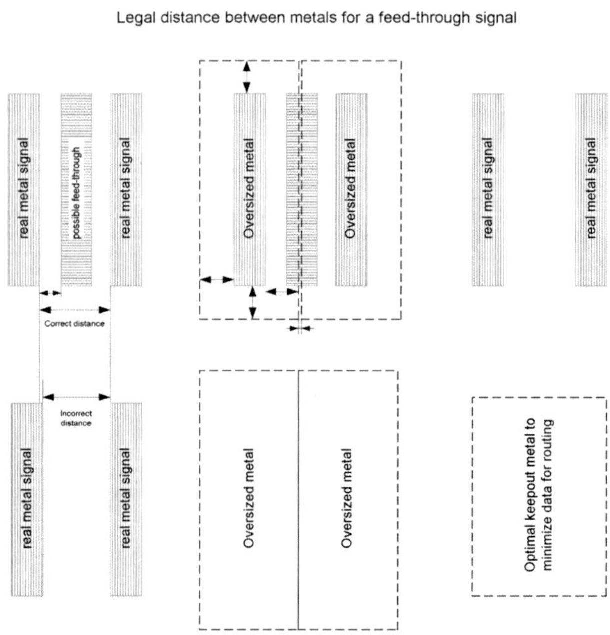

그림 5.7B 대형 크기 값의 그래픽 구현

그 의도는 작은 다각형들을 모두 덮을 하나의 단일 모양을 얻는 것이다. 이 모양은 그 둘 사이의 거리가 관계없는 다른 선을 배선할 가능성보다 더 작은 공간을 포함할 것이다. 각 배선 레이어에 대하여 라이브러리의 각 셀에 대하여 그러한 작업을 수행함으로써, 배치 배선 시간을 상당히 줄일 수 있다.

5.1.5 게이트 어레이

이 설계 스타일은 표준 셀 설계와는 다른 접근 방식이다.

모든 레이어가 하나의 셀과 다른 셀에서 서로 다른 표준 셀 설계와는 달리, 하나의 특정 라이브러리 내의 모든 게이트 어레이 셀은 기본 레이어 세트의 동일한 배열을 가지고 있다.

일반적으로, 레이어들의 이 기본 세트는 오직 트랜지스터의 형성을 위하여 필요한 레이어들을 포함한다 ; 그러므로, 기본 레이어들의 목록은 웰, 활성 영역, 임플랜트 레이어, 게이트 폴리실리콘 만을 포함할 것이다.

레이어들의 이 기본 세트에, 개별적인 “표준 셀” 기능성은 트랜지스터들의 상호 연결을 형성하여 다른 구성으로 만드는 것으로 얻어진다. 셀의 정의가 내려지는 방법의 그림 설명을 위해 그림 5.8을 참조하도록 하자. 일반적으로, 상호 연결 레이어들은 금속의 처음 1~2 레이어들이다. 이렇게 정의된 레이어들은 집합적으로 셀의 “그림자”로 알려져 있고 셀과 셀 사이에서 유일하게 다른 레이어들이다.

“게이트 어레이”라는 용어는 전체 설계가 구현되는 방식으로부터 유래된다. 게이트 어레이 설계에서, 전체 웨이퍼는 동일하게 형성된 트랜지스터들, 또는 기본 셀이라고 불리는 트랜지스터 그룹들의 배열을 가지고 미리 제조될 수 있다. 표준 셀들 그리고 그들 사이의 연결에 대한 논리적인 정의는 오직 목표하는 셀의 그림자들과 임의 배선 레이어들을 사용한다.

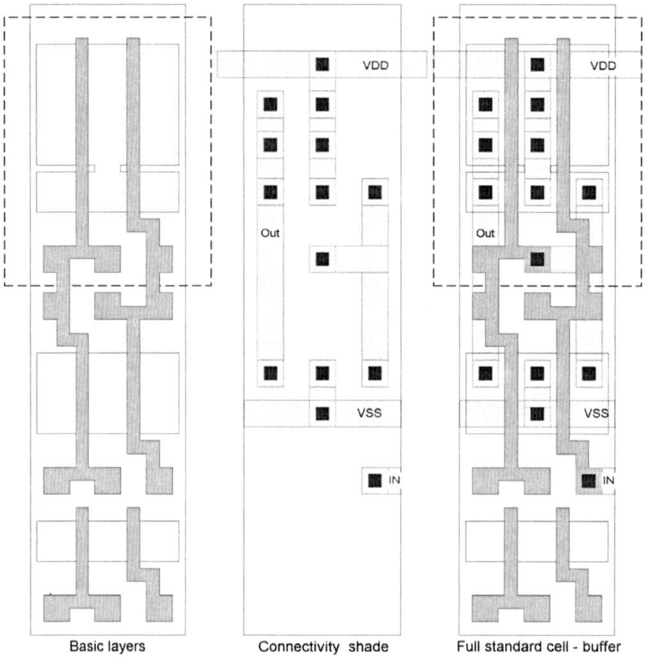

그림 5.8 게이트 어레이 표준 셀의 예

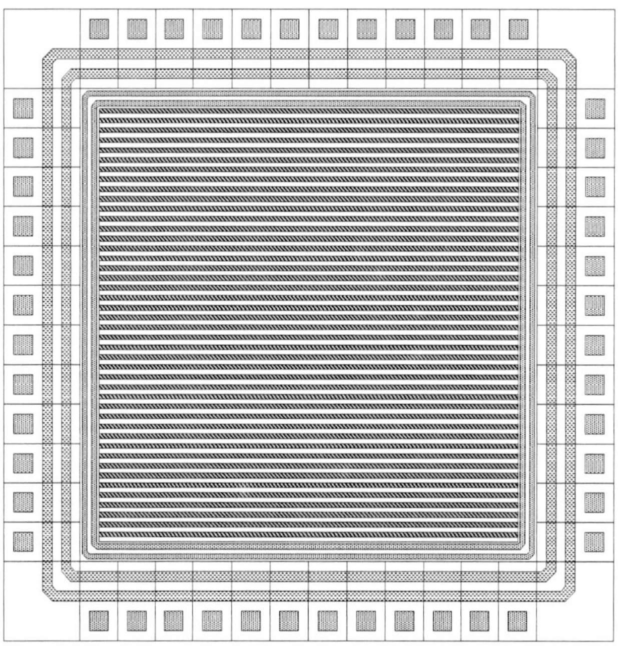

그림 5.9 게이트 어레이 마스터 슬라이스의 예

그림 5.9에 보이는 것처럼 어떠한 표준 셀 정의도 없는 기초 셀들의 웨이퍼는 일반적으로 "마스터 슬라이스"로서 불린다. 회로 설계가 진행 중이거나 사실상 미리 제조되는 동안에 마스터 슬라이스가 미리 제조될 수 있는 점에 유념한다.

표 5.1은 전체 레이어 표준 셀 설계 스타일에 게이트 어레이 설계의 절충에 대한 개요를 나타낸다.

게이트 어레이 설계의 단순성은 미리 제조된 웨이퍼에 의해 회로에 부과된 경직성 비용과 빠른 제조 공정의 속도 이득 사이의 절충이다. 단지 제조 공정의 후반부 몇 단계는 설계가 사용될 응용 분야에 달려있다. 이처럼, 게이트 어레이들은 완전 주문형 또는 표준 셀 설계보다 만들어 내기가 더 싸고 더 쉽다.

빠른 구현이 준비가 된 상태의 마스터 슬라이스를 가지고 있는 것은 매우 유용할 수 있다. 회로 설계 크기 또는 핀 개수가 달라지는 것은 이용할 수 있는 마스터 슬라이스 구성의 선택 범위를 넓게 가지는 것에 의해 빠르게 처리될 수 있다.

특정 마스터 슬라이스가 가치 있는 또 다른 시나리오는 단일 설계 아이디어가 하나의 개념에 다수의 여러 유사 버젼들을 가지고 있을 때일 것이다. 이러한 경우에, 효율적인 게이트 어레이 마스터 슬라이스 접근법을 사용하는 것이 가능할 것이다.

표 5.1 게이트 어레이 설계의 주요 사항

장점	전체 레이어 표준 셀 설계와의 비교
설계 시간 단축	• 웨이퍼는 기본 레이어로 미리 제작됨
	• 셀 배치에 대한 반복 및 최적화와 상호연결 배선은 제한된 배치 장소 및 낮은 셀 밀도 때문에 매우 감소됨
	• 기존 설계에 대한 개정은 미리 제작된 웨이퍼로 시작함
	• 기본 레이어와 칩 구조가 미리 결정되기 때문에, 전원 공급과 래치업 방지와 같은 많은 사항들이 미리 처리됨. 가장 마지막으로 이러한 사항의 효과는 모든 레이어가 한 번에 구현되는 경우보다 훨씬 더 예상 가능함
성능	• 레이아웃 최적화를 위한 더 많은 기회가 있기 때문에 프로그램 가능한 IC 대안보다 더 좋은 성능이 가능함
재사용 증가	• 마스터 슬라이스를 다른 설계 또는 응용에 사용 가능함
	• 셀 설계를 다른 공정에 이전하는 것이 더 쉬움

(계속)

단점	전체 레이어 표준 셀 설계와의 비교
설계 유연성	• 전체 게이트 수의 고정된 사용 가능성
	• 레이아웃 최적화의 적은 기회
	• 메모리와 같은 주문식 블록을 위한 적은 기회
셀 밀도	• 일반적 기본 레이어 셀 설계는 사용되지 않는 트랜지스터 오버헤드를 가져옴

주문식 블록 또는 "고정된 매크로들"이 일반적으로 대부분의 게이트 어레이의 응용에 사용되지 않는 반면에, 그들이 여전히 마스터 슬라이스들을 생성하기 위하여 구현될 수 있다는 점에 주의한다. 예를 들면, 만약 비슷한 여러 종류의 메모리와 같이 다수의 응용들 또는 설계가 공통적인 요구 사항을 갖는다면, 공통 요구 사항을 포함한 마스터 슬라이스는 웨이퍼 및 설계 비용을 절감하기 위한 장기적인 방안이 될 수 있다. 그림 5.10은 주문형 블록이 게이트 어레이 설계에서 어떻게 보이게 될지를 보여준다.

그 반대 경우가 가능한 것에 유념하도록 한다. 완전 주문형 설계에서, 게이트 어레이 로직 블록을 끼워 넣는 것이 가능하다. 추가적인 예를 위해서는 CD-ROM을 보도록 한다.

그 밖에 어떤 경우에 게이트 어레이 설계 스타일이 유용한가? 게이트 어레이 스타일이 유용하고 가치 있는 것으로 판명될 수 있는 시나리오는 다음을 포함한다 :

- 설계의 표준 셀 부분이 매우 위험하거나 복잡하다.
- 설계의 표준 셀 부분이 예정보다 늦다.
- 위의 둘 다 해당한다.

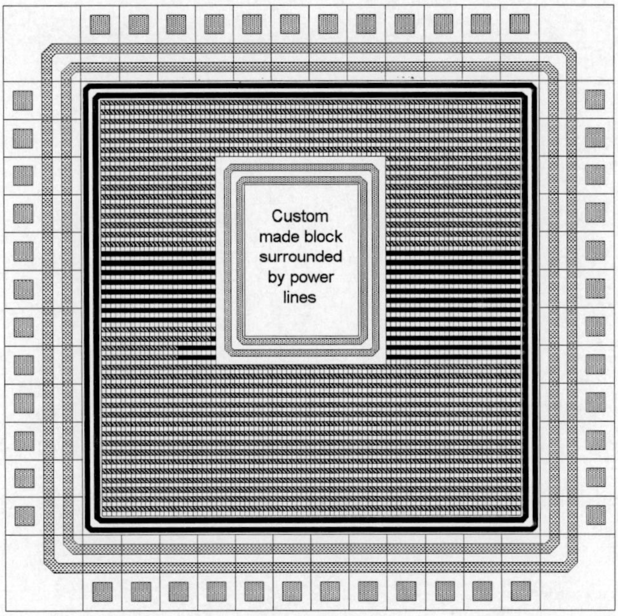

그림 5.10 게이트 어레이 설계의 내장된 주문식 블록

초기 설계가 구현되는 동시에 특정한 마스터 슬라이스가 생성되는 앞서 기술된 시나리오를 고려해보자. 설계의 로직 셀 또는 표준 셀 부분은 과제의 임계 경로에 있다. 만약 게이트 어레이 설계 스타일이 사용된다면, 완전한 설계가 마무리되기 전에 기본 레이어들의 제조를 시작할 수 있다. 일반적으로, 오늘날 공정의 기본 레이어를 제작하는데 필요한 소요 시간은 한 달 정도가 될 것이다. 이 한 달 동안 설계팀은 마지막 설계 이슈를 간파하고 최종적으로 마무리할 기회를 가지고 있다. 설계가 마무리되는 동안에 전체 레이어 표준 셀 환경의 대안은 제조 공정 전체를 한 달 동안 미루는 것이다.

MOSAID가 얼마 전에 설계하였던 게이트 어레이의 그림을 위해 CD-ROM을 확인해 보도록 한다. 어떤 경우에 반도체 칩은 설계의 일부분으로서 몇몇 특별한 주문형 블록을 가지고 있었다. 또 다른 예에서 게이트 어레이 로직은 특별 주문형 설계에 끼워졌다. 후자는 Accelerix이라고 불린 Ottawa에 있는 회사를 위해 MOSAID에 의한 설계였다.

5.2 특수 로직 셀

5.2.1 데이터패스 라이브러리 셀

데이터패스 기능성이 무엇인가에 관해 이해하는 가장 쉬운 길은 산술 논리 장치(ALU) 같은 예의 회로 동작을 고려하는 것이다. ALU는 마이크로프로세서의 두 개의 핵심 구성 요소들 중의 하나로서, 다른 두 개는 데이터 레지스터와 제어 회로이다. ALU는 덧셈, 뺄셈, 논리 연산, 마스킹, 그리고 다중 데이터 비트 (신호)에 대한 시프팅(곱셈 및 나눗셈)을 실행한다. ALU는 데이터패스 스타일로 구현된다.

이름이 의미하는 바와 같이, 곱셈기는 출력 상태가 두 개의 입력 신호들의 산술적인 곱인 회로이다. 이것은 데이터패스 스타일로 구현되는 회로의 또 다른 하나의 예이다.

표준 셀들과 구별되는 데이터패스 셀들의 특징은 무엇인가?

- *신호 흐름*: 일반적으로, ALU 또는 곱셈기를 통하여 상상할 수 있는 것처럼 회로를 통하여 흐르고 있는 신호들 또는 데이터 비트들이 있다.
- *다수의 신호들*: 몇 개의 신호들 모임 또는 버스는 동시에 회로를 통해 흐르고 있다.
- *좌우 대칭을 위한 요구조건*: 신호들이 데이터패스를 통하여 달릴 때, 각 신호의 길이가 다른 것들과 위상적으로 동일하게 하는 것이 매우 바람직하다. 이것은 타이밍의 부정합이 일어나지 않게 하며, 그리고 각 신호가 서로에 대하여 예측 가능한 것을 확실하게 한다.

이러한 특정 요구조건을 어떻게 조직적이고 효율적인 방법으로 공략할 수 있을까? 그 대답은 데이터패스 라이브러리 셀들과 기법들을 사용하는 것이다.

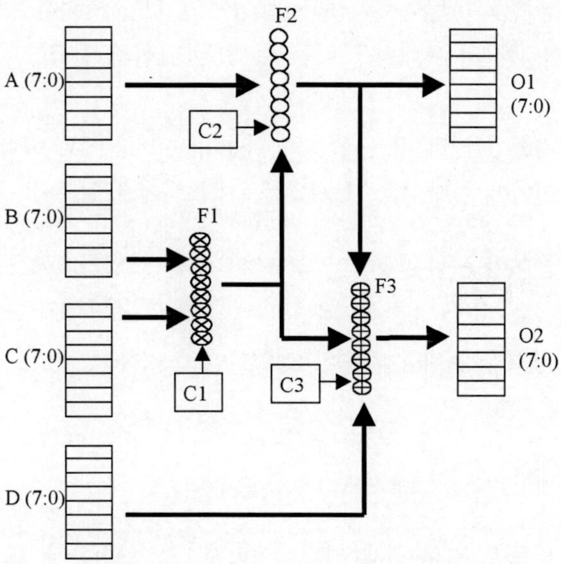

그림 5.11 데이터패스 블록도 예

그림 5.11에 나타낸 바와 같은 설계 예를 고려해 보자. 이 예는 네 개의 8 비트 신호가 세 개의 다른 기능들 (F1, F2, F3로 이름 붙여진)을 통하여 처리되고, 두 출력 버스 O1과 O2를 만드는 것을 보여준다. 제어 블록 C1, C2, 그리고 C3는 동시에 모든 8 비트 기능들을 제어한다.

레이아웃에서 이것을 구현하는 하나의 대안은 회로를 그림 5.11에 나타낸 바와 같이 플로어플랜 하는 것이다. 이 경우에 비트들 간의 대칭 신호 성능의 요구조건들은 이루기 어려울 것이다.

적절한 데이터패스 기술들을 적용해보자.

첫 번째이자 가장 중요한 세부사항은 전체 블록 기능성에 대한 전체적인 그림 없이 레이아웃이 시작될 수 없다는 것이다. 신호 선들이 비트들 위로 달려야 하는 방식, 그들의 개수와 위치, 그리고 내부의 셀 연결성에 필요한 수직 경로의 개수는 100% 회로의 연결성과 성능 요구 조건들에 의존하는 세부 사항들이다. 이 경우 설계 공학자와 레이아웃 설계자는 밀접하게 연관되어 일을 해야 한다 ; 그렇지 않으면, 완전 주문형 블록은 모든 설계 요구 조건들을 만족시키지 않을 것이다.

적절한 데이터패스 설계에 있어서 첫 번째 단계는 비트-당-비트 기반 위에서 회로를 고려하는 것이다. 이것은 그림 5.12에 나타낸다. 이것이 회로 및 레이아웃 설계 과정 모두에 적용되어야 하는 점에 주의해라.

제어 신호들이 동시에 8 비트 모두에 공통인 것을 기억하면, 우리는 지금 8 비트 모두에 걸쳐 어떻게 좌우 대칭을 이룰 수 있는지 알기 시작할 수 있다.

01 완전한 기능성을 더 작은 셀들로 나눈다. 이 경우 F1, F2와 F3는 모두 개별적인 셀들이어야 한다. 각 기능은 플로어플랜에서 열로서 구현된다.

02 내부의 레이아웃을 완성하지 않고 이 셀들에 인터페이스를 먼저 정의한다. 이것은 셀들을 위한 내부 및 외부의 배선 요구 조건들을 포함해야 한다. 수직 및 수평의 경로들에 대한 개수와 레이어를 고려하고, 배선 채널들을 가능한 공유한다.

03 셀들의 내부 레이아웃을 채운다.

04 하나의 비트를 위해 전체적인 데이터패스를 완성하라. 그 나머지 비트들에 대한 레이아웃을 시작하고 반복하는 것은 단순한 과정이다.
셀들은 복수의 비트들의 방향에 그들 자신을 인접시키기 위해 설계되어야 한다.

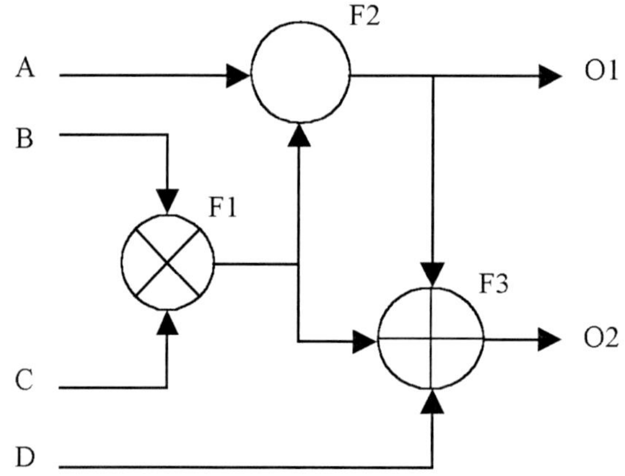

그림 5.12 단일 비트 데이터 흐름 회로도

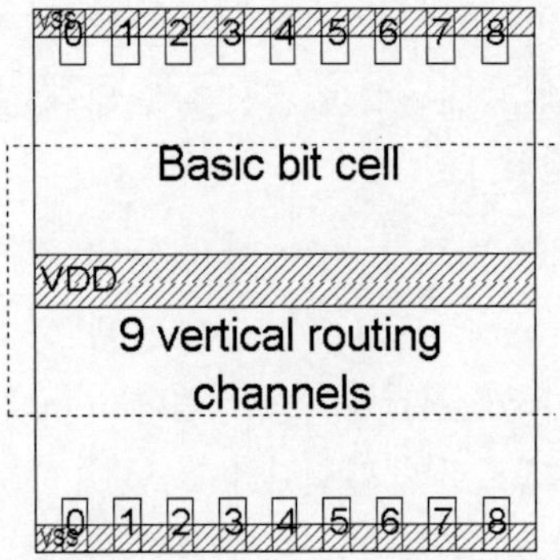

그림 5.13 데이터패스 라이브러리 셀 예

회로도의 계층과 레이아웃의 계층이 더 단순한 검증과 추출에 대해서도 일치해야 하는 점에 주의한다. 이 예에서, 레이아웃 플로어플랜은 셀들로 구현되고, 보이는 순서와 같이 배치되는 세 개의 기능들로 그림 5.12에 나타나는 흐름과 유사하게 보일 것이다.

제어 회로 같이, 모든 비트들에 공유되는 회로는 셀 분할을 결정할 때에 고려되어야 하고, 플로어플랜에 포함시켜야 한다.

그림 5.13은 데이터패스의 한 개의 비트를 위해 한 개의 기능을 정하는 인터페이스 설계의 예를 보여준다. 이것은 데이터패스 라이브러리 셀들 중의 하나로 간주된다.

그림 5.13으로부터 데이터패스 셀이 가지는 많은 재미있는 특징들을 발견할 수 있다 :

- 수직적인 셀 인터페이스 인접을 허락하기 위해 VSS 전원 선으로 시작하고, 끝마친다.
- 그 열들(기능들) 사이의 상호 연결성을 위한 미리 정의된 수직 배선 경로가 있다.
- 신호가 미리 정의된 배선 경로위에 존재하는 한, 신호들은 하나의 기능에서 다른 기능으로 통과할 때, 구부러질 수 있거나 셀 위를 건너 뛸 수 있다.

그림 5.14는 데이터패스 회로의 완전한 구현을 보여준다. 기초 셀 및 세 개의 기능 어레이 × 3 비트를 보면, 우리는 다음과 같은 사항들을 관찰할 수 있다 :

- 내부의 셀 배선이 나타나 있고, 이용할 수 있는 경로들에 기초하여 이루어진다. 신호들은 자유로이 달리고, 비아는 선의 중심에 배치되거나 중심에서 벗어나 놓인다.

- 그림이 보여주는 것처럼, 다른 열들을 연결하고 있는 사용되지 않는 많은 선들이 있다. 이것은 셀들 내부의 연결성을 위해 충분한 예비의 경로들을 허용하기 위해 고의로 만들어졌다.
- 모든 배선은 오직 한 비트를 위해 하게 되며, 배선 셀은 데이터패스의 폭 간격으로 배열된다.
- 신호의 방향 규칙 또한 여기에서 고려된다 : M1과 M3는 오직 수평으로만 달리고, M2와 M4는 수직으로만 달린다.
- 제어 신호들을 생성하고 있는 모든 게이트들은 각 기능을 위해 열의 끝에 놓인다. 배선 경로 및 레이아웃 면적의 효율적인 이용은 이러한 방식으로 이루어진다.
- 끝 셀들은 기판 연결들과 포갬 규칙들 (예를 들면, N 웰 가드 링)을 마감한다. 로직은 필요에 따라서 양쪽 끝에 다 놓일 수 있다.

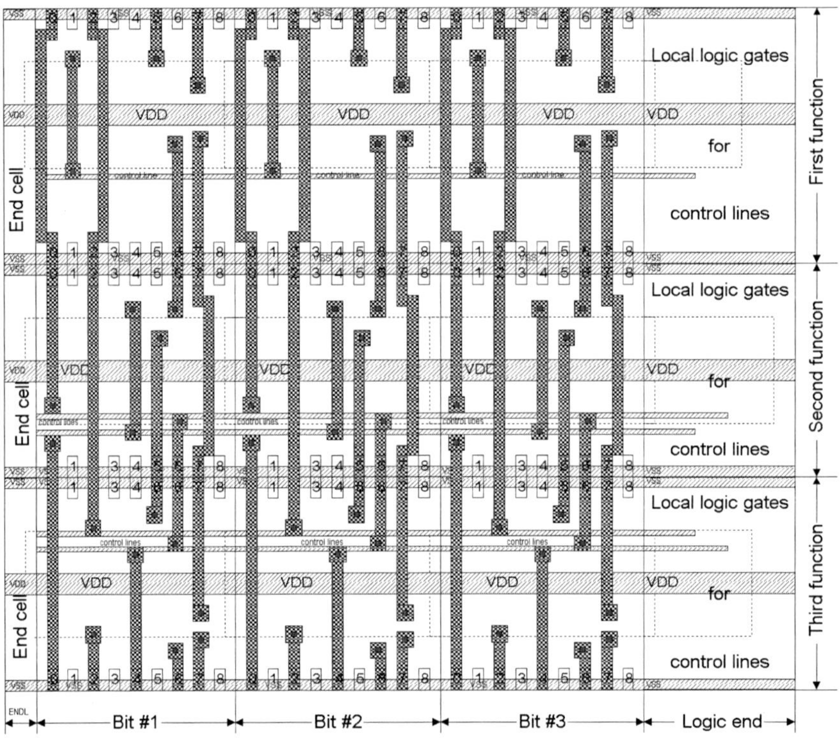

그림 5.14 3 비트 데이터패스 예

셀들을 위한 레이아웃 설계를 구현할 때, 데이터패스와 표준 셀 라이브러리 셀들의 차이를 이해하는 것은 유용하다 (표 5.2).

이 레이아웃이 복잡하기 때문에, 이 도형들의 컬러 CD-ROM 판이 분석하기 더 쉬울 수도 있다.

자동적으로 배치 배선된 데이터패스 블록들에 대해서 약간의 설명을 한다. 데이터패스 자동화에는 두 가지 종류가 있다. 하나는 보통의 라이브러리와 타이밍에 의한 한계를 사용하고 있는 표준 셀들의 단순한 P&R이다. 데이터패스 블록들을 생성하는 더 선진적인 방법은 앞서 설명된 규칙들을 따르는 모든 셀들로 특별히 만들어진 라이브러리를 사용하는 것이다. "비트" 배치 및 배선과 버스 신호의 완전한 대칭성을 위해 특화된 데이터패스 전용 배치 배선 도구들이 있다.

5.2.2 클록 발생기 셀

클록 발생기 또는 클록 버퍼 셀들은 일반적으로 라이브러리의 특별한 셀들이다. 이러한 셀들은 특히 매우 고부하 신호 - 예를 들면 시스템 또는 칩 클록 신호를 버퍼링하거나 증폭하기 위하여 특별히 사용된다. 시스템 클록은 가능한 작은 지연 시간을 갖도록 칩 전체에 분포되고, 따라서 클록 분포 시스템의 구현은 그 자체가 레이아웃의 한 과제이다. 이 절에서 우리는 버퍼 셀들에 집중할 것이다.

표 5.2 표준 및 데이터패스 셀 비교

표준 셀	데이터패스 셀
라이브러리의 모든 다른 셀과 수평적으로 인터페이스 되도록 설계됨.	오직 자체적인 수평적 인터페이스를 위해 설계됨. 그 레이아웃에는 특정 끝 셀이 있는 장점이 있음.
라이브러리의 모든 다른 셀과 수직적으로 인터페이스 되도록 설계됨.	동일.
일반적으로 하나의 N+와 하나의 P+ 영역 설계로 만들어짐.	어떤 특정 조건으로 정의되거나 제한받지 않음. 대부분의 경우 셀 플로어플랜은 트랜지스터 크기에 의존함.
셀 내부의 전원 선들은 평균 전력 소모 및 전원 격자에 대하여 계산됨. - 한 열의 모든 셀들이 동시에 동작하지는 않는다고 가정함.	셀 내부의 전원 선들은 비트 폭에 의해 결정된 열 길이를 유지하기 위해 계산됨. - 이 경우, 모든 셀들은 버스의 모든 비 트에 동기되어 동작함.

(계속)

셀 내부의 전원 선들은 평균 전력 소모 및 전원 격자에 대하여 계산됨. - 한 열의 모든 셀들이 동시에 동작하지는 않는다고 가정함.	셀 내부의 전원 선들은 비트 폭에 의해 결정된 열 길이를 유지하기 위해 계산됨. - 이 경우, 모든 셀들은 버스의 모든 비 트에 동기되어 동작함.
셀 높이는 고정됨.	셀 높이는 가변적이며 다른 셀들에 의존함.
셀 폭은 가변적이며 트랜지스터와 연결점 개수에 따라 달라짐.	셀 폭은 폴로어플랜에 의해 고정되며, 그것은 셀 전반에 걸친 신호들의 "적법한" 배선 경로의 수를 결정함.
트랜지스터 크기는 표준화됨.	트랜지스터 크기는 레이아웃 설계의 이점에 전적으로 맞춰짐.
셀은 최대 공간율을 염두에 두고 만들어짐 - 셀 내부에 최소 metal2, metal3	셀들은 셀 전반에 걸친 미리 정의된 배선을 가지고 있으며, 그 레이아웃은 알려진 모든 경로의 이점을 활용할 수 있음.
각 셀은 오직 하나의 표준 기능을 갖음. - 예: INV, FLIP_FLOP	셀은 셀 전반적인 배선에 의해 정의된 다수의 기능을 갖도록 설계될 수 있음. (게이트 어레이 셀과 유사한 아이디어)
전체 배치 및 배선 영역은 타이밍 정보를 얻기 위해 추출되야 함.	데이터패스의 타이밍을 알기 위해서는 오직 1 비트만 추출해도 충분함.

클록 발생기 셀들은 무엇이 매우 특별한가? 트랜지스터 크기가 거대할 수 있다: 한 개의 소자 폭이 1,500~2,000 μm 인 것도 드물지 않다. 이 값을 폭 1.5 μm 정도의 최소 크기 인버터와 비교해 보라. 효과적으로 구현되기 위해, 이 거대한 트랜지스터는 특별한 레이아웃 기법들의 적용을 받아야 한다. 그런 소자들과 관련된 주요 사항은 다음을 포함한다 :

- 저항과 정전 용량의 관점에서 신호 및 전원 연결을 최적화.
- 좋은 기판 연결 - 칩의 클록이 일반적으로 가장 빠른 신호 중 하나이므로 가장 큰 잡음원이 되어 기판에 연결될 수 있다는 점을 기억한다. 일반적으로 이 트랜지스터들은 독립된 가드링에 의해 고립되어 있다.
- 전원 공급 저항을 줄이는 기술들은 전원 공급 패드와 많은 수의 비아로부터 넓은 접속을 연결하는 것을 포함한다.

- 전자이동 규칙들은 엄격하게 따르게 되어야 한다.
- 클록 신호들의 타이밍 특성들은 중요하며, 따라서 레이아웃의 시뮬레이션 및 추출은 필수이다.
- 만일 동조시킬 필요가 있는 다른 클록들이 있으면, 레이아웃은 그들 사이에서 좌우 대칭이어야 한다. 일반적인 기법은 다른 장소에서도 사용할 수 있도록 가변적인 클록 셀을 사용하는 것이다.

큰 트랜지스터들의 레이아웃 기법들의 상세한 논의를 위해 7장을 참조하도록 한다. 또한 클록 발생기 셀 예를 위해서는 CD-ROM의 그림들을 보도록 한다. 그 그림들은 흑백으로 보기에 너무나 복잡하다.

5.2.3 버스 인터페이스 유닛 (BIU) 셀 또는 배럴 시프터

복잡한 칩에는, 내부 및 외부와의 인터페이스를 위한 다양한 블록들을 도와주는 많은 버스 신호들이 있다. 그럼에도 불구하고, 많은 버스들과 많은 신호들은 귀중한 공간을 칩 면적에서 잡고 있다. 여러 가지 블록들은 서로 다른 클록들에 의거하여 동작한다. 그래서 그 해결책으로 다른 블록들에 의해 서로 다른 시간에 사용될 수 있도록 그러한 버스들을 위해 스위치들을 개발했다.

버스 인터페이스 유닛 또는 BIU는 다른 시간에 하나의 버스 위에 신호들의 트래픽을 제어하는 해결책 중의 하나이다. 다른 신호들은 본질적으로 다른 시간에 공통의 버스 위에 다중화 된다. 그리하여, 이러한 버스 선들은 연결 회로에 의해 과부하가 걸릴 수 있고, 배선 채널에 의해 소모되는 칩 면적을 최소화하는 것이 매우 요구된다.

이러한 요구 조건들에 대처하는 몇 가지 난제들이 있다 :

- 버스 정전 용량을 최소로 하는 것
- 그 버스 자체와 연결되는 회로에 의해 소모되는 면적을 최소화 하는 것
- 버스에의 모든 연결에 대한 대칭적이고 예측 가능한 성능을 얻는 것

신호의 정전 용량을 최소로 하고, 배선 영역의 사용을 최대로 하는 접근법은 신호 배선 바로 아래에서 특정 회로를 구현할 계획을 세우는 것이다. 이러한 방법으로 버스에의 다수의 접속들 각각을 위한 기생적인 부하는 최소화 된다. 그리고 만일 공통

의 셀이 사용되면, 버스에의 모든 접속들은 비슷할 것이다.

레이아웃 설계의 관점에서, 신호의 버스 바로 아래에 구현된 레이아웃은 가장 도전적인 작업들 중의 하나이다. 완전 주문형 레이아웃에 대한 경험 풍부한 설계자들만이 좋은 품질의 결과를 이룰 수 있다. 이러한 종류의 설계를 구현할 때는 레이아웃 설계의 모든 관점들이 고려되어야 하고, 기술적으로 다루어져야 한다. 예를 들면, 면적, 크기, 위치 정하기, 정전 용량, 저항, 좌우 대칭, 그리고 배선을 위해 사용되는 레이어들이다.

최종적인 설계 특징들이 흑백으로는 효과적으로 전해지는 것이 너무나 복잡하기 때문에 이러한 종류의 회로에 대한 예제는 CD-ROM에서 보여준다.

5.3 패드 셀

모든 칩은 프린트 회로 기판(PCB)의 외부 세계로의 인터페이스를 가진다. 집적회로에서 이것은 그 패키지 핀들을 통해 구현하고 있다. 이 핀들은 칩 패키지의 내부에서 집합적으로 리드 프레임이라고 불리는 금속 도체들에 접속된다. 칩으론의 최종적인 접속은 금으로 된 본딩 선들을 통하여 리드 프레임으로부터 패드라고 불리는 큰 금속 영역으로 연결되는 것이다.

패드 셀은 큰 금속 영역 또는 본딩 패드를 가지는 레이아웃 셀이다. 모든 패드들을 위한 특징에서 확실한 일관성을 갖도록 하기 위해 이 레이아웃 구조를 보통 셀들로부터 분리해 놓는 것이 자연스럽고 더 신뢰할 수 있다. 패드 셀들은 보통 몇 개의 구조들을 결합하여, 다음을 제공하기 위해 설계된다 :

- 와이어 본딩을 위한 신뢰할 수 있는 연결 영역
- ESD 보호 구조
- 내부 회로에의 인터페이스
- 선택적으로, 입력 또는 출력 버퍼와 같이 패드 기능과 직접 관련된 로직

상대적으로 말해서, 패드가 물리적으로 금으로 된 전선 가닥을 납땜하는 기구적 기계의 목표이기 때문에, 본딩 패드는 85×85 μm 정도로 매우 크다. 패드 금속은 금속의 최상위 레이어이며, 일반적으로 밑의 레이어들과 금속의 최상위 레이어들을 접속하기 위해 매우 큰 비아를 가진다.

그림 5.15는 금속과 보호막 또는 오버글라스 레이어의 조합을 보여주기 위한 패드 구조와 횡단면을 나타낸다. 보호막 레이어가 음의 레이어인 점에 주의한다. 필요성에 의해, 패드는 보호하는 레이어(다이를 보호하는 유리제의 재료)에 의해 덮이지 않고, 먼지나 다른 외부의 물체들에 약한 영역이다. 또한 두 개의 금속 레이어가 큰 비아를 통해 연결된다는 점에 주의한다. 비아 연결의 더 큰 변화를 위해서는 이후의 장들을 참고하도록 한다.

대부분의 ASIC 설계에서, 패드는 칩의 중심 로직 주위의 둘레에 놓인다. 그래서 패드 셀은 레이아웃에 대한 특별한 지형적인 규칙들을 사용하면서 설계된다. 이것은 일반적으로 *패드 프레임*으로 알려진다. 패드 셀에는 세 가지의 주요 종류가 있다 - 전원, 입력, 그리고 출력 - 패드 프레임은 또한 I/O 구역으로도 알려져 있다. 그 예들은 그림 5.16과 5.17에서 나타낸다.

그림 5.16은 엇갈리는 패드 셀을 보여준다. 이 배치는 패드들이 함께 더 가까이에 놓일 수 있기 때문에 더 많은 패드들을 수용한다. 이 경우, 제조업자는 더 전문적인 다른 본딩 기계를 필요로 한다. 본딩 복잡도의 증가 및 비용은 더 많은 패드를 수용할 수 있는 능력과 작고 더 효율적인 다이를 갖는 것에 의해 보상된다. 로직 크기에 대한 패드 셀의 비율이 매우 클 때에는 본딩 패드가 특정한 물리적인 크기를 갖기 때문에, 몇몇의 경우에는 패드 수에 의해 설계의 크기가 결정될 수도 있다. 이 상황을 피하는 것이 바람직하다.

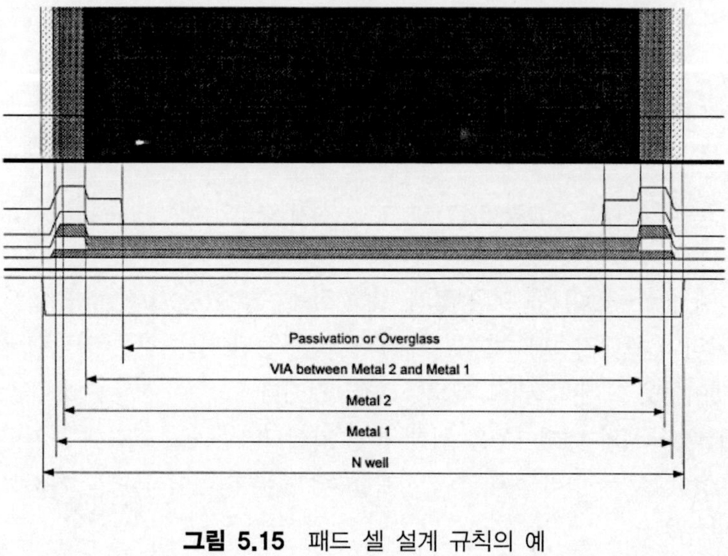

그림 5.15 패드 셀 설계 규칙의 예

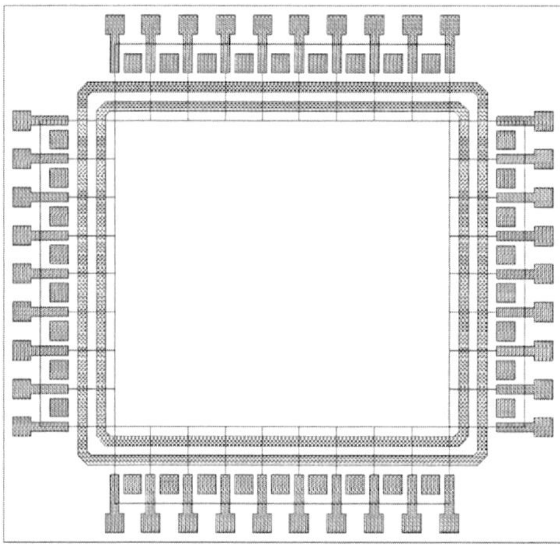

그림 5.16 패드 프레임 예

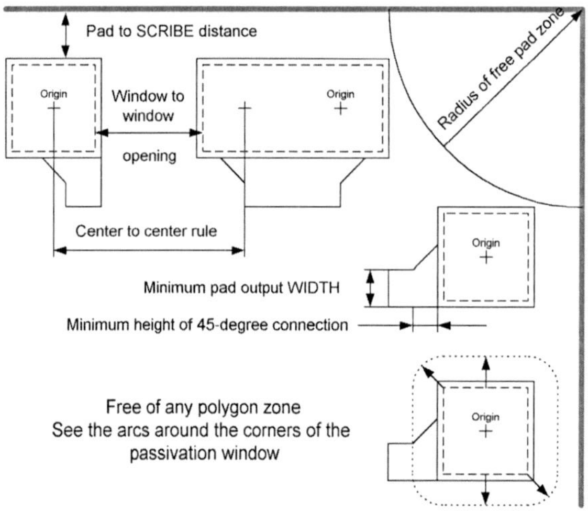

그림 5.17 패드 셀 설계 규칙의 예

패드에서 금속만이 두 개의 열에 있는 점에 주의한다. I/O 회로와 관련된 전원 공급용 고리와 트랜지스터들은 한 개의 열로 구성된다. 이것은 일관된 회로 성능, 용이한 레이아웃 설계, 그리고 집도를 위한 것이다.

이제 패드 셀의 레이아웃을 위한 특정 가이드라인들을 고려해 보자. 패드 셀의 가장 주요한 요구 사항이 다이로의 신뢰할 수 있는 와이어 본딩을 가능하게 하는 것임을 기억하라.

- *패드 크기* : 와이어 본드를 수용하기에 충분히 커야 한다. 이 한도는 순전히 본딩 기계의 기능이다 ; 그러므로, 그것은 레이아웃 설계 규칙의 일부로서 정의된다.

- *패드 간격* : 패드가 단지 특정 크기이어야 할 뿐만 아니라, 패드는 두 개의 본딩 와이어가 함께 단락되는 것을 피하기 위해 충분히 떨어져서 배치되는 것이 필요하다. 이 규칙은 패드 중심으로부터 패드 중심 사이, 또는 패드 모서리로부터 보호막 영역까지를 지정할 수도 있다. 또한, 설계 규칙들은 본딩 기계로부터 정해지는 전체 양을 지정할 것이다. 이것은 서로에 인접하면서도 이 규칙을 따르는 패드 셀들을 만드는 것에 의해 쉽게 달성된다. 이 규칙은 효과적으로 패드 셀의 폭을 정의한다. 하부의 패드가 함께 연결되기 때문에 단락이 치명적이지 않은 이중 본딩 패드에 대해서는 더 작은 값이 지정될 수도 있다.

- *패드와 다른 구조 사이 간격* : 내부의 회로에 와이어 본드의 단락을 피하기 위해, 간격 규칙들이 설계 규칙들에 일반적으로 정의된다. 이 규칙은 맨해튼 값, 또는 때때로 패드로부터의 반경에 의해 정의되는 지역으로 지정된다.

- *패드와 스크라이브 사이의 간격* : 칩을 다이로 자르는 동안 보호막 또는 패드 구조의 손상을 피하기 위해, 패드는 칩의 모서리로부터 떨어져서 놓일 필요가 있다.

- *패드 없는 지역들* : 칩 모퉁이와 같은 어떤 영역들은 쉽게 본딩 가능하지 않을 수도 있다.

- *패드에의 45° 접속* : 패드 셀이 외부로부터 잠재적으로 더 높은 전류에 노출되기 때문에, 날카로운 모서리와 전하의 집중을 피하기 위한 가이드라인이 추천된다. 간단한 예는 45° 다각형을 사용하여 본딩패드를 연결하는 것이다.

- *패드 셀 원점* : 본딩 기계를 위한 패드 위치를 추출하는 더 쉬운 기법은 큰 금속 영역의 중심을 본딩 목표로 잡는 것이다. 단지 패드 셀을 위한 레이아웃 데이터베이스를 분석하고, 셀의 원점을 결정하는 것으로 본딩 패드 위치의 목록을 생성할 수 있다.

그림 5.17은 이러한 규칙들의 몇 가지 예를 나타낸다. 그들은 제조 설비에 의해 정의되지만, 일반적으로 그 개수는 때때로 협의될 수 있다. 설계 규칙들은 보통 그 값들에 상당한 양의 오차 범위를 갖는다. 경쟁적인 이점은 이 값을 조정하는 것에

의해 이루어질 수도 있다. 그러므로 창조적인 해결책을 사용하고, 그들에 관해 논의하기 위해 공정 모임과 함께 일을 하는 것은 보통 좋은 효과를 가져 온다.

패드 프레임 또는 I/O 영역이 외부 인터페이스이기 때문에, 따라야 하는 특별한 요구 조건들이 있다. 정전 방전(ESD)과 큰 소자를 둘러싼 문제들은 이 영역에 대한 대부분의 규칙들을 기술한다.

ESD는 무엇인가? *정전 방전*은 칩으로 다량의 전하를 방전하는 것이다. 그것이 물리적으로 번개에 의해 치게 되는 구조와 매우 유사하게, 전하에 의해 치이게 되는 트랜지스터들에게 손상을 입힐 수도 있기 때문에 이 전하는 칩에 있어 치명적일 수 있다.

ESD의 크기는 크게 변화할 수 있지만, 펄스의 지속시간은 보통의 경우 매우 짧다. ESD 현상은 접합점 오류, 산화막 고장, 불필요한 전하 주입, 그리고 내부 배선의 융합 또는 개방을 가져올 수 있다.

ESD의 가장 일반적인 근원은 사람이 IC를 잘못 취급할 때, 인체로부터 비롯된다. 그 결과로서 생기는 전압은 20,000 V를 상회할 수 있다. 전자 장치들에의 정전기적인 손상은 제조에서 일반 사용자 환경에까지 어디에서든 일어날 수 있다. 통제되지 않고 소자를 다루든지, 낮은 습도에서, 또는 잘못된 접지 환경들에 의해 손상은 발생할 수 있다.

ESD 보호 구조들은 항상 본딩 패드로부터 내부의 회로를 위한 도전 경로에 만들어지고, 패드 셀의 일부를 이룬다. 이 구조들은 피뢰침의 역할을 하고, 민감한 내부 회로로부터 불필요한 전하를 다른 방향으로 선회시키는 것이 목적이다.

어떻게 이것을 하게 되는가, 또는, ESD 보호를 최대로 하기 위해서는 패드 구조를 구현할 때 어떤 규칙들을 따르게 되어야 하는가? 여러 다른 기법들이 입력과 출력 구조를 위해 사용된다. 이들은 다음 절에서 논의될 것이다.

5.3.1 출력 버퍼

I/O 영역에서 가장 복잡한 구조는 출력 버퍼의 설계이다. 여기에서는 우리는 ESD 관련 사항을 제시하는 많은 규칙들을 접할 것이다.

출력 버퍼는 신호를 칩 밖으로 보내는 큰 구동기이다. 이 소자들의 폭은 400~1,000 μm의 범위 안에 있다. 그 크기는 버퍼 자체의 주파수, 전력, 전압 수준, 전류 구동 능력과 기능성 등에 의존할 것이다. 그들이 필요로 할 영역이 매우 민감하기 때문에 이러한 큰 트랜지스터들은 세세하게 주의하여 레이아웃 되어야 한다. 그리고 그들은 칩 크기에 직접 영향을 줄 수 있다.

출력 버퍼 설계의 특징들 모두를 나타내는 것은 논리적으로 가능하지 않다. 그러나 우리는 가장 일반적인 문제들과 그 해결책들을 설명하려고 할 것이다.

그림 5.18을 참조하면서, 우리는 출력 버퍼 특정 규칙들과 가이드라인들 일부를 설명할 수 있다 :

01 금속, 폴리, 또는 액티브와 같은 모든 레이어는 신호 경로가 콘택이나 비아를 통해서 변화될 때까지 45° 다각형의 형태를 갖는다. 그 이유는 모퉁이들을 피하는 것에 의해 전원 동요와 90° 회전 주위의 전하 집중을 피할 수 있기 때문이다.

02 보통의 트랜지스터들의 경우 패드 측의 콘택들과 게이트 사이의 거리는 매우 크다. 그 이유는 이런 식으로 완전히 콘택에서 게이트 폴리까지의 액티브 저항을 늘리고, 게이트를 가로지르는 전압 강하를 줄이기 때문이다. 이것은 트랜지스터의 ESD 보호 특성을 증가시키기 위해 하게 된다. 몇몇의 경우에는, 같은 이유로 추가적인 주입 레이어가 그 영역의 액티브 레이어 저항을 늘리기 위해 사용된다.

03 콘택들과 전원 측 게이트 사이의 거리는 최소일 수 있거나 공정 요구 조건에 따라 (b)에서와 같을 수 있다. 전원 핀들 또한 ESD 충격에 영향 받기 쉬운 것을 기억한다 ; 그러므로, 전원 측에도 ESD 보호 구조를 설계하는 것은 의미가 있는 것이다.

04 우리가 그림 5.19로부터 알 수 있는 것처럼, 전류는 여러 가지 좌우 대칭의 전계 형태로 드레인과 소스 사이를 흐른다. 트랜지스터 중앙의 콘택들의 경우, 필드 선들은 동일하고 좌우 대칭이다.

콘택들이 드레인/소스의 끝에 놓일 때, 필드 선들은 액티브 모서리 근처에 모인다. 이 영역에서는 게이트를 가로지르는 저항이 더 작을 것이다. ESD 충격의 경우에는, 전류 경로가 최소 저항의 길을 잡을 것이고, 모서리 근처에서 이 영역들에 집중하는 경향이 있을 것이다. 소스와 드레인으로부터 기판으로의 "펀치 쓰루"는 여기에서 일어나기 쉽다.

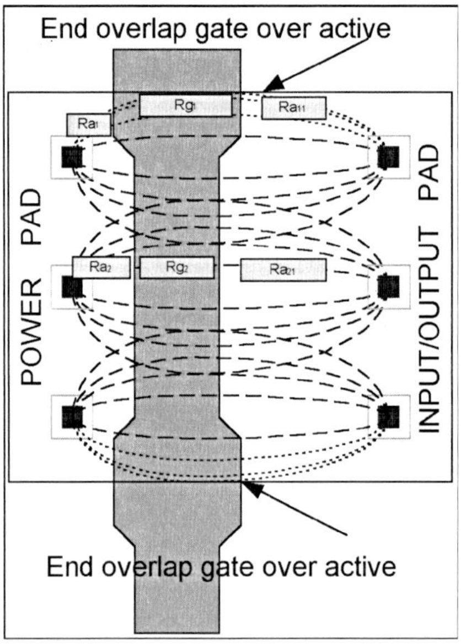

그림 5.18 출력 버퍼 끝 겹침 규칙

트랜지스터 끝 부분에의 전류 집중을 피하기 위해, 우리는 게이트 길이를 길게 하는 것에 의해 이 영역의 저항을 늘릴 수 있다. 우리가 늘리는 게이트 길이의 총합은 $Ra1 + Rg1 + Ra11 = Ra2 + Rg2 + Ra21$, 그리고 ESD 충격으로부터의 전류가 트랜지스터의 폭을 따라 고르게 배포될 수 있도록 해야 한다.

실제로, 그 현상은 훨씬 복잡하지만 레이아웃 목적들을 위해서, 우리는 같은 저항의 이 예가 충분히 좋기를 바란다.

그림 5.19는 게이트 겹침 종료를 위한 옵션들을 그림의 상단 또는 하단에서 보여준다. 하단의 예는 다른 레이어에의 폴리 접속이 요구되는 경우를 보여준다.

05 규칙 04의 일부는 액티브 레이어의 모서리에 특유의 다른 공정 관련 규칙들을 포함한다. 칩을 제작하는 각 회사에는 ESD 전문가들이 몇몇 있다. 그래서 우리는 그들이 당신의 설계를 완료하기 전에 가질 수도 있는 어떤 요구 조건들에 관하여 말하도록 권한다.

06 패드 출력 접속의 폭은 많은 고려들에 근거한다 : 전자이동, 금속의 저항, 임피던스, 그리고 패키지 접속의 인덕턴스. 특히, 출력 트랜지스터 핑거 사이의 등가 부하. 패드 접속을 위한 적절한 폭을 선택하는 데에는 상당한 근사화 및

"예술" 이 관계한다. 일반적으로, 공정 그룹은 I/O 영역의 모든 부분에 대하여 보통 "증명된 또는 추천된" 값을 갖는다.

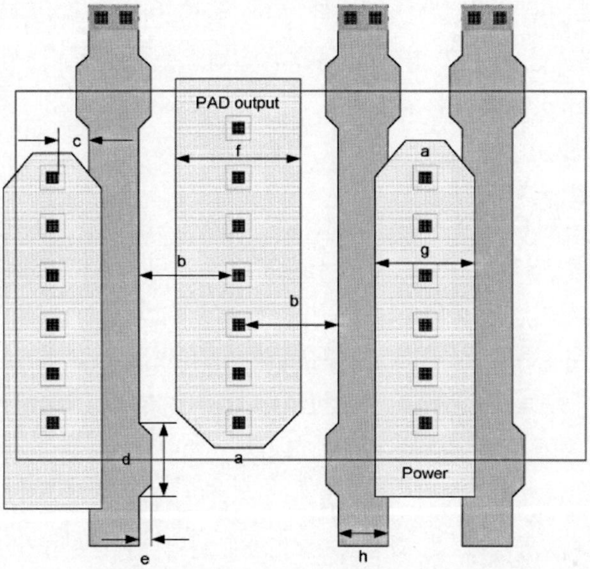

그림 5.19 출 버퍼 트랜지스터 설계

07 전원 접속의 폭은 일반적으로 출력 트랜지스터들의 전력 소모와 이러한 트랜지스터에의 전원 공급 저항을 최소화하는 사항에 의존한다. 우리의 예에서, 모든 접속들은 metal1에 나타내게 된다. 오늘날의 4~6 금속 레이어 공정에서, 출력 버퍼들로의 전원은 일반적으로 metal3 또는 metal4로 달리게 된다.

동시에 스위칭하는 32 또는 64개의 데이터 버퍼들을 가진 칩은 큰 칩 전력 요구 조건들을 가질 것이다. 일반적으로 출력 버퍼들은 다른 어떠한 트랜지스터들에도 접속하지 않고, 직접 독립적인 전원 패드에 접속하고 있는 특별하거나 분리된 전원 선에 의해 공급되는 점에 주의하라. 다른 전원 공급들은 리드 프레임 또는 패키지의 밖에서 접속되어 있을 수도 있다. 그러나 칩 수준에서, 출력 버퍼들은 VDDQ와 VSSQ라고 불리는 것에 접속된다.

08 게이트 길이는 잊지 않고 언급해야 할 중요한 또 하나의 사항이다. 일반적으로 이 게이트에의 높은 전압 때문에, 그 길이가 보통의 것보다 크다. 다시, 공정 사람들은 우리들을 여기에서 도울 수 있다. 그들은 여러 가지 전압들에서의 여

러 가지 게이트 길이들을 시험해 보고, 진행 중인 설계에서 그들의 실험과 성능, 전력, 그리고 ESD 요구 조건에 근거하는 적절한 게이트 길이를 추천할 수 있다.

결론적으로 주목해야 할 한 가지가 있다. 출력 버퍼와 같은 특별한 레이아웃 셀을 가지고 작업을 할 때, 그 영역을 위한 체크리스트를 만들고, 셀들을 매우 세심하게 검사하는 것이 바람직하다.

5.3.2 입력 버퍼

입력 버퍼는 칩의 바깥쪽으로부터 신호를 받는다. I/O 셀의 특정한 경우에, ESD 보호 구조들과 기법들 중의 대부분은 출력 트랜지스터들에 적용된다.

그럼에도 불구하고, 입력 보호 구조들은 내부적 사용을 위해 외부 신호를 완충하는 깨지기 쉬운 트랜지스터들을 보호하는 것을 요구한다. 이러한 소자들은 공정 사람들에 의해 설계되고 테스트 된다. 따라서 만약 제조자가 특정 공정에서 당신에게 하나를 제공하면, 그 소자는 이미 벌써 실리콘 상에서 증명된 것이다.

많은 경우에, 공정이 잘 확립되기 이전에 입력 버퍼 설계가 시작될 수도 있으므로, 입력 ESD 보호 소자는 솜씨를 필요로 하는 문제일 수 있다. 그림 5.20은 하나의 방법론의 예를 나타낸다.

이 해결책은 단지 조절할 수 있는 저항기이다. 저항기가 45° 모퉁이 [출력 버퍼 절의 규칙 01 참조] 를 갖는 액티브 다각형으로 만들어진 점에 주의해라. 다시, 액티브 다각형들은 일반적으로 특별한 ESD 주입 레이어에 둘러싸여 있고, 저항기의 품질을 높이는 효과를 갖는다.

저항이 나중에 쉽게 조절될 수 있도록, 저항기는 세 개의 같은 지역들로 나눠진다. 조정은 시제품 단계에서만 사용되며, 생산 설계를 위해서는 고정된 설정이 선택된다. 시제품 평가 동안, 저항은 금속 경로를 더하거나 자르는 집중 이온 광선 (FIB) 기계를 이용하여 조절될 수 있다. 이것은 저항기의 손상된 부분이 우회되는 것을 허용하는 추가적인 장점을 갖는다.

이 저항기의 설계에 대한 많은 고려사항들이 있다 :

- ESD 요구 조건과 성능 특성에 의거하는 저항기의 폭과 길이를 선택하라.
- 매우 큰 전류를 흘릴 가능성을 가지는 신호의 경로를 연결하는데 한 개 이상의 콘택을 사용하는 것을 권장한다.
- 금속 선의 폭은 최소한이어서는 안되고, 어떠한 전자이동 가이드라인을 충족시

켜야 한다.

- 금속 콘택들 사이 점선은 유효 저항의 주요 면적을 표현한다. 이것은 효과적인 저항으로 사용 가능한 면적을 보여주는 것뿐만 아니라, LVS를 위한 소자들을 생성하기 위해 사용될 수 있는 그려진 레이어가 되어야 한다. 이러한 소자들을 LVS 하는 것은 셀에의 부주의한 변화가 발생하지 않는 것을 확실하게 한다.

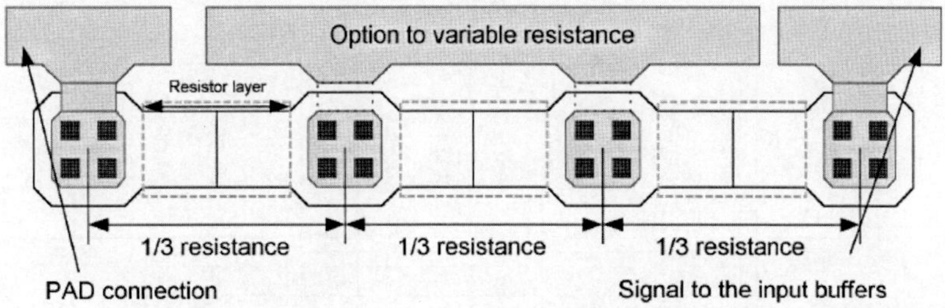

그림 5.20 입력 ESD 보호 저항

5.4 메모리 설계 셀

메모리 레이아웃 설계는 초보자에게는 매우 도전적이다. 메모리 관련 레이아웃 셀의 설계는 제조 기술과 회로 구조 및 성능 문제들에 관한 상세한 지식을 필요로 한다.

대부분의 설계 스타일에는, SRAM과 같은 메모리 부분이 있다. 하지만 가장 큰 도전은 동적인 임의 접근 메모리, 즉 DRAM이다. 그림 5.21은 DRAM 중심부에 대한 하나의 구현 플로어플랜을 나타낸다.

먼저 우리는 기초적인 메모리 셀이 어떻게 회로 (그림 5.22)에서 보이는가에 대하여 알 수 있어야 한다. 이것은 그림 5.23에서 나타낸 것처럼 제조 공정이 가장 복잡하기 때문이다.

적층 캐패시터 DRAM 메모리 셀은 메모리 셀 캐패시터를 이루는 특별한 레이어를 가진다. 어떠한 DRAM 메모리 셀 레이아웃도 일반적으로 매우 공정에 특화되어 있으며, 회사의 기밀 사항이기도 하다.

그림 5.23에서 보이는 바와 같이, DRAM 메모리 셀은 제조 공정의 관점에서 그 구조 높이가 매우 높다. 일반적으로 노드 및 플레이트 레이어들은 메모리 셀 지역에서만 사용이 허가된다. 그러므로 감지 증폭기는 기껏해야 두 개의 폴리 레이어만을 사용하며, 이 영역의 영역 구조는 매우 더 낮다. "친근한(Friendly)" 셀들은 규칙적

인 형태의 메모리 셀들을 메모리 셀 외부의 불규칙한 형태와 연결하기 위해 사용된다. 그것은 수직 구조가 배열의 바깥 영역을 위해 차차 낮아질 수 있는 영역이다. 또한 차폐는 친근한 셀들의 레이어들을 전원 공급과 같은 조용한 신호들에 접속하는 것으로 만들어 질 수 있다.

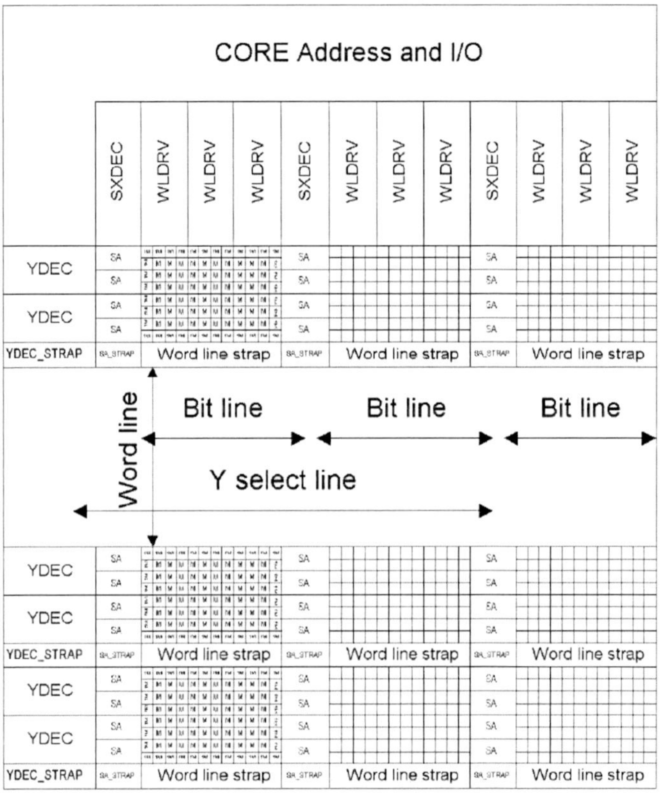

그림 5.21 DRAM 구조

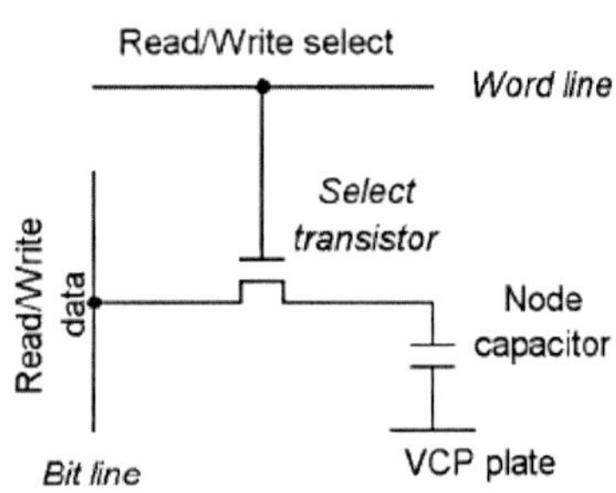

그림 5.22 DRAM 셀 회로도

우리가 4장 "레이아웃 설계 흐름"에서 설명했던 것처럼, 메모리의 설계는 레이아웃에 매우 강하게 의존한다. 실제로, 메모리의 레이아웃을 먼저 하고 난 후에 회로 설계가 뒤따르게 된다. 그 이유는 간단하다 : 메모리 셀은 매우 많이 되풀이 되기 때문에, 그 크기를 최소로 하는 것은 매우 중대하다. 이것을 근거로 우리는 메모리 셀들의 주형 주위에 회로의 나머지를 만든다. 이것은 우리를 피치 제한된 레이아웃의 주제로 이끈다.

피치 제한된 레이아웃이란 고려중인 셀이 크기에 제한되고 반드시 "리더"에 인터페이스 되어야 하는 레이아웃 설계 종류이다. 대부분의 경우 리더는 메모리 배열에서의 메모리 셀과 같은 되풀이 되는 셀이다. 모든 계획의 노력은 제한되지 않는 방향으로 그 크기를 최소화하는 것에 집중되어야 한다.

그림 5.24는 메모리 중심부의 예를 나타낸다. 이 경우 WL (워드라인) 구동기, 워드라인 띠(Strap) 및 감지 증폭기 셀들은 피치 제한된 레이아웃의 예이다.

그림 5.24에서 나타낸 메모리 배열을 분석하는 것에서, 셀들의 피치가 메모리 셀에서와 같지 않음에 주의해라. 예를 들면, 워드라인 구동기 셀은 두 개의 셀 피치를 가진다.

셀들의 피치를 맞추는 작업은 이러한 종류의 레이아웃을 그토록 도전적으로 만드는 것이다. 셀 사이에서 구현되는 회로에서 심각한 불일치가 발생하면, 필연적으로 그 이후의 뒤따르는 셀들은 리더 셀의 요구 사항을 만족시키기 위하여 여러 가지 방법으로 수정된다.

일반적으로 리더 셀은 최소한의 설계 규칙으로 특정한 회로를 구현하기 위해 매우 최적화된다. 그 결과, 셀의 치수들은 규칙들의 매우 특정한 수에 의해 정의된다.

이 특정의 요구 조건들이 주어질 때, 리더 셀들 주변의 피치 제한된 셀들이 동일한 피치를 갖는 것은 보통 거의 일어나지 않는 일이다. 후속 셀들은 리더 셀들을 제한하는 임계 설계 규칙들을 따르지 않을 다른 회로 요구 조건들을 가질 것이다.

메모리 셀의 경우, 영역 구조가 메모리 셀들만큼 규칙적이 아니기 때문에 피치 제한된 회로에서 설계 규칙들이 다른 것은 흔한 일이다. 이러한 차이들은 레이아웃을 더 도전적으로 만든다.

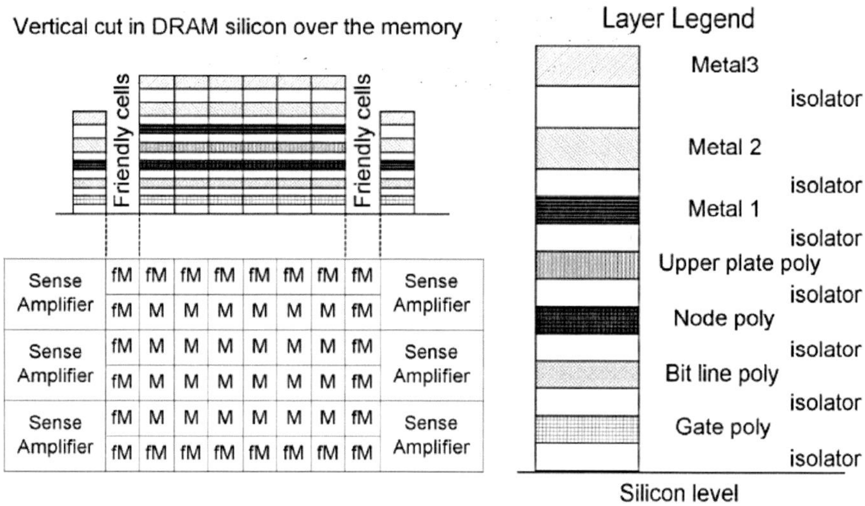

그림 5.23 일반적인 적층 캐패시터 DRAM 공정의 단면도

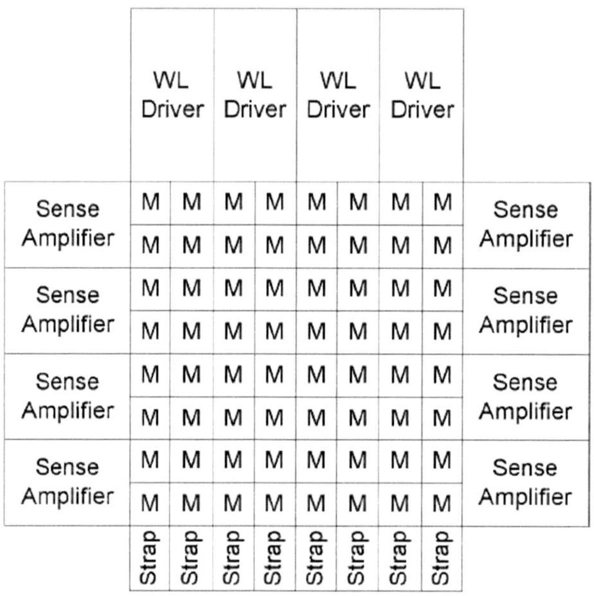

그림 5.24 메모리 배열 피치-제한된 셀들

이후의 절들은 전술된 개념을 보여주기 위해 피치 제한 레이아웃 셀들의 예들을 논의할 것이다.

모든 경우들에서, 이러한 셀들의 크기를 제한하고 있는 것은 메모리 셀 피치이다.

5.4.1 워드라인 띠 셀

피치 제한된 레이아웃의 개념 측면에서, 워드라인 띠 셀은 폴리와 금속 워드라인 사이에 콘택을 추가하는 것으로 도형적 관점에서 리더 셀과 다르다. 메모리 셀은 콘택 없이 거의 절대적으로 최소의 금속 피치로 만들어진다. 그리고 스트래핑 지점에서 콘택이 추가된다. 그러므로, 워드라인 방향으로는 콘택을 놓을 여유 공간이 거의 없다.

왜 이 셀이 필요한가? 워드라인 띠 셀은 완전히 회로 설계 문제의 레이아웃 해결책이며 그것을 구현하는 많은 방법이 있기 때문에 이해하기에 흥미로운 셀이다.

워드라인 구동기는 일반적으로 1,024 메모리 셀들의 게이트 부하를 가진다. 이 게이트 부하는 큰 용량성의 부하이다. 그리고 긴 게이트 폴리 선의 저항은 워드라인의 시간 지연이 매우 커지게 만든다. 금속선의 저항은 일반적으로 게이트 폴리보다 3~4배 급수만큼 작으며, 그래서 워드 라인을 규칙적인 띠로 묶는 것은 워드라인 지연을 줄이기 위해 큰 의미가 있다.

이 끈들의 빈도와 배치는 폴리 저항, 워드라인 성능 요구 조건, 면적, 금속 및 콘택 저항, 워드라인 간의 좌우 대칭, 그리고 관련된 실패 분석에 근거하여 결정되어야 한다. 그림 5.25는 여러 가지 스트래핑 기법들과 그 장단점을 나타낸다.

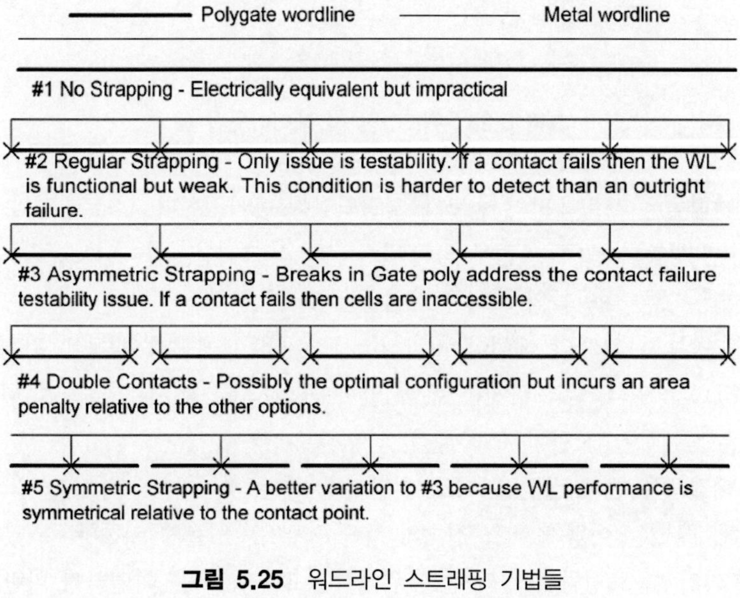

그림 5.25 워드라인 스트래핑 기법들

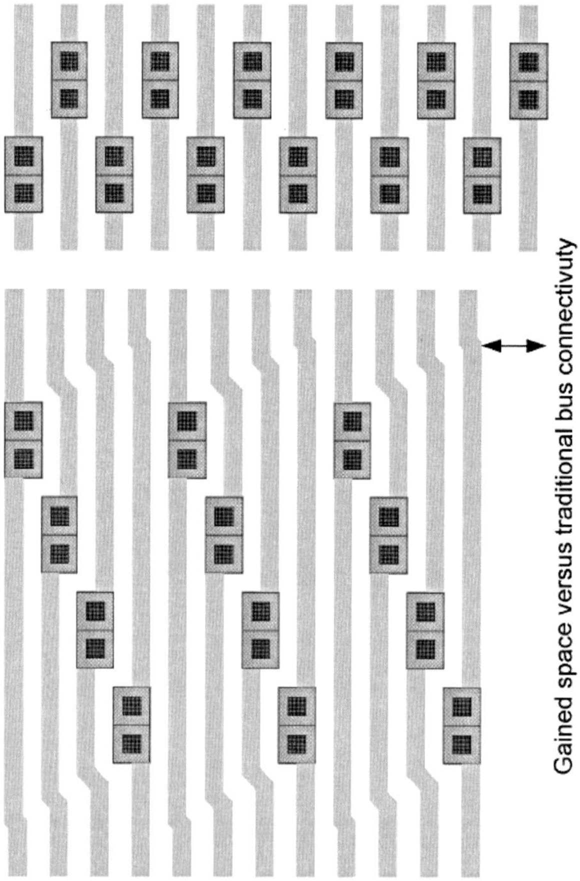

그림 5.26 워드라인 띠 레이아웃의 예

이 기법들은 스트래핑의 빈도가 결정되었다고 가정한다. 스트래핑의 빈도는 주로 워드라인 성능의 요구 조건에 의해 결정된다 ; 그러나, 하나의 스트래핑 기법의 면적 영향은 다른 대안들의 고려를 가져올 수도 있다.

워드라인 띠 자체의 레이아웃 관점에서, 우리는 메모리 셀들에 관련된 사실들을 다룰 필요가 있다. 워드라인은 콘택 없이 거의 최소 피치로 달려야 하고, 모든 선 위에 콘택을 놓는 작업이 요구 된다.

그 해결책은 콘택 셀들을 서로 엇갈리게 하는 것이다. 그림 5.26을 분석하는 것에 의해, 우리는 어떻게 버스 접속의 폭을 늘릴 수 있는지 이해할 수 있다.

워드라인 띠 도형들의 컬러 판을 위해서는 CD-ROM을 확인하기 바란다.

5.4.2 워드라인 구동기(driver)

워드라인 띠와 비교할 때, 워드라인 구동기는 훨씬 복잡한 셀이다. 한 개의 콘택을 워드라인의 피치에 끼우는 대신, 우리는 모든 구동기 단계를 구현할 필요가 있다. 이것은 CMOS 인버터일수도 있고 또는 면적과 성능 요구 조건들을 최소화하기 위해 특별히 다르게 최적화된 것일 수도 있다.

이 처리에 대하여 상세히 기술하는 것은 이 책의 범위를 넘어서는 것이다. 그러나 이러한 종류의 레이아웃에 대한 기본적인 접근법을 다루도록 한다.

우리가 워드라인 띠의 경우에서 필수적인 엇갈림을 결정했던 것처럼 구동기를 위해서도 엇갈린 상호 연결을 가진 트랜지스터를 제외하고는 일반적으로 동일하게 적용한다. 워드라인 구동기 환경에서 트랜지스터의 최소 피치를 결정하는 것은 거의 무궁한 변화를 가진다.

고려하거나 기억해야 할 몇 가지 다른 사항들은 다음과 같다 :

- 셀의 이웃이 그 자체라는 점에서 데이터패스 셀 전략과 유사하게 셀들을 만들어라. 워드라인 방향을 데이터패스 방향으로 간주하라. 제어 선들을 위해 워드라인에 수직 방향을 사용하라.
- 만약 제조 공정이 미숙하거나, 또는 새로운 회로가 구현되고 있으면, 피치-제한된 레이아웃 설계에 직면하고 있을 때 대부분의 공정 기술자들은 설계 규칙에 약간의 협상을 하고자 한다. 전형적으로 상당한 면적 손해를 피할 수 있고, 구동기들은 정형화된 형태이고 공정이 매우 잘 제어되는 메모리 셀 배열과 가까이 있기 때문에 설계 규칙 상 더 많은 오차 범위가 있을 수도 있다.
- DRAM 메모리들이 최고 전압 VPP와 음의 기판 전압 VBB와 같은 복수의 전원 공급들을 가지는 것에 주목한다. 그리고 이러한 웰들과 접속들은 필요한 회로를 구현하기 위해 추가적으로 관리되고 계획되어야 한다.
- 엇갈린 회로는 다른 워드라인 구동기의 성능에서 본질적으로 불균형을 일으킨다. 최종적인 성능의 검증 측면에서 그들을 모델화해야 할 뿐만 아니라, 그 차이를 최소화하는 것을 목표로 해야 한다.

당신이 지금 상상할 수 있는 것처럼, 우리가 메모리 셀 피치에서 구동기 셀을 서로 엇갈리게 하려고 하는 것처럼 워드라인 구동기의 무제한적인 치수는 매우 빨리 증가할 수 있다. 그림 5.27은 가능한 해결책의 플로어플랜을 나타낸다.

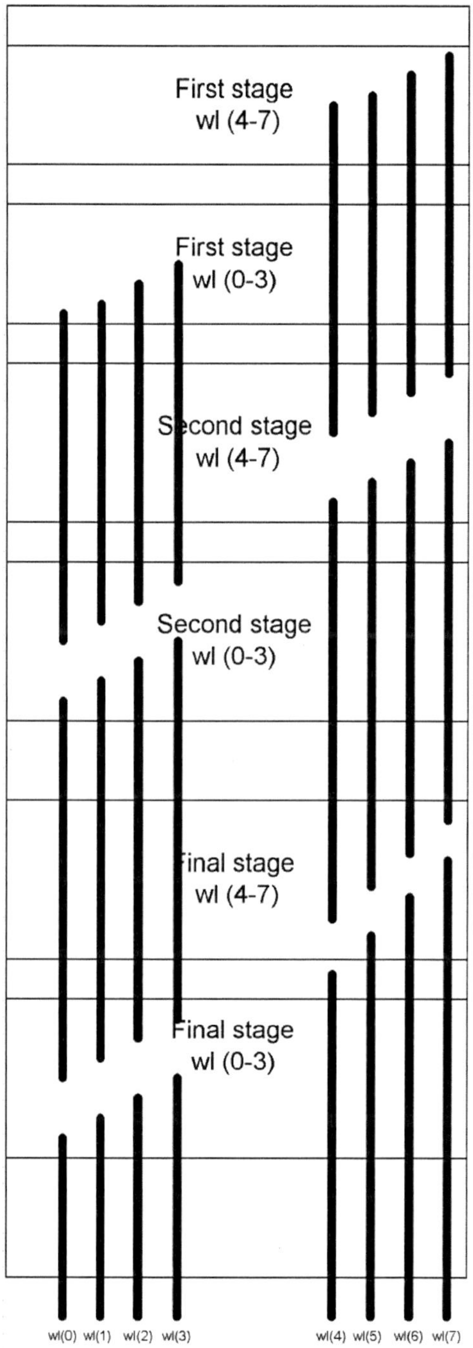

그림 5.27 워드라인 구동기 플로어플랜 예

5.5 레이저 퓨즈 셀

마이크로프로세서들, 그래픽 액셀러레이터들, ASIC, 등등 여러 종류의 IC 설계의 복잡도를 고려하면, 칩이 오류(잘못)들이 없으려면 글자 뜻 그대로 수 백만의 시뮬레이션들이 수행되어야 한다. 많은 경우에 문제는 모든 시뮬레이션들이 수행되기 전에 시장(market)이 설계팀에게 설계를 내어 놓도록 강요하고 있는 것이다. 또 다른 문제는 칩이 설계가 된 시기쯤에 제조 공정이 발전하여 트랜지스터 특성이 다소 바뀌어 있는 경우이다. 설계자들은 부단히 이 문제를 고려하려고 노력하고 있다. 그러나 이 예방조치들은 실리콘에서의 나쁜 결과를 보상하기 위해서는 충분하지 않을 것이다.

비록 공정이 코어 레이아웃을 위해 매우 최적화되어 있다 할지라도 DRAM 메모리는 특히 공정 결함의 가능성이 있다. 메모리 셀, 워드라인 구동기, 감지 증폭기, 그리고 y-디코더는 이 같은 이유 때문에 실패의 가능성이 높다. 메모리 설계자는 잘못된 회로를 수리하기 위하여 풍부한 회로의 개념을 중점적으로 사용하여 왔는데, 그렇게 하여 제조 과정의 총 수율을 증가시킨다.

일단 그것들이 생산 환경에서 제조가 되면 DRAM을 수리하는 것은 일반적으로 레이저 프로그램 퓨즈들로 수행된다. DRAM 설계는 일단 오류가 발견되고 확인되면 동작시킬 수 있는 여분의 워드라인 구동기, 감지 증폭기, 그리고 y-디코더를포함하고 있다. 레이저는 물리적으로 퓨즈들을 "불어버려서" 칩의 잘못된 부분들을 분리할 것이고, 그들을 여분의 요소들로 대체할 것이다.

레이저 퓨즈들의 다른 사용은 제조된 IC를 위한 회로 조정 옵션을 제공하는 것이다. 본드 옵션들이나 또는 금속 옵션들과 유사하게, 레이저 퓨즈들은 칩의 동작 또는 성능을 조정하기 위하여 사용될 수 있다.

퓨즈들은 일반적으로 레이저 수리 기계가 정확하게 불어 버릴 수 있는 폴리실리콘 또는 금속으로 만들어 져야 한다. 당신이 상상할 수 있는 것처럼, 퓨즈들은 칩에 레이저가 쏘여질 때 다른 내부 회로에 대한 영향이 분리되도록 특별히 설계되어 져야 한다. 이 영역은 적어도 일시적으로 노출될 필요가 있기 때문에 이 시간 동안 오염의 위험이 있다.

패드 셀들의 설계에서처럼, 만족시켜야 할 물리적 요구들이 있다. 예를 들면 퓨즈들은 레이저 수리 기계가 정확하게 그들을 프로그램할 수 있을 정도로 충분히 클 필요가 있다. 퓨즈 레이아웃을 위한 지침 목록은 다음을 포함한다 :

- 퓨즈들이 동등하게 간격이 유지되는 설계가 레이저 수리 기계와 더 잘 맞는다. 이 기계들은 전형적으로 출발점으로 움직이고 일정한 속도로 움직인다 ; 그러므로, 퓨즈들의 동일한 간격이 이상적이다.
- 마찬가지로, 퓨즈들의 줄 수를 최소화 하는 것이 레이저를 새로운 출발점으로 이동시키는 것의 부담을 줄여준다. 퓨즈들은 서로에게 가능한 한 가까이에 놓여지는 줄로 설계될 것이다. 그래서 레이저 헤드가 그것들을 불지 않고 움직이는 것은 최소로 줄여야 한다. 세부 내용을 위해 그림 5.28을 보라.
- 퓨즈들 수는 각각의 칩을 위한 수리 시간을 최소로 할 수 있도록 최적화되어야 한다.
- 테스팅 사람들이 잘못 없이 쉽게 기계를 프로그램할 수 있도록 스크램블링 식들은 매우 분명하게 기록되어야 한다.
- 레이저 수리 기계를 위한 특수 정렬 키들이 필요하다. 이것들은 레이저가 출발로부터 정확하게 정렬이 되고 자동으로 수행되는 것을 확실하게 한다. 이 키들은 대체로 모든 퓨즈들이 위치한 영역을 에워싸야 한다.

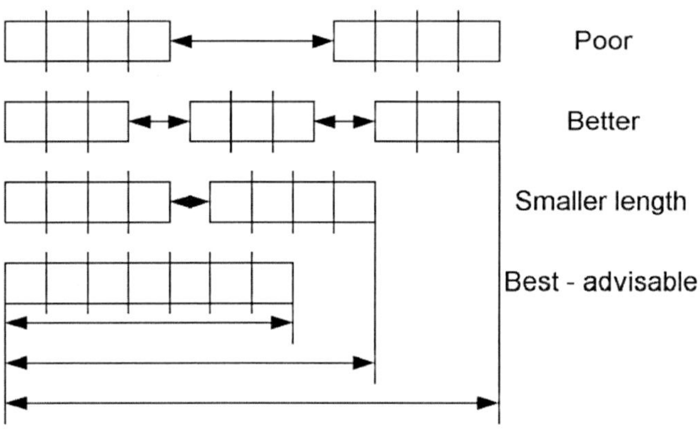

그림 5.28 퓨즈 줄과 규칙

MOSAID 설계로부터 가져온 칼라 레이아웃에 대해서는 CD-ROM을 참조하라. DRAM 공정으로부터 하나, ASIC 공정으로부터 하나의 예제가 있다. 그림 5.29는 또 다른 예제를 보여준다.

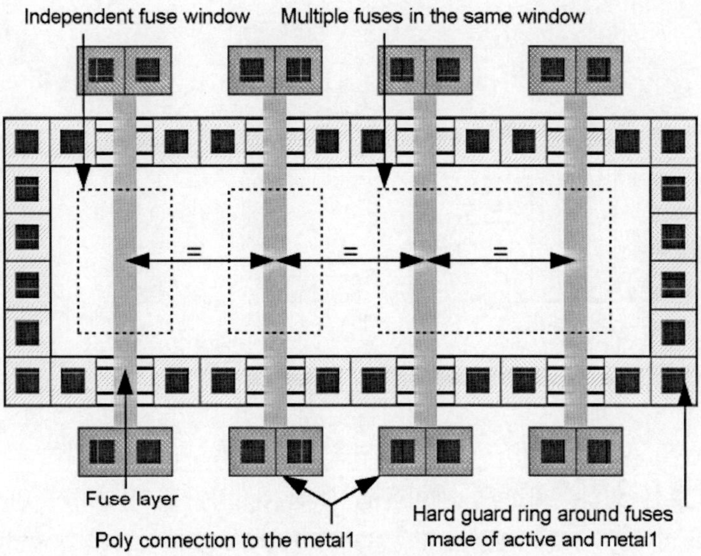

그림 5.29 레이져 퓨즈 레이아웃 예제

5.6 칩 끝내기 셀

칩의 논리적인 기능에 관련된 모든 소자들이 배치되고 검증된 후에도, 여전히 칩을 끝내기 위해 어떤 종류의 셀을 구현하는 일이 남아있다. 이것은 칩이 제조 공정에 잘 맞는다는 것을 확실하게 하기 위해서다.

칩 끝내기 셀들의 예제는 다음에 말하는 것을 포함한다 :

- 공정 장비를 위한 정렬 키
- 공정 모니터링, 다이싱(dicing), 그리고 패키징을 위한 구조들
- 육안으로 볼 수 있을 정도로 충분히 큰 식별 마크 : 로고, 설계자 이름 머릿글자, 마스크권리와 저작권 마크, 공정 식별, 레이어 식별(그림 5.30)

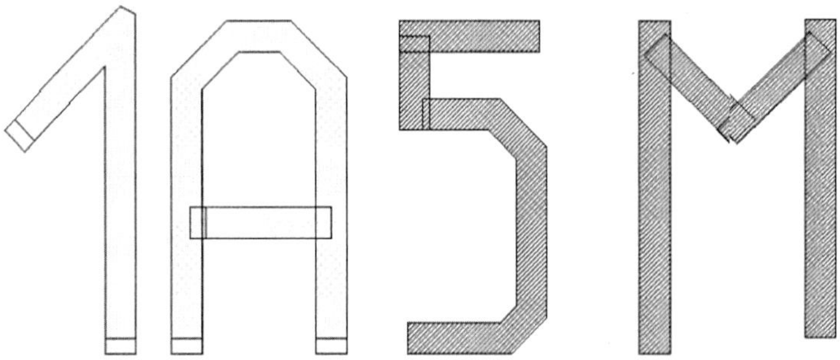

그림 5.30 레이어 식별 마크 예제

대부분의 경우에, 제조자가 이 작업을 끝마치고, 회로 설계자는 그들에 대하여 걱정할 필요가 없다. 최소한, 레이아웃 설계자는 공간을 할당하기 위하여 미리 모든 이 같은 정보를 받아야만 된다 ; 그렇지 않으면, 칩에 그들을 구현하기 위한 충분한 자유로운 공간이 없을 위험성이 있다.

결국 모든 소자들이 개별적으로 배치되고 검증된 후에 하는 최종 전체 칩 검증에는 이와 같은 모든 칩 끝내기 셀을 포함하여야 한다는 것을 유념하라. 식별 마크를 잘못된 자리에 놓아서 전기적인 문제를 일으키기 쉽다.

5.6.1 정렬 키

레이아웃 설계에는 공정이나 제조의 요구사항에 따라 많은 정렬 키들이 있다. 그림 5.31은 정렬 키들의 세 개의 예제를 보여준다.

레이저 퓨즈 정렬 키는 적어도 세 번 인스턴스 되어야 하는 것 중 하나이다. 제조자에 따라서, 키는 칩 수준으로부터 보여질 수 있도록 다양한 레이어들로 만들어진다. 금속 그리고 비어 레이어들이 전형적으로 사용된다.

NIKON 키는 웨이퍼위에 마스크들을 만들 때 레티클을 정렬하기 위하여 사용된다. 모든 레이어가 이 키에 놓여진다 ; 그래서, 이 셀들은 레이아웃 검증을 결코 통과하지 못하는 데, 그것은 그들이 설계 규칙 오류와 잘못된 소자들을 만들어 내기 때문이다. NIKON 키들은 가능하면 칩의 모든 네 구석 모서리에 가깝게 놓여 질 필요가 있다.

우리들은 여기서 퓨즈들과 패키징에 관련된 다양한 키들의 일부만을 설명하였다. 또한 시제품을 만드는 동안 공정 사람들이 사용하는 많은 키들도 있고, 대량 생산을 하는 동안 제조 공정의 상태를 모니터하기 위하여 로봇들에 의하여 사용되는 많은 키들도 있다.

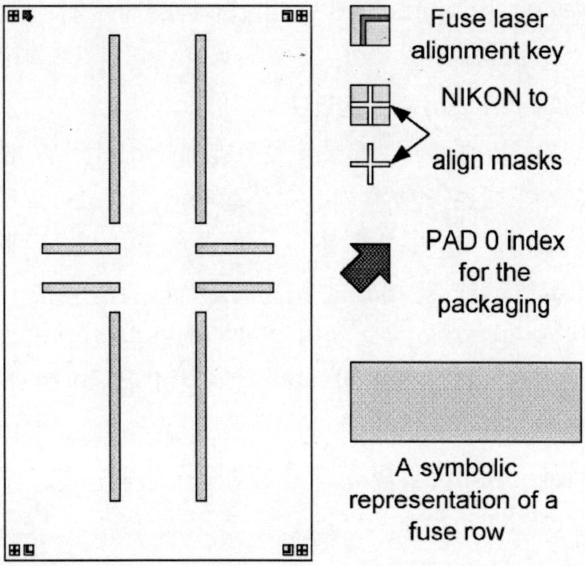

그림 5.31 정렬 키 예제

트랜지스터 성능, 마스크 정렬, 레이어 저항 및 정전 용량, 또한 레이어 폭과 간격을 측정하는 공정 모니터들이 있다.

공정 모니터들의 배치는 이 모니터들이 모든 마스크 세트의 일부분임에 틀림없다라는 점에서 일반적으로 마스크 만들기 과정의 기능이다. 만약 마스크 세트가 오직 하나의 칩으로 이루어져 있으면, 모니터들은 다이 영역 내에 놓여 져야 한다. 하나의 마스크 세트 안에 여러 칩이 같이 동시에 존재하는 경우에는, 모니터들은 다이들 사이에 놓여 질 수 있다.

제조 테스트 과정 동안에, 잘못된 다이는 검정으로 표시되고, 이러한 다이들은 웨이퍼를 조각낼 때 버려질 것이다.

5.6.2 스크라이브와 씰 링

칩은 결코 한 번에 한 조각으로 만들어 지지 않는다. 그것들은 웨이퍼라고 불리는 커다란 실리콘 얇은 조각에 제조된다. 일단 웨이퍼가 제조되면, 웨이퍼는 개개의 IC로 조각나게 된다.

개개의 IC들 사이에 좁은 통로들은 다이어몬드 팁으로 그들을 긁음으로써 기계적으로 약하게 된다. 이 통로가 “스크라이브” 통로로 알려져 있다. 웨이퍼는 스크라이브 통로를 따라서 다이어몬드 날로서 절단되거나, 레이저로 태워진다. 그래서 웨이퍼는 기계적으로 스트레스를 받아, 통로를 따라서 잘려지게 되며 개개의 IC로 분리된다. 그림 5.32는 이 개념을 서술한다.

IC을 보호하기 위하여, 칩의 모서리 주위에 만들어지는 "*씰 링*"이 필요하다.

정상적인 VSS와 다른 전원에 기판이 연결되어야만 하는 몇몇 칩들에서는, 대부분의 경우에 칩 주위에 "씰 링"이라 불리는 또 다른 링이 있다. 예를 들면 많은 DRAM는 보통 논리로부터 분리된 메모리 셀을 포함한다. 그런 경우에 NMOS 소자들은 음전압으로 바이어스된 VBB이라고 불린 전압원에 연결된 리트로그레이드 웰에 놓여진다. 이 전압과 다른 것들을 만들기 위하여, 메모리 칩들은 자체 전하 펌프들을 가지고 있다. 만약 외부 로직이 VBB에 연결되고 전체 주변회로가 VBB에 연결된 기판을 가져야만 한다면, VBB 씰 링은 칩의 주위에 놓여지게 된다.

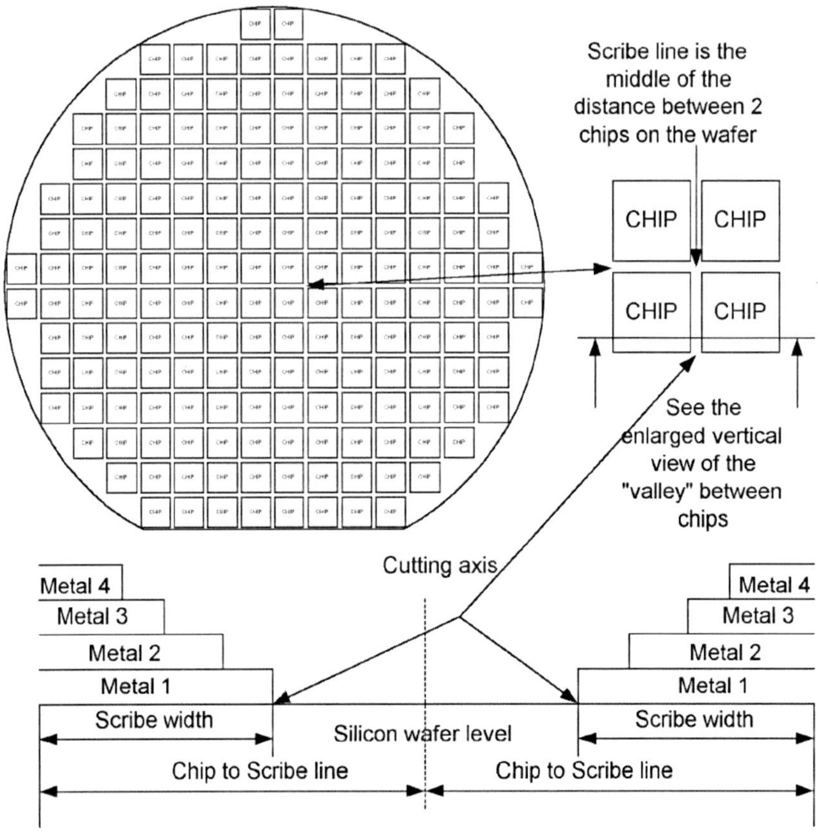

그림 5.32 스크라이브 라인

이 "씰 링"은 패드 영역의 외부에 그러나 스크라이브 안쪽에 놓여진다. 패드 바깥에 놓여지는 이유는 씰 링은 다른 어느 신호들이나 회로들을 방해하지 않을 것이고, VBB 펌프에 *직접적*으로 연결될 수 있기 때문이다.

그림 5.33운 씰 링 예제를 보여준다. VBB 펌프 위치를 유념하라 : 그것은 가능한 씰 링에 가까워야 한다.

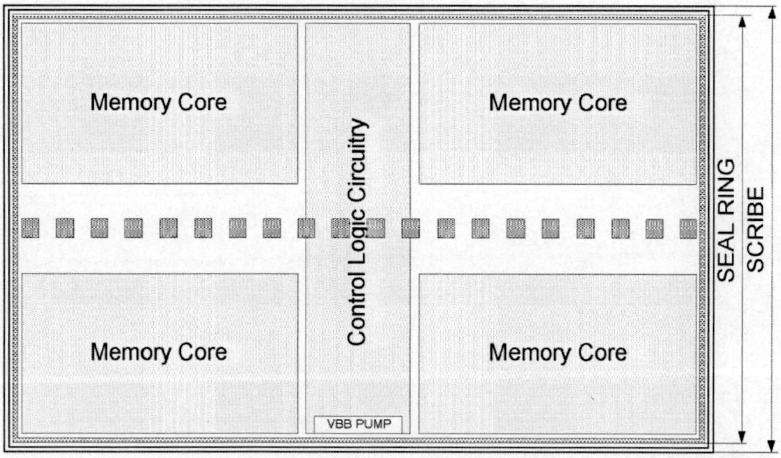

그림 5.33 씰 링

PART 6

블록 상호연결 레이아웃 설계를 위한 고급 기술

이 장에서는 레이아웃 설계 지식을 특수한 형태의 상호연결 설계에 적용한다. 상호연결이란 설계에 사용된 블록이나 셀 간의 배선이나 연결을 의미한다.

다양한 형태의 상호연결의 구현은 아래에 나열된 바와 같이 적절한 순서로 나열될 수 있다. 이러한 순서가 의미하는 바는 무엇인가에 대한 첫 번째 답은 "설계 진행의 후반부에 끼워 넣거나 수정하기가 가장 어려운 부분을 먼저 구현하는 것"이라고 할 수 있다.

두 번째 답은 "가장 많은 공간을 차지하거나 가장 큰 영역에 영향을 주는 부분을 먼저 구현하는 것"이라고 할 수 있다. 사실 가장 큰 영역을 차지하는 부분을 수정하는 것이 가장 어려우므로 두 가지 답 모두 서로 관련되어 있다.

이러한 사실을 이해하면 설계에 있어서 상호연결을 구현하는 다음의 순서를 명확히 알 수 있게 된다 :

01 *전원 공급선* : 많은 연결과 전류가 요구됨. 거의 모든 트랜지스터에 연결된다.

02 *클록* : 칩에서 가장 중요하고 광범위한 영향을 주는 동적 신호.

03 *버스* : 함께 배선되어야 하는 신호 그룹(예를 들면, 데이터 패스). 이러한 신호들은 많은 배선 영역을 차지하며 보통의 경우 임계 경로 신호에 해당한다.

04 *특수 신호* : 비표준폭 신호, 또는 차동 쌍, 동일 길이 신호, 또는 차폐를 필요로 하는 신호. 이러한 신호들에 대한 특수 요구사항은 7장에서 좀 더 다루어진다.

05 *일반 배선* : 나머지 신호. 일반적으로 6.3절에서 거론될 상호연결 신호를 지칭한다.

6.1 전원 그리드

VDD와 VSS와 같은 전원 공급 라인은 칩에서 가장 널리 퍼져있는 신호로서 거의 모든 게이트와 블록에 연결되어 있다. 패키지에서도 가장 많은 핀들을 가지며 많은 전류를 흐르게 한다. 따라서 적절한 크기를 갖도록 해야 한다.

IC 설계에 있어서 주의 깊은 전원 관리에 대한 필요성은 계속 증가하여 왔다. 보다 복잡한 칩은 보다 큰 규모의 전원 그리드를 갖는다. 칩 전압 레벨은 5 V에서 3

V로 감소되어 왔지만 동작 속도는 증가되어 왔다. 따라서 궁극적으로 오늘날의 IC 전력 소모는 증가하게 되었다. 휴대전화, PDA, 랩탑 컴퓨터와 같은 저전력 응용 분야의 필요성도 증가하였다. 이러한 응용 분야는 전원 관리 기술에 의해 큰 성능 향상을 가져온다. 전원 관리를 위한 CAD 자동화 역시 많은 발전을 이루어 왔고 이 또한 마스터해야 할 전공 분야가 되었다.

전원 격자를 구현하는 기법은 계획을 필요로 하고 설계의 플로어 플래닝 시 고려해야 하는 우선적인 일들 중 하나일 것이다. 전원 선은 블록 사이를 흐르기도 하고 블록을 둘러싸야 할 필요도 있다. 일반적으로 큰 규모로 퍼지는 구조는 다중의 전원 선을 필요로 하기 때문에 설계가 구현된 이후에 전원 선을 추가하는 것은 극히 어렵고, 설계가 완성된 후에 추가적인 삽입 또한 매우 어렵다.

하나의 칩에서 모든 회로에 대한 전자이동(electromigration) 요구와 저항 특성을 충족시킬 적당한 전원 공급 연결을 제공하는 것이 필수적이며, 넓고 짧은 선은 이 두 가지 사항 모두를 충족시킬 것이다 ; 그러나 큰 전원 공급선은 불가피하게 더 많은 영역을 소비할 것이다. 따라서 적절한 정도에서의 균형이 필요하다.

결론적으로, 전원 선에 대한 요구사항을 계획하고 가늠하는 것은 레이아웃 설계 과정의 핵심 사항이다.

6.1.1 전력 예측

첫 번째 단계는 각각의 블록이 어느 정도의 전력을 소모하고, 따라서 그 블록의 요구조건을 충족시킬 전원 공급선의 최소 크기를 예측하는 것이다.

이 문제를 해결하는 많은 방법이 있다. 그 중 필수적인 사항은 프로젝트 일정의 지연을 미연에 방지하기 위하여 가능한 빨리 진행되어야 한다는 것이다. 설계한 블록에 사용된 게이트 개수 및 동작 속도에 대하여 정확히 알지 못하는 경우도 빈번히 발생한다.

매우 좋은 방법 중 하나는 그 구조, 예측 전원 수, 전원 배선 등의 문제에 대하여 이전의 설계에 근거하여 예측하는 것이다. 새로운 칩에 대해 그 자료를 적용하면서, 재검토해야 할 사항은 :

- 공정 상수의 차이. 예를 들면, 금속이 본질적으로 저항성분 또는 캐패시턴스 성분이 크거나, 매우 다른 전자이동 규칙을 가지고 있는지 결정.
- *모든* 비아와 콘택을 위한 공정 변수를 확인.

- 사용 가능한 금속 개수. 특히 전원 배선을 위한 것. 많으면 이롭고 부족하면 어려워질 수 있다.
- 각각의 블록의 속도. 다른 블록은 다른 클록 속도에서 작동할 수도 있고 이것은 전원에 영향을 미칠 것이다.
- 각각의 블록의 크기 (게이트 개수 측면)
- 다중의 전원 가지의 가능성. 고속의 블록에 의해 제공된 잡음에 기반. 분리된 전원 공급선을 사용함으로써 잡음이 큰 블록을 고립시키는 것이 필요.
- 서로 다른 블록 간의 저항 성분 및 전체적인 배선을 결정짓기 위한 전원 패드의 개수와 위치.

6.1.2 전원 공급 배선

예측 단계에서 충분한 정보를 얻었다면 칩 배치 계획에 전원 공급 경로를 계획하고 구현할 시기가 된다.

이 문제에 관해 언급하는 많은 방법들이 있지만 두 가지 기초적인 접근방법은 다음과 같다 :

01 *"뿌리" 방법* : 이 경우 전원 공급선은 가능한 한 넓게 시작되며, 전원이 여러 가지 블록들에 접속하고 있기 때문에, 전원 공급선들은 나무의 뿌리처럼 점점 가늘어진다.

- 전원 공급선들의 폭은 전자이동 요인에 의거하고, 뿌리의 각 가지를 따라 소비하게 되는 전류의 양이 작아짐에 따라 감소한다.
- 전원 공급선들의 저항이 문제가 되지 않는 경우에 이 방법이 사용된다.
- 보통의 경우 대부분의 전원 배선은 이 방법을 사용하고 있다.

02 *"저항" 방법* : 이 경우 전원 네트워크는 "뿌리" 방법에서 하는 것과 유사해 보일 수 있다. 그러나 전원 공급선의 폭은 전원이 공급되는 패드로부터 연결되는 특정 블록 간에 계산되는 저항에 의거한다. 옴의 법칙에 의해 계산되는 것처럼 허용되는 저항값은 전원 공급선을 통하여 받아들일 수 있는 전압 강하에 의해 결정된다.

- 공급선들의 폭은 전원 배선을 위해 사용되는 금속의 저항 성분에 의거한다.

- 비아의 수는 총 저항을 줄이거나, 비아 저항이 제한 요소가 되지 않도록 하기 위해 매우 신중하게 계산된다.
- 금속의 선택은 더 작은 저항값에 의해 이루어져야 한다.
- 금속의 배선은 M1 》 M2 》 M3 》 M2 》 M1 형태보다는 M1 》 M2 》 M1 형태의 레이어 전환을 갖도록 구현되어야 한다.
- 몇몇의 특화되고 빠른 칩들의 경우에는 전원 공급 저항을 줄이고 다이의 모든 부분에 일관된 전원 공급 수준을 유지하도록 하기 위하여 할당된 금속 레이어가 있다.

그림 6.1은 이 두 가지 기본적인 스타일의 차이를 나타낸다. 대부분의 칩은 두 가지 방법론의 조합을 사용한다.

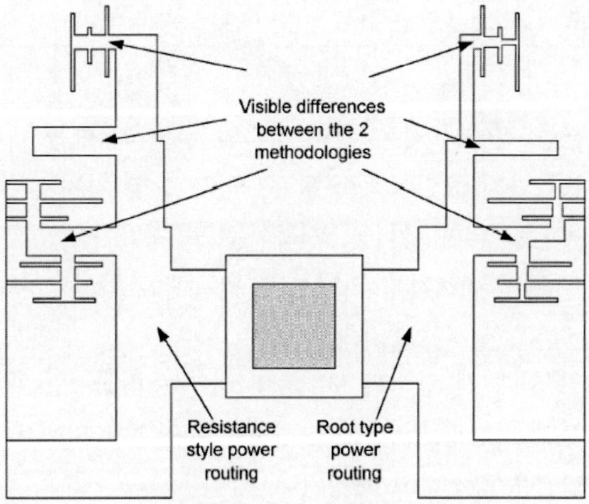

그림 6.1 전원 배선 스타일

6.1.3 스트래핑과 테이퍼링

전원 선과 칩 레이아웃 기술에 대해서는 스트래핑의 개념을 적용할 필요가 있다. 이러한 아이디어는 워드 라인 스트래핑 셀을 논의했던 5장에서 설명되었다.

"전원 격자"의 개념은 신호 그물망을 형성하기 위하여 함께 배선되고 묶이는 공급선으로부터 비롯된다. 6.1.2절은 전원 공급 신호를 배선하는 접근법을 기술했으며 전원 격자를 완성하기 위한 적절한 선과 그 설계 방법을 다루었다. 전원 배선에서와 같이 선의 양은 전자이동 또는 저항값에 근거하여 결정되지만 동시에 전체적인 설계 스타일과 복잡도에 의해 결정된다.

예를 들면, 표준 셀 블록 설계에 있어서 셀들로 구성된 열의 전력 소모 및 전원 공급 저항을 분석하는 특정한 도구가 있으며 적절한 전원 격자를 만들기 위해 자동으로 전원 간의 선을 결정한다.

어떤 게이트 어레이 구조는 미리 정의되는 간격에 전원의 수직 선 모양으로 구성된 전원 격자를 가진다.

표 6.1 전원 격자 표의 예시

	열의 선 높이	경우 1	경우 2
셀 내부의 M1 폭	–	2 μm	4 μm
최대 선 간격	–	120 μm	240 μm
수직 M2 선 폭	4	6.0 μm	12.0 μm

표 6.1은 다른 조건에서 같은 전원 격자의 두 가지 예를 나타낸다. 이 번호를 결정하기 위해 여러 가지 요인이 사용될 수 있다 ; 몇 가지 예는 전력 소모, 클록 속도, 평균적인 팬아웃, 듀티 사이클, 전자이동 및 저항이다.

표 6.1을 더 충분히 이해하기 위해서는, 다음에 주의해야 한다 :

- 셀 안에서의 최대 선 간격과 M1 폭 사이에는 직접적인 관계가 있다. 그 관계는 전원 공급선의 저항과 전원 공급 격자에의 연결에 의해 결정된다. 이 경우 전원 격자에의 연결은 강하다고 가정된다.
- 이 숫자들은 0.25 μm 공정의 경우에 대한 예를 나타내고, 다른 전원 공급 선 폭 사이의 관계를 보여준다.

그림 6.2는 표 6.1에서 나타낸 두 가지 경우의 차이를 시각적으로 나타낸다.

그림 6.2에서 보이는 바와 같이 만일 셀 위에 더 큰 배선 간격이 필요하면 요구되는 M1 전원 공급선을 늘리기 위해 셀들의 높이가 커져야 한다.

6.2 클록 신호

일반적으로 모든 설계에서는 한 개의 전체 클록 신호에 의해 대부분의 블록이 동조되어 움직인다. 전체 클록 신호는 보통 칩의 도처에 전원 공급 신호 다음으로 전반적으로 배선되는 라인이다.

이러한 이유로 인해, 전원 공급 배선 후, 기타 나머지를 배선하기 전에 클록 신호의 계획을 세우는 것이 중요하고 효율적이다. 완료된 설계에 클록 신호를 삽입하는 것은 어려우며, 가능한 피해야 한다.

기본적으로, 클록 신호의 구현 목표는 일차적으로 넓은 면적에 최소한의 시간 지연이 있도록 한 개의 신호를 배포하는 것이다. 클록 신호는 큰 용량성의 부하를 가진다 ; 그러므로, 시간 지연을 최소로 하기 위해, 많은 다른 방법이 사용된다.

전체 클록은 일반적으로 직접 패드로부터 또는 내부의 클록 발생기 셀로부터 생성된다. 클록 발생기 셀의 레이아웃 설계에 대한 고려사항은 다음을 포함한다 :

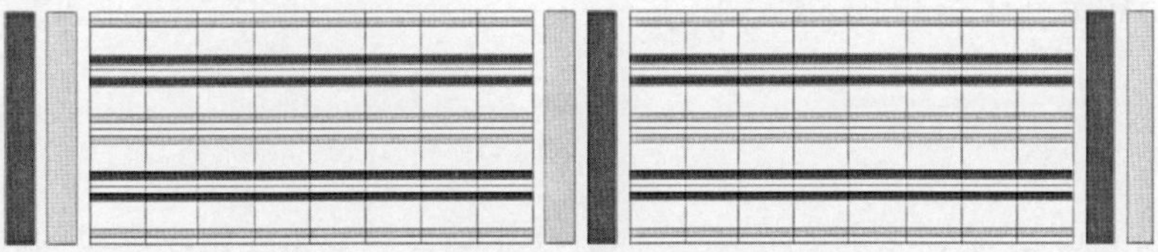

경우 1 : 좁은 셀 메탈, 좁고 많은 선

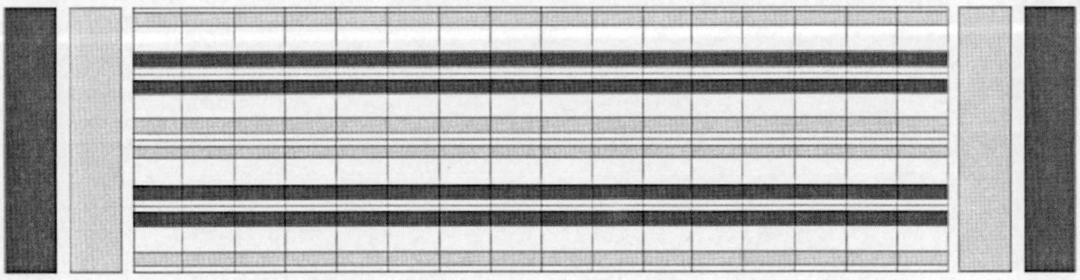

경우 1 : 넓은 셀 메탈, 넓고 적은 선

그림 6.2 동등한 전원 선 예시

- *배치* : 이상적으로는 전원 공급 패드 뿐 아니라 외부의 클록 패드 근처에 놓인다. 그 클록 발생기 자체가 큰 전력을 소모한다 ; 그러므로, 그것은 전원 공급 잡음의 근원이다. 이 잡음은 공급기를 근처의 독립된 전원 패드들에 연결함으로써 칩의 나머지로부터 분리되어야 한다.

• *버퍼 단계 설계* : 5장에서 논의되는 것처럼, 클록 버퍼 셀은 매우 클 수 있다(수천 마이크론의 트랜지스터 폭). 버퍼 체인의 각 단계는 면적과 전력 소모를 최소로 하기 위해 설계되어야 한다. 트랜지스터들은 최소의 게이트 입력 정전 용량 및 가장 중요시되는 최소의 출력 정전 용량을 갖도록 전원 연결 저항을 줄이기 위한 특별한 방법들에 의해 레이아웃된다.

6.2.1 단일 클록 신호

전체 클록 신호를 구현하는 하나의 방법은 클록 발생기로부터 시작되는 한 개의 클록 신호로 상호연결시키는 것이다.

이 경우 6.1.2절에서 제시된 것과 유사한 기술이 사용되어야 한다. "뿌리" 또는 "저항" 방법과 같은 배선 방법이 유효하다.

이 경우에 클록 신호가 동적인 신호이기 때문에 정전 용량 효과는 더 중요하다. 선의 저항과 정전 용량을 줄이도록 배선 레이어가 선택되어야 한다.

클록 선의 차폐는 다른 신호를 클록 신호로부터 분리하고, 클록 신호의 연결 정전 용량을 줄이기 위해 유용하다.

6.2.2 클록 나무

또 하나의 매우 일반적인 클록 구현 방법은 클록 나무라고 불리는 기법이다. 클록 나무의 자동 생성이 ASIC 설계 흐름에 꼭 맞기 때문에 ASIC 설계 스타일에서 가장 일반화되어 있는 것이 보통이다.

클록 나무는 생성기에서 모든 행선지로 향하는 전반적인 시간 지연을 최소로 하게 되는 방식에 의해 클록 신호 경로로 삽입되는 버퍼들의 네트워크이다. 최적화된 하나의 전기 신호의 경로 대신, 시간 지연을 최소로 하기 위해 나누어지고, 전략적으로 완충된다. 중심의 클록 신호가 이 버퍼들을 사용하고 있는 칩 안에서 분기되고, 결국 잎에 해당하는 셀 모두에 도착하고 있는 클록 신호로 끝난다고 하는 점에서 결과적으로 생기는 네트워크는 나무와 닮았다.

일반적으로, 클록 나무를 구현하는 단계는 다음과 같다 :

01 논리 셀의 최초 배치가 완료된다. 이것은 코어 로직의 타이밍 성능이 실현되는 것을 확실하게 한다.

02 논리 셀의 위치를 고려하여 클록 나무를 삽입하게 된다. 버퍼 셀은 클록 시간 지연과 배선을 최소로 하기 위해 전략적 장소에 놓이거나, 삽입된다.

03 모든 신호를 위한 배선이 완료되고, 모든 타이밍 목표를 달성하기 위해 최적화 된다.

ASIC 흐름의 자동화 도구를 이용할 수 있다 ; 그러나, 모든 설계에 같은 방식이 사용되어야 한다.

원칙적으로, 설계자는 다음과 같은 사실을 고려하여 클록 나무를 설계해야 한다 :

- 먼저 클록 나무의 범위를 정의하고 이해한다. 이것은 전체 부하, 배선 면적, 클록 신호의 연결 거리, 할당된 배선 레이어 및 배선 제한 등과 같은 사항들을 포함한다.
- 최소 및 최대 삽입 지연 시간 및 최대 스큐를 포함하여 클록 나무가 만족시켜야 하는 제약를 정의한다.
- 클록 나무의 레벨 수 또는 버퍼 단계 수 그리고 각 단의 버퍼/인버터 팬아웃 한계 등을 고려하여 클록 나무가 생성되는 방식을 정의한다. 클록 나무의 모양새는 설계자에 의해 수동적으로, 또는 클록 나무 발생기 도구에 의해 자동적으로 정의될 수 있다.

그림 6.3은 클록 나무의 두 가지 예시를 나타낸다.

6.3 상호연결 배선

전원 배선과 클록 나무에 대한 사항들을 해결하고 난 후에, 일반적인 배선 필요조건을 고려해볼 수 있다. 신호의 특별한 필요조건은 7장에서 논의될 것이다. 신호 배선을 위한 적절한 순서를 재확인해 보면 :

01 전원 공급
02 클록 신호
03 버스

04 특별한 신호 – 7장에서 논의

05 일반적 배선 – 이 절의 주제

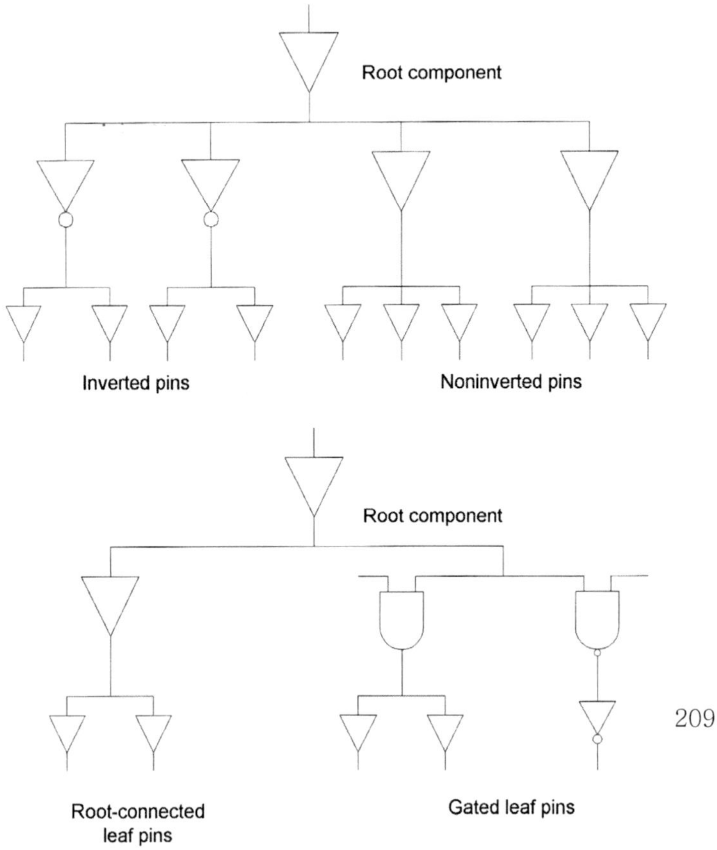

그림 6.3 클록 나무 예시

6.3.1 배선 계획

배선 계획의 목표는 구현될 배선의 전반적인 복잡도를 결정하고, 특별히 배선만을 위한 면적을 규정하고(이 면적을 배선 채널이라고 한다), 그리고 복잡한 배선 설계의 구현에 있어서 잠재적인 병목현상 및 문제들을 지정하는 것이다. 추가적으로 최종적인 칩 면적에 대한 배선의 영향이 평가될 수 있다. 예를 들면, 지정된 배선 채널은 평가될 수 있고, 칩 플로어 플랜에 포함될 수 있다 ;

실용적인 배선 계획을 이루는 단계의 목록은 다음과 같다.

01 신호의 평가

완성된 회로도 또는 네트리스트 없이, 모든 블록을 연결하는데 필요한 신호의 정확한 수를 확인하는 것은 불가능하다. 아무리 좋은 계획도 미래에 대한 예상이며 완벽하진 않을 것이다. 그러나 아무리 개략적인 계획이라도 아무런 계획도 전혀 없는 것보다는 나은 것이다.

완결한 회로 설계 없이도 신호의 총 개수를 가늠할 수는 있다. 이 합계는 계획을 위한 좋은 가이드라인이다, 그리고 만일 다른 블록과 합치거나, 신호들을 관계 지으면, 밀집한 지역에 대한 느낌을 얻기 시작할 수 있다.

신호는 다음에 의거하여 평가할 수 있다 :

- 이전에 유사한 스타일의 칩을 계획했던 경험 풍부한 레이아웃 설계자에게 경험에 의거하는 평가를 부탁하는 것. 그 지식은 혼잡의 지역, 그 특성에 의해 적거나 큰 신호의 수를 가지는 블록 또는 과거의 중요한 문제였던 영역에서 매우 큰 가치가 있다.
- 설계의 주요한 블록에 대하여 각각 크기 예측과 사전 핀 리스트.
- 신호의 출처와 목적지-배선이 시작되거나 끝나는 지점. 칩의 설계자에 의해 하게 되는 평가 (100 퍼센트 정확하거나 완전하지는 않은) 만의 목적으로 만들어진 단순한 회로 도면은 매우 큰 도움이 될 수 있다. 이 도면은 거의 모든 주요한 블록의 사전 장소를 나타낼 것이고, 그 각각을 위해 크기 평가와 관점 비율을 반영할 것이다. 그림 6.4는 플로어 계획의 예시도를 나타낸다.
- 주요한 버스와 특별한 신호의 리스트.
- 다이 주위의 패드 리스트와 그 위치.

이 정보를 모두 사용하여, 예측할 수 있는 것은 : 각 채널당 신호 수 관점에서 주요한 채널의 위치와 배선된 채널의 크기.

만일 배선이 블록 위에 허락되면, 채널의 크기와 장소를 정의할 때 이것을 고려할 필요가 있다. 이 경우 계층적인 신호를 계획하고, 각 블록의 배선 가능성을 고려하는 것은 유용하다.

02 배선 방향 확립

각 레이어를 위한 배선 방향은 채널 대 채널을 근거로 결정될 필요가 있다. 플로어플랜은 최적의 배선 방향을 시각화하는 좋은 방법이다.

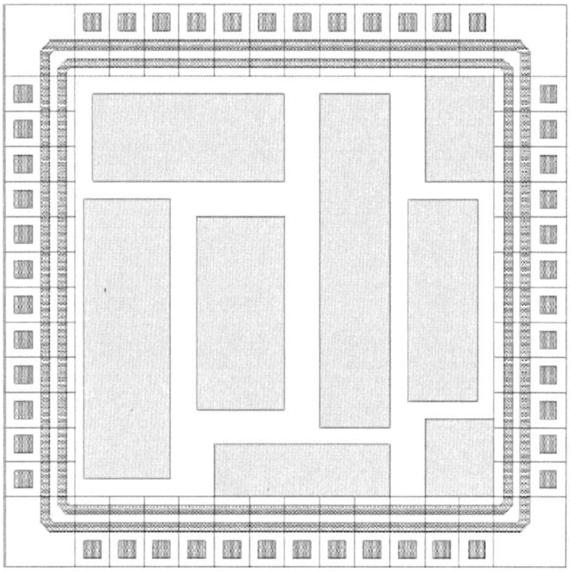

그림 6.4 신호 블록 및 채널을 보여주는 칩 플로어 플랜 예시도

각 채널에서 사용되는 레이어를 위한 다른 시나리오 또한 고려되어야 한다. 이 문제는 다음 절에서 좀 더 알아본다.

03 부수적 계획

최종적으로 설계에 주요한 변화를 취급하는 특징과 오버헤드가 계획에 추가되어야 한다. 예를 들면, 예비의 선과 여분의 공간이 계획에 추가되어야 한다. 주요한 변화를 다루는 오버헤드의 총량은 다음의 요인에 기반을 둔다 :

- 설계의 진기함. 보다 새로운 설계는 예측된 블록 크기, 신호 개수 그리고 패드 위치에 대하여 더 큰 불확실성을 가질 것이다.
- 공정의 안정성. 배선 레이어 설계 규칙은 변할 수 있으며 커지거나 작아질 수 있고, 이것은 전체적인 배선 계획에 영향을 끼칠 것이다.
- 10%의 가이드라인은 평균적으로 복잡하고 진기한 설계들을 위한 좋은 경험 법칙이다.

04 주의와 갱신

회로 설계가 무르익어 가고, 블록이 더욱 상세해지고, 전제적인 칩이 준비되면, 배선 계획은 최신의 것으로 바뀌져야 한다.

그것은 앞서 언급한 실제적인 배선의 결과를 고려하여 계획하는 것에 관한 처리이다. 다이 크기, 혼잡도 및 배선 가능성에 관계되는 문제는 빠른 시기에 노출될 것이다. 일단 회로 설계가 완성되면, 배선 계획은 보다 직접적이고 완벽하게 최종적인 구현을 이룰 것이다.

6.3.2 채널 순서 및 채널 방향

배선 계획에 있어서 배선 채널을 설정한 경우, 더욱 상세하게 각 채널들에 대한 검토를 시작할 수 있다. 각 채널은 몇몇 신호를 포함한다고 확인된다.

어기서 관심 사항은 무엇인가? 본질적으로, 채널을 계획하는 목표는 다음과 같은 조건들을 최적화하기 위해 우선 순위를 정하고, 버스 신호의 순서를 정하는 것이다 :

- *회로 성능 요구 조건* : 임계 경로 신호, 신호의 저항과 정전 용량
- *채널 영역* : 채널은, 특히 다른 채널 간의 신호 전환으로서 급선회 및 불필요한 레이어 변화를 피하기 위해 최적화될 수 있다.

실제로, 만일 채널 영역이 최적화되면, 대부분의 경우 회로 성능은 동시에 최적화된다. 채널을 수동으로 구현하고 최적화하는 간단한 절차는 다음과 같이 진행된다 :

01 채널에서 각 신호를 위해 여분의 경로를 추가한다.
02 만일 중요하다고 판단되는 임계 신호가 있다면, 가장 먼저 그 신호에 라벨을 붙이고 그 위치를 정한다.
03 채널의 전 영역을 가로지르는 신호에 라벨을 붙이고 위치시킨다.
04 채널에서 시작하거나, 끝나는 신호에 라벨을 붙이고 위치시킨다.
05 만일 신호가 단지 이웃한 채널에 논리의 열을 구성한다면, 그 구현을 위해 피드쓰루를 추가하는 것을 고려한다. 이것은 6.3.3절 이후에 더욱 상세하게 논의된다.
06 남고 있는 공간을 사용하여, 국부 신호들에 라벨을 붙이고 위치시킨다. 국부 신호는 같은 채널에서 시작하고 끝난다.
07 그림 6.5에 나타난 바와 같이 셀의 배치가 국부 상호연결의 가능성을 증가시킨다는 사실을 고려한다. 채널의 크기가 성능에 반영된 예시는 그림 6.6과 같다.
08 새로운 미지의 요구 조건을 대비하여 위해 채널에 배선을 위한 여유 공간을 확보한다.

⑨ 한 채널에서 다음 채널로 모서리를 돌아가는 신호의 경우 비아 개수와 레이어 개수를 최적화하고 최소화할 필요가 있다면 신호를 재정렬한다. 그림 6.7은 채널들을 바꾸는 신호의 오버헤드를 최소화하기 위한 이상적인 채널들의 순서를 나타낸다. 모든 자동 배선 도구가 이러한 특징을 가지는 것은 아니다.

⑩ 설계를 최적화할 추가적인 변화를 확인하기 위해 완성된 설계의 도면을 뽑아 검토한다.

앞서 언급한 바와 같이, 채널 안의 배선 레이어는 각각의 채널을 위해 개별적으로 결정되어야 한다. 전체의 칩을 위해 레이어 방향을 정의하고, 엄격히 설정되었던 방향을 고수하는 것이 반드시 필요한 것은 아니다. 채널 영역은 신호의 배선 요구 조건에 따라 각 채널을 위한 적절한 선택에 의해 최적화될 수 있다.

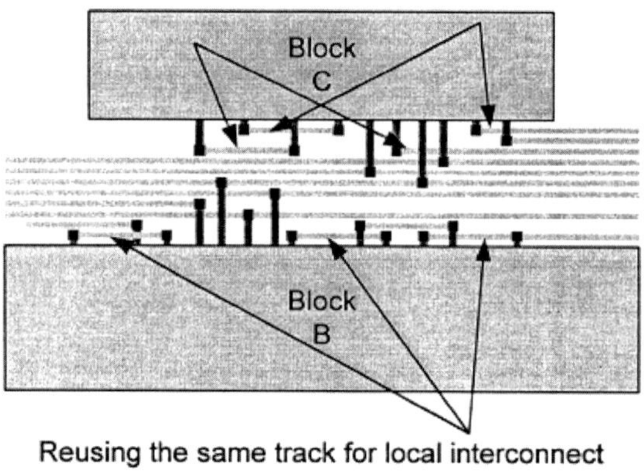

그림 6.5 배선 채널의 최적화를 위한 셀 위치의 변경

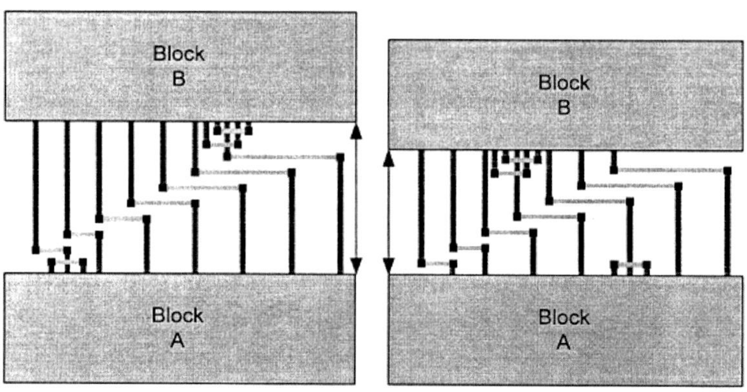

그림 6.6 배선 채널의 최적화를 위한 셀 위치의 변경

각 레이어를 위한 표준적인 배선 방향은 전원 공급, 특별한 신호들과 넓은 버스들을 위해 유지되어야 한다. 이러한 신호는 전역적이고 따라서 이와 같이 표준화된 레이어 할당이 유리하다.

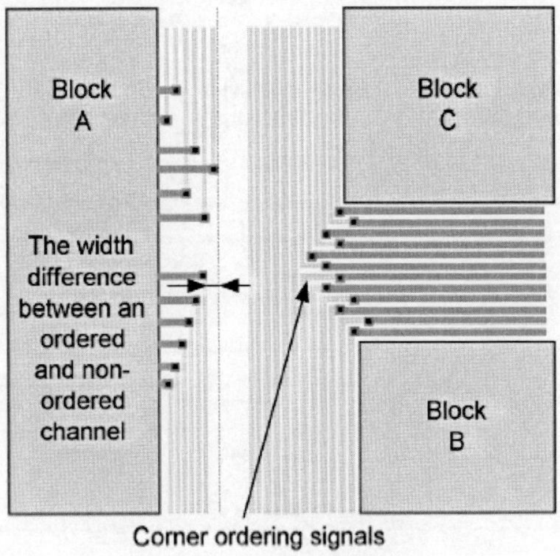

그림 6.7 채널 순서의 예시도

채널 내에서 최적의 배선 레이어를 결정하는 핵심 요인은 다음과 같다 :

- 그림 6.7에 예시된 바와 같이, 모퉁이를 도는 신호에 대한 합리적인 신호 배치.
- 셀을 위한 핀 레이어는 채널에서 셀에 신호를 연결하는 레이어를 결정한다. 반대로, 만일 레이어 배선의 특정 채널이 더 작거나 더 효율적인 배치를 가져오면, 이 사실을 이용하기 위해 셀의 설계가 이루어져야 한다.
- 일반적으로, 한 열의 셀과 평행하게 배선되는 신호는 셀 내에서 같은 방향에서 배선되는 같은 레이어를 사용한다.
- 단지 채널을 건너가는 국부 신호들은 레이어 배선에서 여러 가지 선택의 기회를 제공한다. 그림 6.8은 이러한 상황의 세 가지 예를 보여준다. 블록 B의 신호들이 블록 C에서와 비교할 때, 다른 위치에서 동일한 순서에 있는 것을 확인할 수 있다. 이것은 모든 방향으로 향하는 하나의 레이어를 위한 전형적인 경우이다. 이러한 방법은 문제가 되는 버스를 위해 최적의 크기와 대칭성을 제공하게 된다.

그림 6.8로부터 다음과 같은 사실을 알 수 있다 :

- 채널을 교차하는 신호의 배열이 유지되는 경우에 한해 단일 레이어 배선이 가능하다.
- 채널 1에서 나타나는 것과 같은 비아의 필요성이 채널 2와 3에서는 일어나지 않는다.

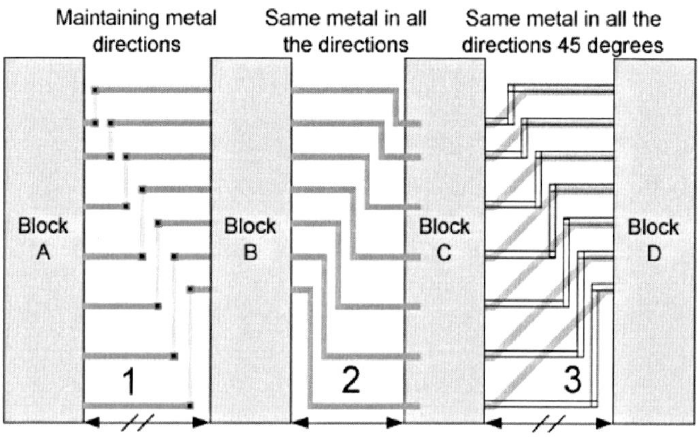

그림 6.8 교차 채널 배선의 예시

- 채널 1의 양방향으로는 배선이 막힌다. 수직 배선은 채널 2와 3 모두에서 자유롭고 분명하다.
- 채널 3은 오직 하나의 레이어만을 사용하면서 구현되지만, 실제 채널의 크기는 가상 채널에 의해 나타낸 바와 같이 채널 1과 같은 크기이다. 이러한 45° 신호의 구현은 면적의 절약을 가져오지는 않는다. 또한, 45° 레이어의 배치는 시간이 많이 걸리는 작업이다.
- 채널 2는 세 가지 중 가장 좋은 레이아웃이다 : 배치는 좌우 대칭이며, 수직의 레이어 걸림돌이 없으며, 채널이 다른 것보다 작다.

6.3.3 피드 쓰루의 사용

명칭이 의미하는 바와 같이 피드 쓰루란 그 구조 안에서 어떠한 전기적인 연결 없이 구조를 단순히 관통하는 배선 경로를 말한다. 이러한 개념은 표준 셀의 열을 꿰뚫는 방법으로서 5장에서 소개된 바 있다.

블록과 채널을 가지는 경우 피드 쓰루를 사용하는 상황을 고려해 보도록 하자. 플로어플랜은 매우 중요하며, 신호의 배선을 분석하고, 최적화하도록 하는 설계의 가치 있는 표현이다. 블록 내부의 배치를 완료하기 전에도 이러한 최적화는 일어날 수 있으며, 배선 분석이 가장 가치 있는 것은 바로 이 시기이다. 배선 요구 조건들은 예견될 수 있고, 블록 설계에 반영될 수 있다. 플로어플랜의 중요성은 아무리 강조해도 지나치지 않는다.

그림 6.9에서 나타내는 시나리오와 같이, 블록 C 주위에서 블록 A로부터 블록 B까지 몇몇 신호가 있다고 생각해보자. 이 문제를 해결하기 위한 많은 방법이 있을 수 있는데, 블록 A와 B가 완성되고, 변할 수 없는 것으로 가정한다. 블록 C는 아직도 진행 중이며, 바뀔 수 있다.

그림 6.9의 우측은 블록 C에 피드 쓰루를 추가하는 효과를 나타낸다.

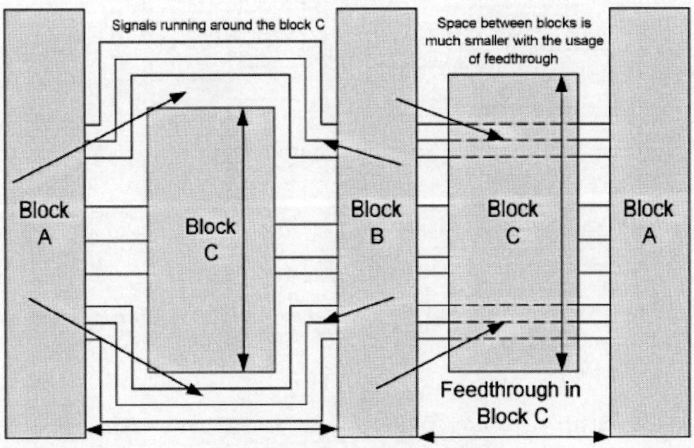

그림 6.9 피드 쓰루 예

- 이 예에서 블록 C는 여분의 신호를 수용하기에는 너무 길다. 이것은 이 신호를 용하기 위하여 이 방향으로 요구되었던 레이어에 관한 배선 자원이 충분하지 않았다는 것을 의미한다.
- A로부터 B로의 신호는 훨씬 더 짧다.
- 블록 C로의 채널이 상당히 줄어들었기 때문에 블록 A와 블록 B 사이의 거리는 더 작다.
- 높이 방향으로 신호를 추가했기 때문에 블록 C는 더 높게 된다. 추가적인 신호에 대처하는데 충분한 배선 자원이 있을 수도 있다.
- 블록 A, B 그리고 C의 단자는 정렬되어야 한다.
- 블록 C의 검증은 추가된 신호를 위한 결과를 포함할 필요가 있을 것이다. 이 신

호에 라벨을 붙이는 것은 이것이 피드 쓰루로 간주되고, 다른 방식으로 부주의하게 사용되지 않을 것을 확실하게 하는 바람직한 방법이다.

많은 변화와 추가가 예상되는 환경에서, 레이아웃이 완성되고 난 후에 피드 쓰루가 더 선호되는 레이아웃 설계 접근법이 있다. 이 기법은 플로어 플랜 정보 없이 구현되는 하위 레벨 블록이 구현되는 경우에도 사용될 수 있다.

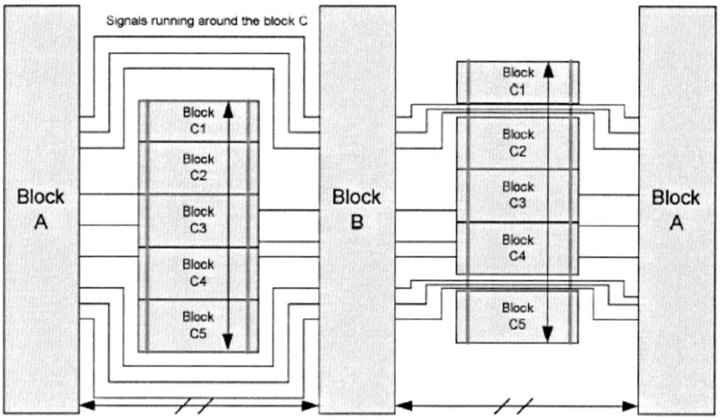

그림 6.10 피드 쓰루를 위한 블록의 분리

다음 사항을 고려하여 추가적인 배선을 예측하거나 예비 배선 자원을 블록 설계 단계에서 확보하도록 한다 :

- 이 방법은 블록 공극률에 영향을 끼칠 수 있고, 셀 영역에 오버헤드를 가져올 수도 있다. 이러한 점에서 배선 공간이 사용될 것인지 알 수 없게 된다.
- 사용되지 않는 배선 자원을 잊지 않도록 적절하게 확인하도록 한다.
- 실수를 피하기 위해 배선을 위해 이용할 수 없는 지역을 확인하도록 한다.
- 블록 성능이 여분의 다각형에 의해 추가된 기생 정전 용량에 의해 영향을 받지 않는 것을 분명히 하도록 한다. 유사하게, 만일 배선 자원이 사용되지 않으면, 블록 성능은 적절히 동작하는 것으로 검증되어야 한다.
- 이러한 문제 대부분에 대한 가장 단순한 해답은 셀의 일부로서의 배선 자원을 포함하고, 여분의 선을 가진 블록을 검증하는 오버헤드를 관리하는 것이다. 이 경우 블록의 특징을 대부분 예측할 수 있다.

다른 하나의 해결책은 여분의 신호를 수용할 수 있도록 용이하게 분리할 수 있는 섹션으로 나누어 블록을 설계하는 것이다. 그림 6.10은 이것이 어떻게 완성되는지를 보여준다.

이 방법을 사용하는 것에 의해, 배선 자원뿐만 아니라 회로를 추가할 수 있다. 플로어 플랜이 사용되는 경우에는 이 마지막 두 개의 방법은 좀처럼 필요하지 않을 것이다. 또한, 이 기술은 블록뿐만 아니라 작고 큰 셀의 배치에 효과적으로 사용될 수 있다.

PART 7

전기적 특성에 관한 레이아웃 설계 기술

이 장에서는 레이아웃에서 실현되는 회로 설계의 전기적 성능에 직접적인 영향을 가지는 문제들에 관하여 논의할 것이다. 주된 내용은 다음과 같다 :

- 저항값과 저항
- 정전 용량과 캐패시터
- 대칭과 균형
- 고급 레이아웃 기술

7.1 저항

저항값 계산을 위한 IC 설계의 관습은 각 도체 레이어에 대하여 “정방형” 저항으로 그 특성을 부여한다. 한 개의 “정방형”은 도체의 길이가 폭과 같은 조건으로서 정의된다. 도체의 저항값을 계산하는 공식은 다음과 같다.

$$R = \rho \times \frac{l}{w}$$

여기서 ρ는 Ω/□ 로 측정되는 레이어의 저항률, l은 길이, w는 도체의 폭을 뜻한다.

이 공식으로부터 다각형(ρ는 제조 공정상의 특성이며, 레이아웃 설계자의 영역 밖에 있다)의 저항을 최소로 하는 두 개의 방법이 있다는 것을 알 수 있다 :

1. 다각형의 길이를 줄인다.
2. 다각형의 폭을 늘린다.

직렬 또는 병렬로 연결된 저항의 등가 저항값을 계산하는 방법은 다양한 레이아웃 설계를 위한 저항값을 줄이는 것을 이해하기 위하여 중요하다.

그림 7.1은 두 개의 노드, A와 B 사이에서 다양한 방법으로 연결된 저항들의 예시 및 전체 저항값의 계산을 보여준다.

직렬 연결된 저항은 전체 저항값을 크게 하며, 병렬 연결된 저항은 결과적인 저항값을 줄여준다.

7.1.1 트랜지스터 설계에서 저항값의 최소화

이미 6장에서 배선에 의한 저항값에 대하여 논의했다. 여기에서는 트랜지스터 수준의 레이아웃 설계에서 저항에 의한 효과를 고려해 보도록 한다.

CMOS에서는 트랜지스터가 소스 (액티브), 게이트 (폴리-실리콘), 그리고 드레인 (액티브)로 만들어져 있으며, 그것이 동작하기 위해서는 각각의 세 단자에 신호가 연결되어야 한다. 그러므로, 소스 및 드레인에 연결된 콘택에 대한 고려가 중요하다.

그림 7.2는 트랜지스터의 폭을 가로지르는 다양한 전류의 경로를 표시하고 있는 다른 저항에 의한 상당히 복잡한 트랜지스터 저항 모델을 나타낸다. 다각형 레이아웃에서 나타내게 되는 모든 전류의 호는 저항 모델을 나타낸다. 범례는 각 종류의 저항을 대한 근사의 개수를 나타내며, 회로에서 저항이 각각 관련하고 있는 값을 보여준다. 이 숫자는 0.25 -μm 공정에 관한 내용이다.

액티브 저항이 지배적인 저항값을 가지는데, metal1 보다는 1,000배 더 저항값이 크고, metal1 콘택보다는 10배 더 저항값이 큰 것은 흥미로운 사실이다. 이 숫자는 두 개의 금속 선으로부터 전체적인 저항값을 최소화하기 위한 좋은 출발점을 주는데 그것은 액티브 저항값을 최소로 하라는 것이다.

그림 7.3은 이 개념을 도시하기 위하여 트랜지스터 설계를 위한 다양한 콘택 구성의 효과를 나타낸다.

표 7.1은 그림 7.3에서 나타난 세 가지 경우들을 비교한다.

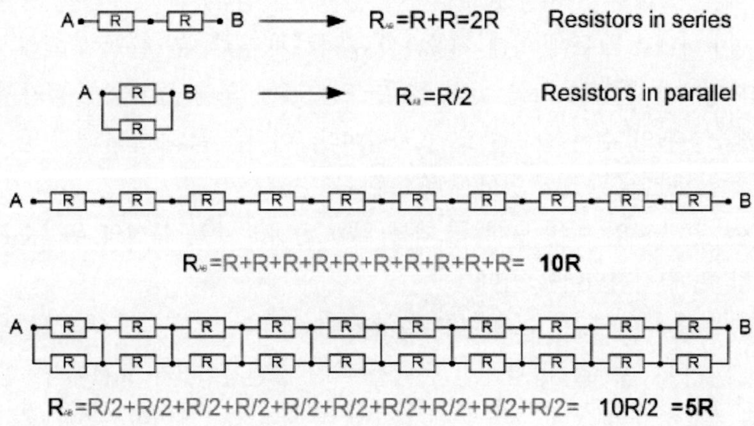

그림 7.1 등가 저항값의 예

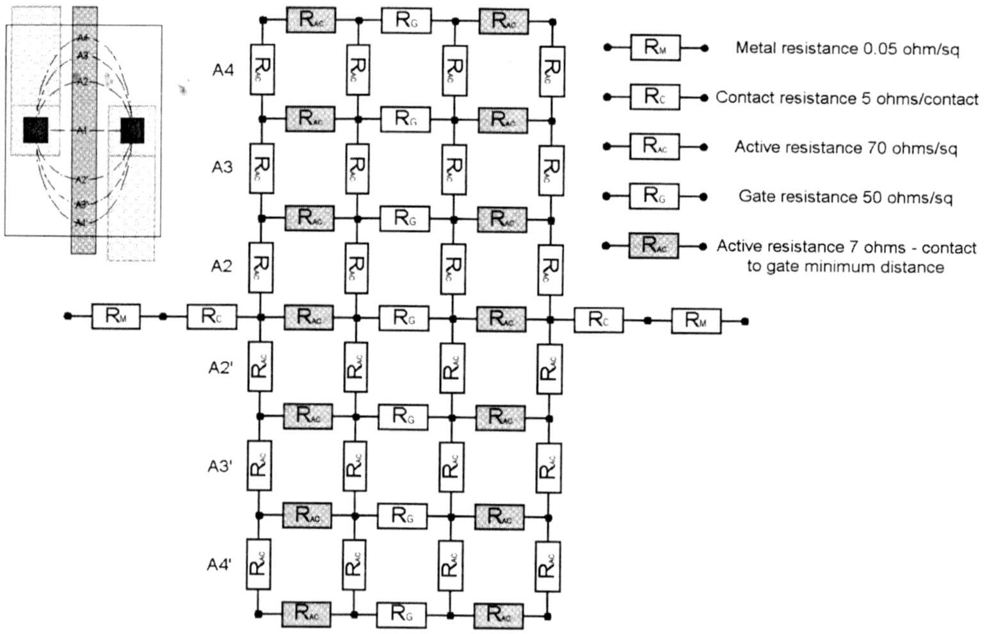

그림 7.2 기본적인 트랜지스터 저항값 모델

이 예는 모두 콘택 저항을 고려하여 분석한 것이다. 콘택은 금속 또는 폴리의 삼차원 열들이므로 그들에 의해 저항값이 증가하게 된다. 각 콘택에 의해 저항이 도체로부터 평행한 전류의 다른 경로를 만드는 것에 의해 줄어들게 되기 때문에 모든 연결에서 콘택의 수는 중요한 고려 사항이다. 이것은 특히 클록과 전원 공급선 같은 큰 전류가 흐르는 신호에 있어서 중요하다.

레이아웃 스타일 또는 트랜지스터를 위한 콘택의 수는 특성의 우선순위 및 응용성의 바탕 위에 선택되어야 한다.

예를 들어, 아날로그, 고속, RF 및 DRAM 회로들은 성능과 신뢰성을 매우 엄밀히 평가하는 응용 분야로서, 충분한 콘택을 가진 트랜지스터가 표준이다. 만약 배선 가능성이 중요한 문제라면, 경우 2에 나타낸 트랜지스터 레이아웃을 사용하는 것이 적당할지도 모른다. 어떠한 상황에서는, 경우 2에서 보여주는 보다 높은 저항값은 불리한 효과를 나타내지 않을 수도 있다 ; 그러므로, 배선 가능성의 장점은 이 옵션을 매혹적이게 한다.

계산되는 값들은 서로 관계가 있게 취급되어야 하며, 이러한 종류의 연결에 대한 차이를 평가하는 것에 도움이 된다.

그림 7.4에서 나타내는 트랜지스터는 성능이 배선 가능성을 위해 희생되는 레이아웃 설계 문제의 해답을 보여주는 극단적인 예이다. 이러한 레이아웃이 적당한 경우가 있다. 어떤 공정은 레이어의 저항률 관점에서 매우 다른 특징을 가질 것이다. 예를 들면, 액티브 레이어가 금속화되어, 앞서 기술한 예보다 매우 낮은 (1/10) 저항률을 가지는 공정이 있다. 이 경우에 트랜지스터의 성능은 인정될 수 있으며, 셀 레이아웃을 최적화하기 위해 배선 채널을 이용할 수 있다. 이러한 공정은 비용이 많이 들지만 레이아웃 설계를 위한 특별한 특성을 이용하기 위해 항상 준비하고 있어야 한다.

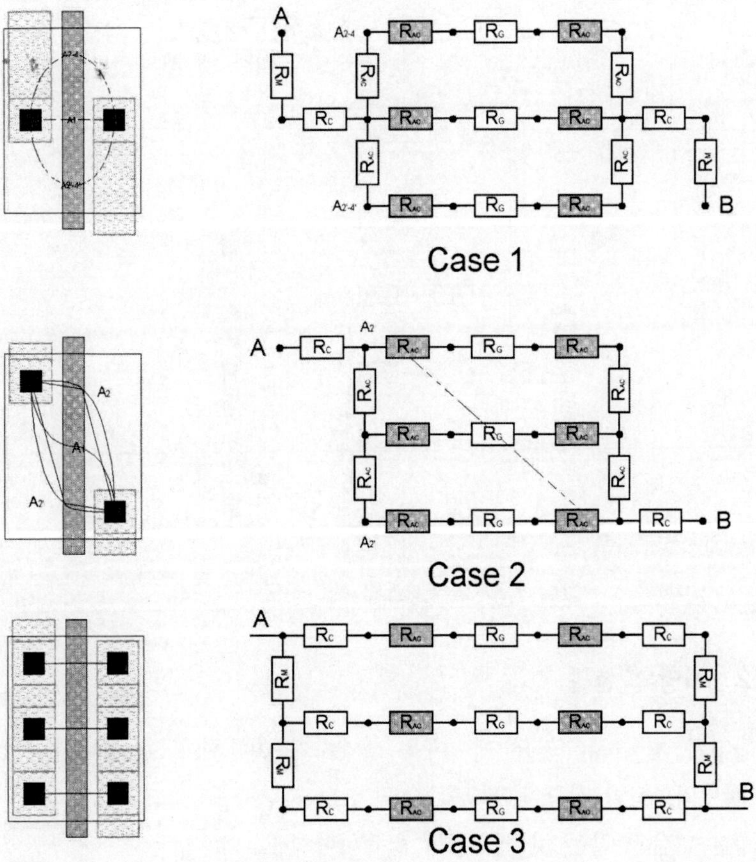

그림 7.3 트랜지스터 콘택 구성의 예

표 7.1 등가적인 트랜지스터 저항값의 비교

경우	전체 등가 저항값	설명
경우 1	56.1 Ω	기본적 레이아웃
경우 2	105.1 Ω	액티브 레이어 배선에 의한 높은 콘택 저항 콘택 간의 metal1 배선 채널 배선 및 성능 간의 절충
경우 3	24.7 Ω	최소 저항 구성 metal1 배선 불가능 다수의 콘택에 의한 높은 신뢰도
경우 4	450 Ω	최대 저항 구성 metal1에 의한 네 개의 배선 채널 가능 최소의 수평 면적

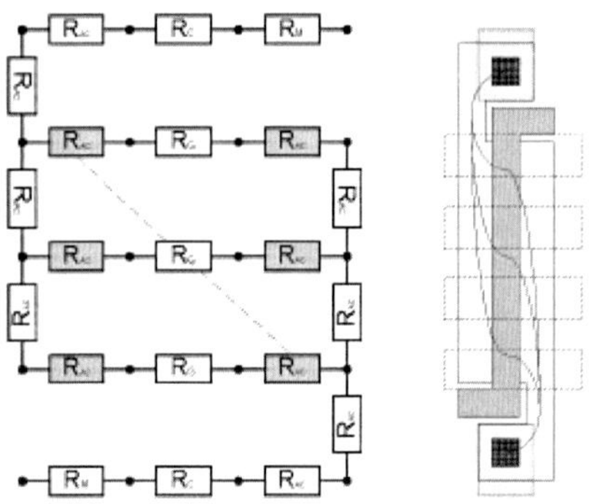

그림 7.4 트랜지스터 레이아웃 (경우 4)

7.1.2 저항의 설계

저항값을 제어하는 것은 레이아웃 설계자가 이해해야 할 중요한 개념이다. 어떤 경우에는 의도적인 저항이 필요할 수도 있다.

저항은 다음과 같은 것들을 위해 필요하다 :

- 전압 분배기
- 지연 요소
- 동적인 논리 부하

- SRAM 셀
- ESD 입력 보호 구조
- 많은 아날로그 회로 응용

이와 같이 많은 경우에 저항을 필요로 하며 그 값 또한 정확해야 한다.
어떤 저항의 구현에 있어서도 그 첫 번째 단계는 적절한 레이어를 선택하는 것이다.
레이어의 적절한 선택은 다음의 요인들을 고려하는 것에 의해 가능하다 :

- 다른 레이어의 저항률
- 다른 공정 및 환경 조건(온도)에서의 저항률 변화
- 다른 공정 조건 하에서의 레이어 변화
- 선택된 레이어에 의해 결정되는 저항의 최종 면적

대부분의 경우 게이트 폴리가 저항 재료로 선택되는데 그 이유는 그 저항이 비교적 높고, 저항률과 폭이 정교하게 조절되며, 결과적인 면적이 허용 가능하기 때문이다. 어떤 공정은 이러한 적용을 이상적으로 하기 위해서 특별한 매우 저항이 큰 레이어를 가진다.

저항은 정방형을 사용하여 계산되며 특별한 저항값을 구현하기 위해서는 일정한 폭을 선택한 후 그 다각형의 길이를 다음 공식에 의해 계산한다.

$$R = \rho \times \frac{l}{w}$$

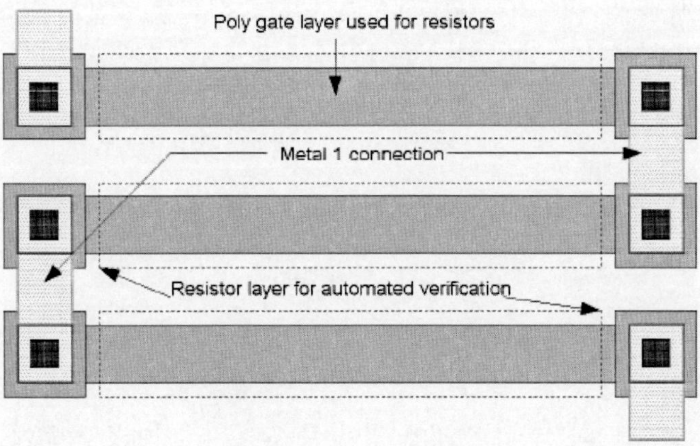

그림 7.5 전형적인 저항

넓은 폭의 다각형은 특정 저항값을 실현하기 위해 더 긴 길이를 필요로 하므로 합리적인 크기의 저항을 위해서는 폭이 적절히 선택되어야 한다. 최소 설계 규칙에 의한 다각형을 사용하면 폭에서의 변화가 이 조건에서 매우 민감해지기 때문에 보통의 경우 사용이 자제된다. 또한 다이 위의 모든 저항의 변이가 동일하도록 전체 칩에 사용되는 모든 저항의 폭을 표준화하는 것이 좋다. 콘택 저항의 효과를 고려하는 것도 잊지 않도록 한다.

그림 7.5는 전형적인 폴리 저항의 예를 나타낸다. 그들은 폴리 게이트로 만들어지며, 콘택을 통해 신호와 연결되고, 특별한 저항 레이어에 의해 정의된다. 이 레이어는 문서 작성 및 LVS를 목적으로 사용된다. 그것은 저항이 레이아웃 검증을 위한 소자로 설정되는 영역을 지정한다. CAD 도구는 콘택 레이어가 이 저항 지정 레이어에 덮히지 않는 것을 필요로 한다.

미세 조정이 자주 일어나는 아날로그 회로에서 주로 사용되기 때문에 저항은 금속 옵션의 주요 대상이 된다.

그림 7.6으로부터 저항이 때로는 너무 많은 공간을 사용하지 않고 트랜지스터 영역에 맞아야 하기 때문에 이것이 보다 면적을 효율적으로 활용하는 방법이라는 사실을 알 수 있다. 단점은 그런 저항들이 폴리 레이어의 모퉁이 때문에 저항값이 쉽게 계산되지 않는다는 것이다. 가장 좋은 근사치로서, 선의 전체 저항값을 계산하기 위해 폭으로 나눠지는 폴리의 중심 라인을 사용할 수 있다.

아날로그 또는 RF 레이아웃 설계에서는, 간섭을 피하기 위해 저항 자체를 차폐하여 보호해야 하는 경우가 있다. 그림 7.7은 그런 저항의 예를 나타낸다.

서로 반대 방향의 클록 에지에서 스위칭을 하는 신호들에 연결되는 두 개의 저항이 있는 매우 민감한 어떤 회로에서는, 그 두 신호가 동일한 여건에서 동작하도록 두 개의 저항 사이의 상호 연결 효과의 균형을 잡는 것이 필요하다. 이것을 균형 잡힌 교차 저항이라 한다. 그 예는 그림 7.8에서 보여준다.

7.2 정전 용량

정전 용량의 정의와 근원은 레이아웃 설계자가 이해해야 할 중요한 개념이다. 약간의 예외적인 경우에는 회로 구조상 정전 용량을 필요로 한다. 그러나 일반적으로 레이아웃 설계를 최적화하는 것에 있어서는 다른 레이아웃 구조에 의해 본질적으로 존재하는 기생적인 정전 용량을 최소화하는 것을 강조한다.

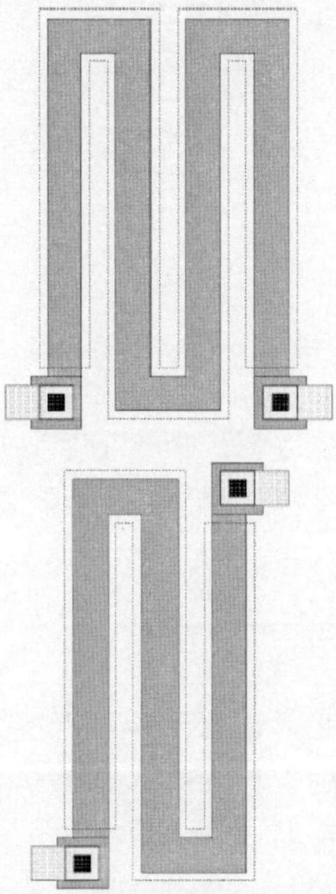

그림 7.6 효율적인 저항 스타일

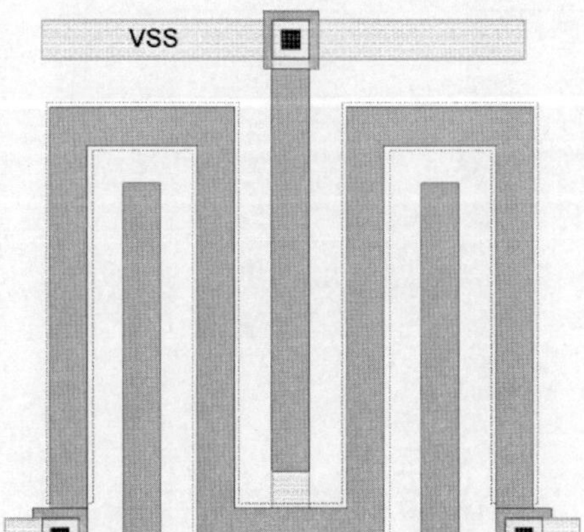

그림 7.7 차폐된 저항

정전 용량은 설계의 여러 특징들에 영향을 끼친다. 두 개의 같은 설계가 비교될 때, 더 높은 정전 용량을 가진 설계는 다음의 모든 항목에서 결과적인 증가를 가져올 것이다 :

- 신호 지연
- 전력 소비
- 인근 구조물에의 결합 효과

정전 용량의 정의에 대한 검토는 여러 가지 레이아웃 설계 스타일에서 정전 용량을 줄이는 좋은 설계 습관에 대한 이해를 도와줄 것이다.

도체의 정전 용량 계산의 일반의 공식은 다음과 같다.

$$C = \epsilon \times \frac{A}{d}$$

여기서 A는 특정 도체의 표면 면적, d는 도체와 기준 노드 사이의 물리적인 거리, 그리고 ϵ는 도체와 기준 노드 사이의 절연층의 특성을 표현하는 상수이다. 그림 7.9는 캐패시터의 이론적인 정의를 나타낸다.

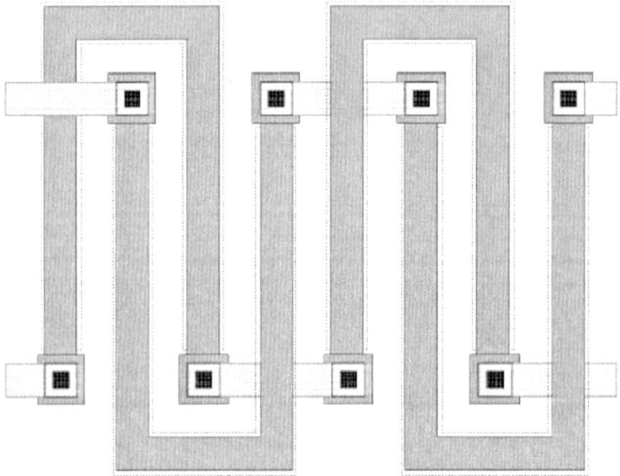

그림 7.8 균형이 잡힌 교차 저항

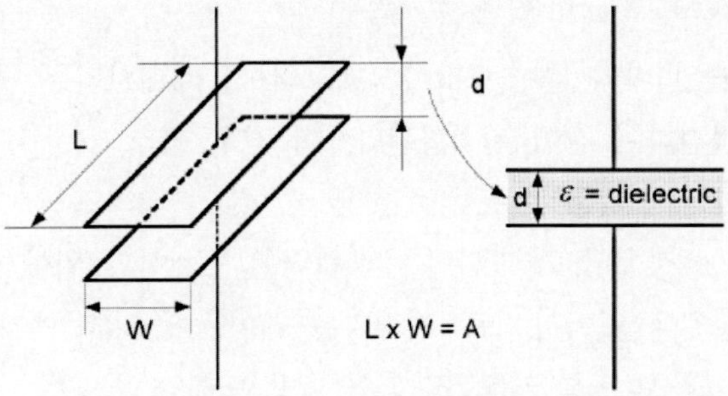

그림 7.9 캐패시터의 정의

이 공식으로부터 어떤 신호의 정전 용량을 최소로 하는 두 가지 방법이 있는 것이 명백하다 : (ϵ는 제조 공정의 특성이고, 레이아웃 설계자가 제어할 수 없다)

❶ 캐패시터의 면적을 줄인다. – 이것은 2 장의 "판" 또는 다각형이 겹쳐지고 있는 면적을 줄이는 것을 의미한다.

❷ 캐패시터 판 사이의 거리를 늘린다.

한 신호에 대한 정전 용량 C는 다음 공식에 따른 전하 또는 전류를 필요로 하는 전압의 변화 (dV/dt) 속도를 제한하는 효과를 갖는다.

$$\frac{dV}{dt} = \frac{I}{C}$$

이 관계로부터 시간 지연 공식 $t_{delay} = RC$ 공식이 유도된다.

7.2.1 캐패시터의 설계

앞서 언급한 바와 같이, 캐패시터가 회로 설계의 주요 부분이 되는 경우가 있으며, 다음과 같은 예가 대표적이다 :

- DRAM 메모리 셀
- 전원 공급기 분리 캐패시터
- 전원 공급 저장기 캐패시터
- 지연 사슬
- 스위치된 캐패시터 응용과 같은 특수 아날로그 회로

어떻게 캐패시터 설계의 예측이 가능할까?

5장에서 기술된 바와 같이, DRAM 메모리 셀 캐패시터는 단순한 두 레이어의 겹침이며 매우 근접하여 같이 최적화된다. 이 경우 거리 d는 정전 용량을 증가시키기 위해 최소화한다.

표준 CMOS 공정에서, 효과적인 캐패시터를 구현하기 위한 레이어의 선택은 매우 제한적이다. 설계에 있어서, 트랜지스터는 게이트 폴리와 액티브 레이어 사이가 매우 작은 거리 d를 갖도록 제작된다. 소스 및 드레인 노드는 캐패시터의 한 쪽 끝에 연결되고 게이트 노드는 다른 쪽에 연결된다.

그림 7.10은 NMOS 트랜지스터에 기반한 캐패시터의 두 가지 구현을 보여준다. 하나는 기판 위에, 다른 하나는 N-웰 안에 만들어진다. N-웰 트랜지스터는 트랜지스터가 동작하기 시작하는 더 낮은 임계값 때문에 더 큰 효과의 정전 용량을 가질 수 있다.

전원 공급기 분리 캐패시터는 의도적인 캐패시터의 가장 보편적인 사용이므로 몇 가지만 언급하기로 한다. 이 캐패시터는 두 노드를 “분리”하기 위해서 두 개의 전원 노드(VDD와 VSS 같은) 사이에 연결되며 잡음이 큰 신호에 대해 동적인 전하를 공급한다. 이러한 분리 효과가 전원 공급 전압을 안정화시키고 칩 동작의 신뢰도를 향상시킨다.

측정 가능한 양의 전하를 공급하기 위하여, 이 캐패시터는 칩 안에 편재될 필요가 있으며 전체 정전 용량의 유효 크기는 nF 범위에 이른다. 효과적인 구현을 위해서는 약간의 계획을 필요로 한다 ; 하지만, 전원 공급 선은 많은 위치에서 일반적으로 널리 사용 가능하기 때문에 일단 정해진 회로가 구현된 이후에는 공간을 확보하기가 그리 어려운 것이 아니다. 이러한 큰 트랜지스터는 원치 않는 회로에의 잡음 결합을 피하기 위해 가드 링으로 분리하는 것이 바람직하다.

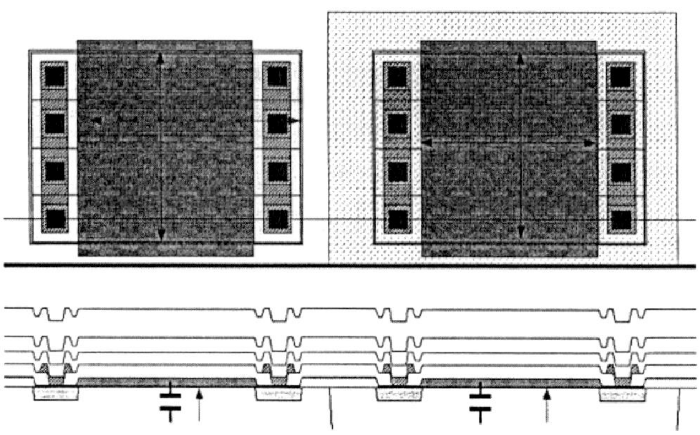

그림 7.10 NMOS 트랜지스터에 기반한 캐패시터

7.2.2 기생적 트랜지스터 정전 용량의 최소화

그림 7.11에 나타난 바와 같이, 트랜지스터에는 근본적으로 많은 기생적 정전 용량이 존재한다.

그림 7.12는 드레인 정전 용량 C_{DB}를 현저하게 감소시키는 트랜지스터 설계의 몇 가지 예를 보여준다. 이 그림에 대한 설명은 표 7.2에 정리되어 있다.

일반적으로, 최소 설계 규칙이 사용된다면, 트랜지스터 정전 용량은 그림 7.12에 표시된 기법을 사용하여 최적화할 수 있다.

7.2.3 상호 연결 정전 용량

기생적인 상호 연결 정전 용량은 피하기가 불가능하지만, 대부분의 경우에 적절한 회로 설계에 의해 부하를 보상하여 효과적으로 처리되어야 한다.

이것은 주로 추출 도구가 사용되어 설계의 모든 노드에서의 상호 연결 정전 용량을 모델링하고 계산하는 것에 관한 것이다. 이 절에서는 정전 용량을 모델링하고 계산하는 추출 도구에 숨겨진 개념에 대하여 기술한다.

서로 층을 이루는 많은 레이어에 의해 제작된 칩에 대하여 생각해보기로 하자. 특정 다각형 주위에 많은 물체가 있으면 인접한 물체 사이의 한 쌍은 기생적인 캐패시터를 형성한다. 현재 특정 노드의 전체 정전 용량의 70~80%가 상호 연결 배선에서 비롯된 기생적 정전 용량에 의한 것으로 알려져 있다. 다이 크기가 커지고, 상호 연결 레이어 개수가 증가하고, 선의 인접 간격이 감소함에 따라 트랜지스터 부하 효과보다는 기생적인 상호 연결 정전 용량 쪽으로 그 무게 중심이 옮겨지게 되었다.

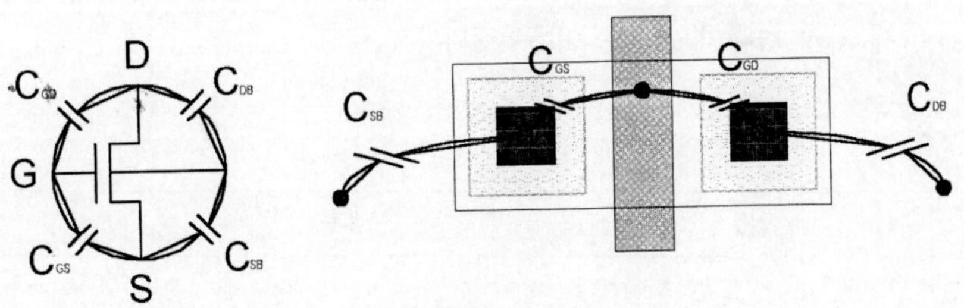

그림 7.11 트랜지스터 정전 용량 모델

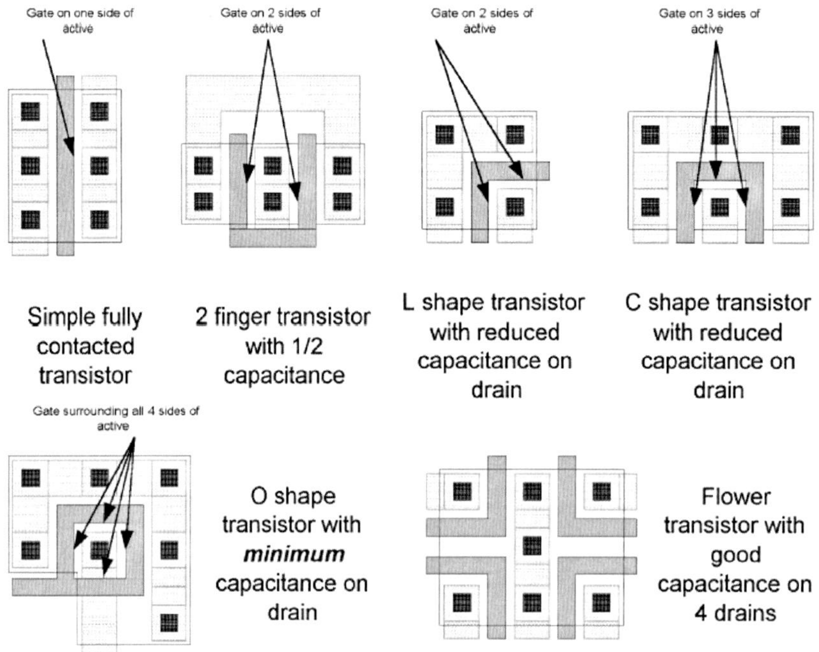

그림 7.12 최소 정전 용량 트랜지스터

일단 이러한 상호 연결 정전 용량의 근원이 이해되면 고급 기법을 사용하여 이 문제를 다루게 된다. 그림 7.13은 상호 연결 정전 용량의 여러 가지 근원이 나타나는 다양한 상황을 삼차원으로 보여준다.

CD-ROM의 한 자료는 실제 데이터를 회로 설계에 반영하기 위한 추출 기법의 예를 소개한다.

어떠한 신호의 정전 용량도 근본적으로는 그림 7.13의 단일 선 캐패시터 모델에서 보여준 세 가지 형태의 요소로 이루어진다 :

표 7.2 그림 7.12에 대한 설명

예	설명
단순	• 표준 레이아웃
두 손가락	• 표준 레이아웃 대비 C_{DB} 절반 감소
	• 짝수 손가락 형태의 트랜지스터 사용을 극대화
L 형태	• 작은 드레인, 단일 콘택 크기 정도의 소자에 적합

(계속)

C 형태	• 작은 드레인, 쉽게 게이트 양쪽 끝으로 연결
	• 데이터 경로 또는 버스 접속 응용에 사용
	• 데이터 경로 응용에 좋은 최소 드레인 정전 용량
O 형태	• "초콜릿" 또는 "와플" 트랜지스터의 근간; 완전한 예는 CD-ROM 참조
	• 매우 큰 트랜지스터에 대하여 전자이동 규칙에 의해 사용 제한
꽃	• L 형태가 네 개의 출력 노드에 확장

01 *평행판 정전 용량* : 이것은 7.2절의 초반부에서 기술된 간단한 정전 용량 모델이다.

02 *외변 정전 용량* : 이 정전 용량은 선을 따라 흐르는 전류에 의해 유도된 전기장이 원인이 된 것이다.

이러한 정전 용량의 모델링과 계산은 이 책의 영역을 넘어서지만 외변 정전 용량이 전체 상호 연결 정전 용량의 매우 큰 부분 (~50%)에 달한다는 사실을 인지하는 것은 중요하다.

외변 정전 용량은 문제가 되는 물체로부터의 신호 거리 d에 의해 결정된다고 말하면 충분하다.

역사적으로 평행판 정전 용량 형태의 모델에 제한되어 왔기 때문에 이러한 사항을 처리하기 위한 추출 도구가 개발된 것은 매우 최근의 일이다.

03 *결합 정전 용량* : 결합 정전 용량은 하나의 신호 노드로부터 다른 신호에 이르는 정전 용량으로 정의된다.

결합 정전 용량을 가시화하기 위한 가장 간단한 모델은 문제가 되는 신호 사이에 평행판 및 외변 정전 용량 계산을 사용하는 것이다.

그림 7.13의 결합 정전 용량 부분은 이 점을 예증하려고 하고 있다. 그림에 나타난 바와 같이, 물체와 인접한 정전 용량은 다른 신호 또는 전원 공급 노드나 기판과 같은 다양한 구조물에 기인한다.

결합 정전 용량의 정확한 모델링은 매우 특별한 응용 분야에 제한되는데 그 이유는 단지 근접한 정전 용량을 고려하는 회로망의 모의실험과 추출의 배후에 있는 도구와 방법론이 실제적이지 않기 때문이다.

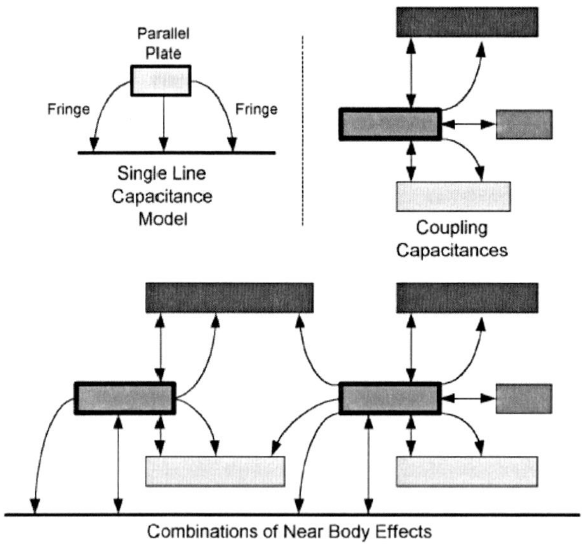

그림 7.13 상호 연결 배선 정전 용량의 예

노드의 정전 용량이 항상 접지와 관계가 있다고 가정하는 것은 극단적인 단순화이다. 캐패시터의 양측 두 개의 신호가 동시에 반대 방향으로 전압을 바꾸고 있는 상황에서 결합 정전 용량을 고려하는 것은 중요하다. 이 시나리오를 그림 7.14에서 보여주고 있다.

이 경우 신호의 지연에 연결 정전 용량이 미치는 효과는 기준 노드가 정적인 신호인 경우의 *두 배*에 해당한다. 선의 구동기는 신호를 한 방향으로 움직이려고 하고, 그 선의 기생적인 정전 용량과 겨루고 있다. 캐패시터의 기준 노드 전압이 반대 방향으로 바뀜에 따라 선 안으로 결합되며 그 효과는 그 신호를 더욱 지연시키는 것으로 나타난다.

반대로, 만일 두 개의 신호가 같은 방향으로 구동되면, 그들은 서로를 거들게 된다.

기생적인 정전 용량의 근원들을 이해하게 되면, 주어진 신호 위의 다른 용량성 부하를 줄이는 다른 기법은 무엇인가?

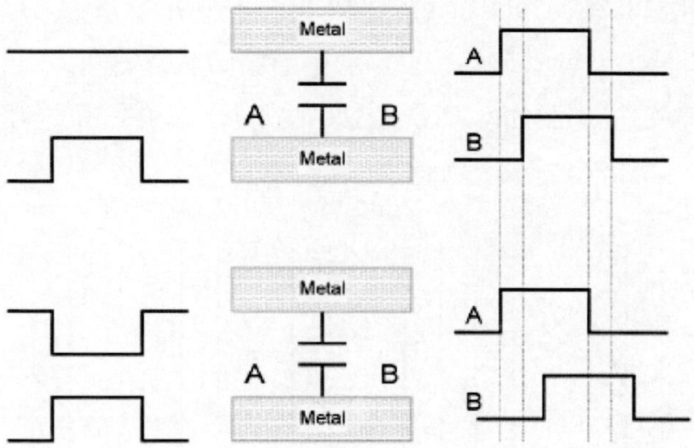

그림 7.14 결합 정전 용량 효과

- 평행한 판들의 면적을 줄인다.
  이것은 레이아웃 관점에서 무엇을 의미하는가? 신호의 길이를 단축시키거나 폭을 최소로 하는 것, 또는 양쪽 모두이다.
  신호가 단지 50% 정도 폭이 줄어들게 되는 경우, 선의 평행한 판 부분이 전체의 50% 이기 때문에 길이를 바꾸는 것 없이 가장자리 조건이 일정하게 유지되고, 정전 용량이 25% 정도만 줄어들게 되는 점에 주목하는 것은 중요하다.
  반대로, 평행한 판과 가장자리 조건들이 똑같이 영향을 받기 때문에 주어진 신호의 길이를 50% 단축시키는 것은 50%의 정전 용량 절약을 가져올 것이다.
- 거리 d 또는 평행한 판 사이의 유전성의 거리를 줄인다.
  다시, 이것은 레이아웃 관점에서 무엇을 의미하는가? 가능할 때는 언제라도, 비어있는 채널 안에 결정적인 신호를 배선하고 다른 레이어 위 또는 아래로 배선되는 신호의 연적을 최소화하는 것이다.
  하나의 예로서, 비어있는 배선 채널이 사용된다고 가정할 때, 최상위층의 배선 레이어를 사용하는 것은 다른 레이어와 비교할 때 기판 말단에 대한 정전 용량을 최소화할 것이다.
  상층 배선 레이어를 사용하고 그림 7.13에 나타낸 단일 선 정전 용량 모델과 가깝게 보이는 구현이 이상적인 목표이다.
- 그들 사이의 결합 정전 용량에 관한 같은 레이어 위의 신호 사이 간격을 늘린다. 이 신호를 퍼지고 있다고 부르는데 그것은 예외적으로 배선 혼잡이 낮은 영역에서 유용하다. CD-ROM에 있는 자료를 검토하기 바란다.

• 차동 신호의 경우, 어떤 결합이라도 똑같이 쌍의 두 신호 모두에 영향을 끼치는 것을 확실하게 함으로써 인접한 선에 결합 효과를 줄이는 "비틀림" 계획을 구현한다. 그림 7.15는 신호 XX를 위한 이 개념을 보여주고, 차폐의 개념을 소개한다.

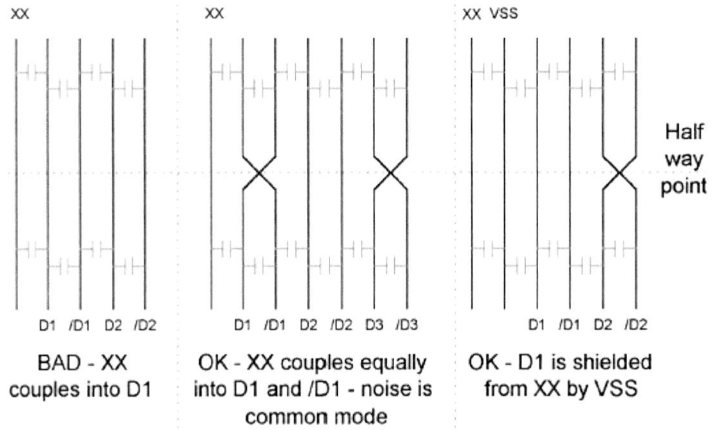

그림 7.15 신호 결합을 줄이기 위한 차동 쌍 비틀기

• 정적인 수준에서 머무는 신호들로 결정적인 신호들을 차폐한다. 이 기술은 그림 7.14에서 도시되는 최악 조건 결합 시나리오의 가능성을 제거한다.

신호를 차폐하는 개념은 프린트 회로 기판PCB) 에서 비롯되는데, 거기서 회로에 기준 전압을 제공하게 되는 어떤 신호는 다른 신호보다 큰 범위까지 간섭으로부터 분리된다. 차폐에 대한 하나의 예는 그림 7.15에 나타나 있지만, 더 정교한 기법이 있다. 그림 7.16에서 나타낸 것처럼 하나의 신호는 양측으로 차폐될 수 있다. 이 경우 신호를 같은 레이어에 대한 영향으로부터 분리하고 있다.

문제의 신호가 도체의 위와 아래 방향을 포함하여 완전하게 포위된다는 점에서 그림 7.17과 7.18은 더욱 세련된 차폐의 예를 나타낸다. 두 그림에 의해 나타낸 것처럼 차폐 능력은 이용할 수 있는 배선에 의존한다.

7.3 좌우 대칭

동작의 예견 가능성 또는 설계의 성능은 다양한 방법으로 생각될 수 있다. 예를 들면, 회로의 타이밍 특징을 측정하는 데에 있어서, 절대적인 성능 목표를 만족시키는 것이 요구된다. 종종 서로와 관계가 있는 두 개의 회로 성능 특징이 상응할 수 있도록, 두 개의 레이아웃 설계가 동등하게 구현되는 것이 요구된다.

좌우 대칭이 사용되는 보통의 예는 다음과 같다 :

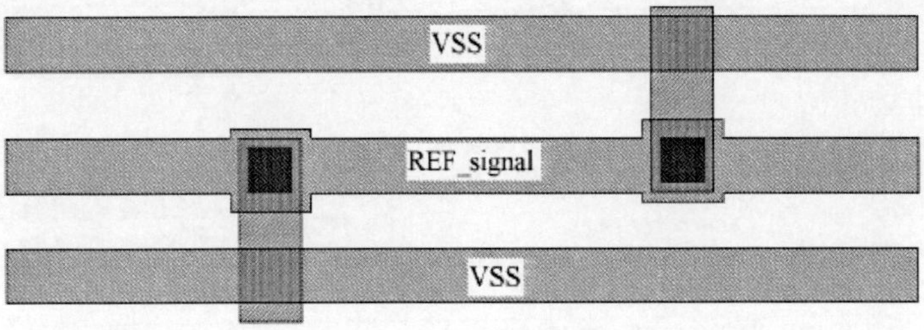

그림 7.16 단일 차폐 예

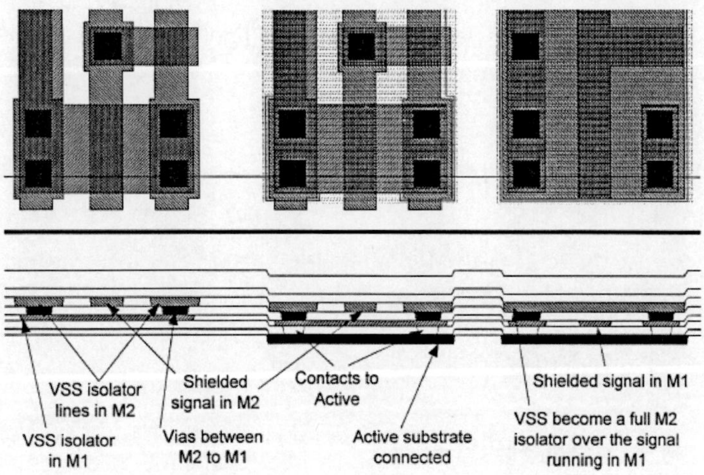

그림 7.17 2-메탈 공정에서의 차폐 옵션

- 차동 증폭기는 셀 레이아웃의 절반 사이의 정합을 요구한다.
- 데이터 패스와 메모리 배열 회로는 각각의 열과 행에 대하여 동일한 레이아웃을 요구한다.
- 복수 손가락 NAND 게이트와 같은 셀을 만들기 위하여 평행한 구조가 사용되는 레이아웃 설계에 있어서, 다른 평행한 경로의 어떠한 직렬 연결을 비트는 것에 있어서도 직렬 요소들 사이의 비대칭성을 제거한다.

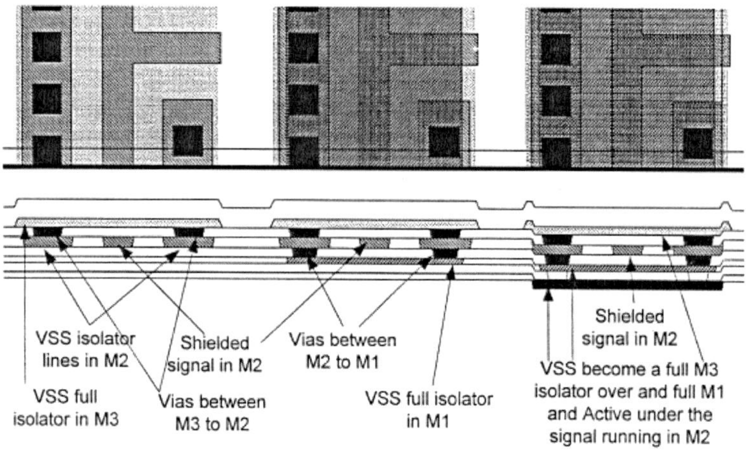

그림 7.18 3-금속 공정에서의 차폐 옵션

- 차동 쌍 배선은 신호들 사이의 정합 특성을 요구한다.
- 플립 플롭의 셋업 및 홀드 시간을 만족시키는 신호와 클록 경로의 설계는 신호 경로를 클록 경로에 정합시키는 과제이다.

두 회로가 동일하게 동작하는 것을 확실하게 하는 최고의 방법은 두 경우 모두 동일한 레이아웃 셀을 사용하는 것이다. 신호의 좌우 대칭은 같은 길이, 폭, 부하와 결합 환경을 가지도록 두 개의 신호를 설계하는 것에 의해 이루어진다. 이 개념은 더욱 상세하게 논의된다. 극단적인 경우에는 이 절에서 기술된 모든 기법들이 매우 주의를 요하는 응용 분야를 위해 결합될 수 있다.

7.3.1 좌우 대칭의 레이아웃

많은 아날로그, RF 또는 민감한 디지털 설계에 있어서, 특정 설계의 두 반쪽은 전기적으로 같으며, 각 절반은 동일하게 동작하는 것이 요구된다. 차동 증폭기는 두 입력 신호의 신호 차이를 식별하는 것이 주요 기능인 회로의 예이다.

거의 완벽한 좌우 대칭의 레이아웃을 얻는 매우 단순한 기법은 하나의 셀을 두 번 사용하는 것이다. 두 셀의 작은 차이는 셀의 상부에서 구현되어야 한다. 그림 7.19는 이 방법을 도시한다.

이 방법의 장점과 단점은 다음과 같다 :

- 좌우 대칭은 보장받고, 구현하기 쉽다.
- 셀에 기반을 둔 레이아웃의 유용성이 나타난다. 두 반쪽에서의 수정은 하나의 셀에서 이루어진다.

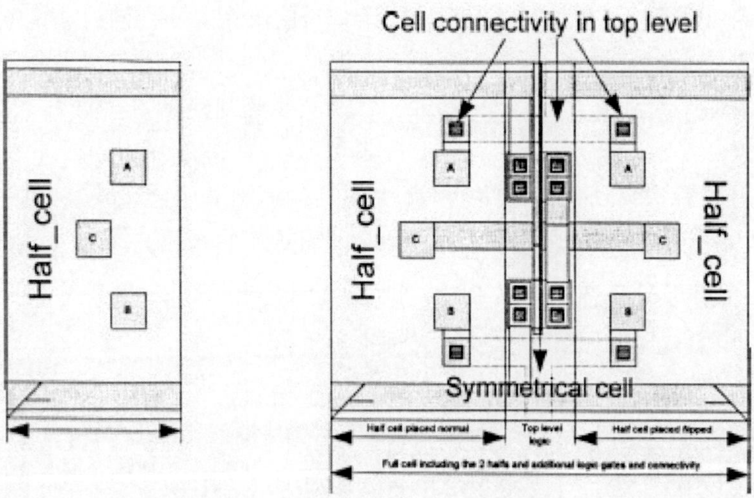

그림 7.19 좌우 대칭 레이아웃 예

- 좌우 대칭 점이 잘 이해되어야 하고 이것을 고려하여 레이아웃이 구현되어야 하기 때문에 셀 계획은 조금 더 복잡하게 된다.
- 어떤 영역 또는 배선 오버헤드가 좌우 대칭 때문에 있을 수도 있다. 그러나 좌우 대칭의 선에 따른 다각형들은 보통 공유된다.

TIP

기본 셀을 개발하기 위해 거의 모든 레이아웃 편집기에서 제공되는 "Edit in Place" 모드를 사용한다. 그 변화가 즉시 다른 한 쪽에 나타나도록 최상위 레벨에서 두 개의 기본 셀들 중 하나에 "Edit in Place"를 적용하여 편집한다.

7.3.2 균형 잡힌 레이아웃

균형 잡힌 레이아웃은 그 구조 내에서 지적인 연결의 결과로 좌우 대칭의 레이아웃 뿐만 아니라 좌우 대칭의 성능을 가지는 설계로서 정의한다.

균형 잡힌 회로를 구현하는 것은 다음과 같은 효과를 가진다 :

- 오늘날 칩의 큰 전력 소모를 다루고 있는 설계자가 최적의 동작 온도를 유지하도록 칩을 식히기 위해 팬을 필요로 하는 것을 피하려고 하는 일반적인 전력 감소.
- 타이밍 좌우 대칭. 이것은 특히 각 소자를 스위칭하는 타이밍이 결정적인 아날로그와 RF 설계에서 중요하다.
- 정확히 설계의 균형 잡힌 특성을 얻는 보다 상세한 연결 모델의 정의.

아날로그 설계 기술은 균형 잡힌 레이아웃의 핵심 요소이다. 거기서 "균형 잡힌 소자" 라고 불리는 매우 오래된 방법이 IC 설계에 적용된다. 그림 7.20에 나타낸 예는 2 입력 NAND 게이트를 위한 개념을 도시한다. 그리고 결과적으로는 두 입력과 출력 사이의 시간 지연이 같다는 것이다.

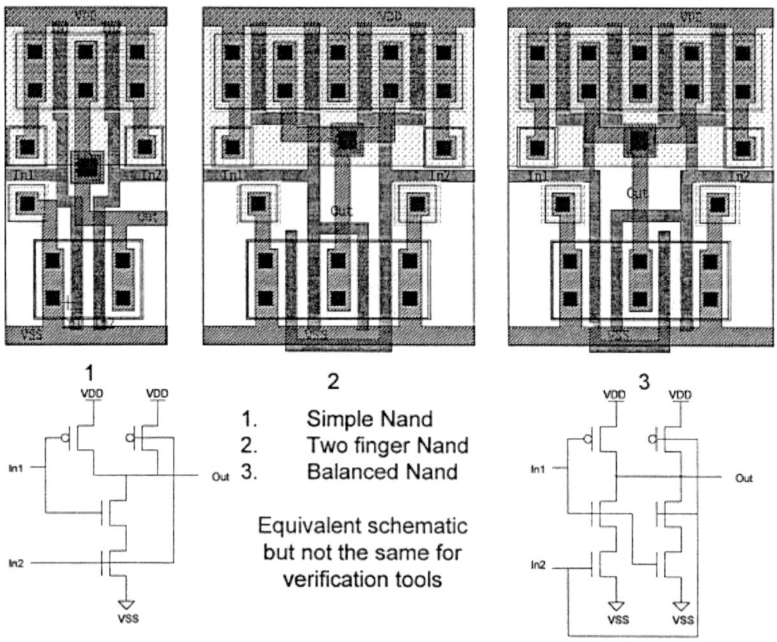

그림 7.20 균형 잡힌 2 입력 NAND

그림 7.20의 우측에 나타낸 회로도는 예 3의 회로도가 정의되는 방식을 정확히 보여준다. 많은 LVS 레이아웃 검증 도구들은 레이아웃 내에서 NAND 게이트를 인지하기 위한 단계적 기법을 가진다. 일반적인 회로의 NAND와 비교될 때 예 3에서

나타낸 NAND 레이아웃은 자주 NAND로 인정되지 않고, 불일치를 만든다. 그 이유는 NAND 내의 직렬 접속의 순서가 반대이기 때문이다. 기능적으로 그들은 동일하며, 실제적으로 균형 잡혀 있다. 이 경우 회로도는 LVS를 통과하기 위한 순서대로의 정확한 연결성을 반영하기 위해 바뀌어야 한다.

균형 잡힌 회로가 항상 간단한 것은 아니다. 직렬 접속되는 두 개 이상의 트랜지스터를 다룰 때 직렬 소자들의 균형을 잡는 것은 더 어렵다. 그림 7.21은 이 개념을 더 명확히 도시하는 세 개의 직렬 게이트의 예를 나타낸다.

직렬 접속의 균형을 잡기 위해, 각 입력은 세 개의 위치에서 각각 트랜지스터에 접속하고 있다 : 출력에 가깝게, 중심에, 그리고 전원에 가깝게. 이것은 오직 세 개의 평행한 직렬 사슬 구조가 있을 때 가능하다 ; 그러므로, 균형 잡힌 레이아웃을 적용하는 것은 상당한 오버헤드를 가져올 수도 있다.

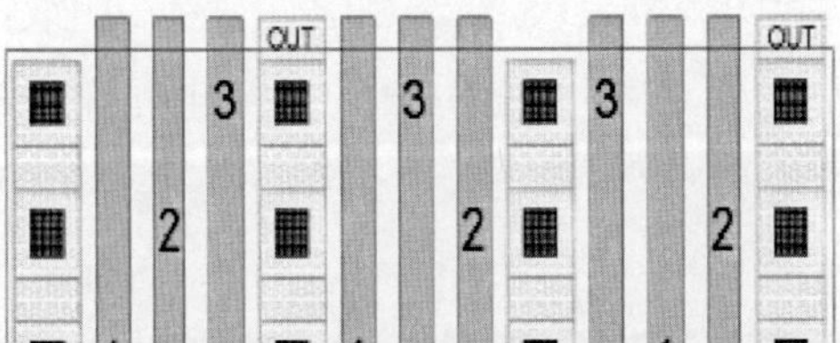

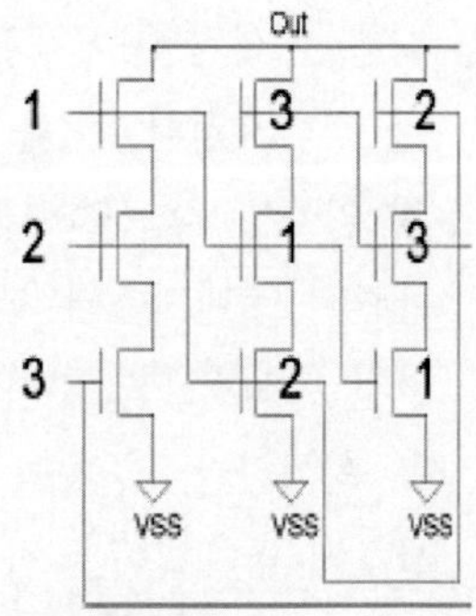

그림 7.21 균형 잡힌 NMOS 직렬 트랜지스터

7.3.3 물리적인 보상

물리적인 보상은 신호에 적용하게 되는 레이아웃 좌우 대칭의 개념을 기술하기 위해 사용하는 용어이다. 신호의 좌우 대칭은 같은 길이, 폭, 부하, 그리고 결합 환경을 가지기 위한 두 개의 신호를 설계하는 것에 의해 이루어진다.

플립 플롭의 셋업 및 홀드 시간을 만족시키는 신호와 클록 경로를 설계하는 것은 클록 경로와 신호 경로를 조화시키는 문제이다. 타이밍 마진이 극히 작은 몇몇 경우에서는, 물리적인 보상 기법이 사용된다.

동기식 DRAM(SDRAM)은 입력 셋업 및 홀드 시간이 매우 잘 정의되는 것이 요구되는 응용이다. 회로 성능은 모든 전압, 온도, 그리고 공정 조건에서 보장받을 필요가 있다. 물리적인 보상은 이 경우 적당하다.

앞서 언급되었던 바와 같이, 신호의 좌우 대칭은 보상되는 그룹 중에 신호의 많은 구조상 특징을 반영시키는 것에 의해 이루어질 수 있다. 이것은 많은 수의 비아, 배선 레이어와 각 레이어의 부분 길이의 정합, 그리고 각 신호의 동일한 차폐를 포함해야 한다.

일군의 신호들 중에 물리적인 보상을 구현하는 간단한 목록은 다음과 같다 :

01 다른 신호와 마찬가지로 어떠한 신호를 배선한다. 길이 보상과 차폐선을 위해 공간을 남겨둔다. 모든 선들은 동일한 선폭을 사용하여 배선한다.

02 보상되는 것들 중에서 가장 긴 선을 결정하고, 정합되는 모든 다른 신호들의 길이를 늘인다. 적절한 차폐가 유지되는 한 신호의 선들이 구부러지는 것은 적절하다.

03 다른 배선 레이어가 사용된다면, 각 신호를 위한 각 레이어의 상호 연결 길이를 정합시킨다. 선을 따라 같은 위치에 다른 레이어 배선을 하는 것은 필요하지 않지만 각 신호 내에서 같은 수의 비아를 사용하는 것은 중요하다.
관련된 트랜지스터 부하와 각 선의 팬아웃을 정합시킨다. 이것은 구동기와 관련된 트랜지스터 부하의 크기 비율이 모든 선에 대하여 같은 것이어야 하는 것을 의미한다. 추가의 트랜지스터 부하는 팬아웃 비율에 정합하도록 해당하는 신호에 추가되어야 한다.

04 표 7.3은 보상 부하 계산의 개념을 도시한다.

05 그 결과를 검증하기 위하여 레이아웃 추출 도구를 실행시키고, 필요하다면 레이아웃을 조절한다.

표 7.3 보상 부하 계산의 예

신호	소자 크기	부하	팬아웃 비율	보상 부하
A	100/50	500/250	5	–
B	20/10	40/20	2	60/30

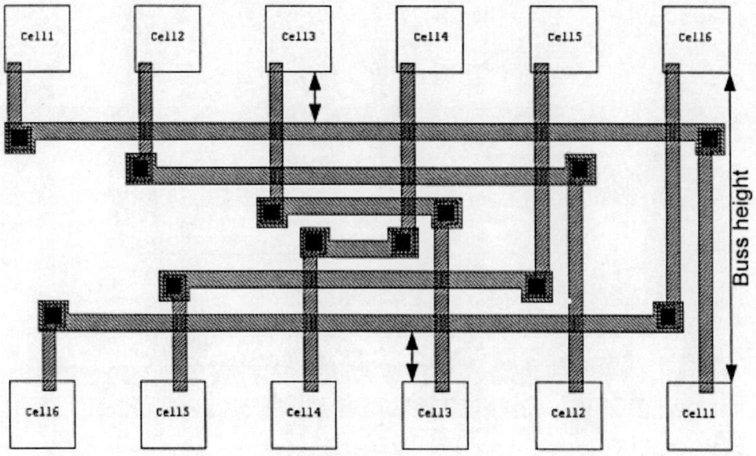

그림 7.22 간단한 버스 배선

그림 7.22는 보상이 적용되기 전에 단순히 배선되었던 신호 그룹을 나타낸다. 화살표에 주의한다. 작은 화살표는 나중에 적용하게 될 물리적인 보상을 위해 할당되는 오버헤드 공간의 영역을 가리킨다. 우측의 긴 화살표는 버스의 크기를 나타낸다.

그림 7.23은 보상 후의 동일한 레이아웃을 나타낸다. 버스의 최종적인 높이가 전보다 큰데 이것은 그 계획이 너무 과감한 것을 표시한다는 사실에 주의한다. (작은 화살표는 차이를 표시한다.)

7.4 특별한 전기적 요구사항

7.4.1 45° 레이아웃

이미 45° 각도로 그려진 다각형 및 경로는 정보를 저장하기 위해 더 많은 데이터베이스 공간을 사용한다는 것을 설명한 바 있다. 이 때문에 레이아웃 설계자는 90° 이외 각도의 다각형을 그리는 것을 피해야 한다. 그러나, 45° 레이아웃에 의해 보다 작고 보다 신뢰도 높은 설계가 만들어질 수 있다.

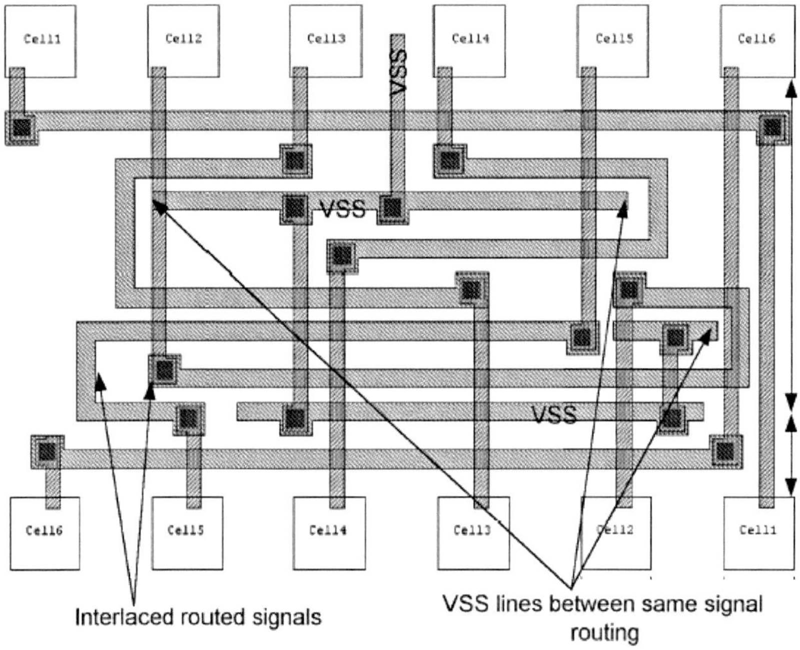

그림 7.23 물리적인 보상 예

45° 다각형의 전기적 특성 또한 어떤 지역에서는 그것을 매우 유용하게 한다. 큰 전류가 도체를 통하여 흐르고 있을 때, 90° 모퉁이는 응력을 받는다. 45° 다각형을 사용하는 것은 이 문제를 경감시킨다.

45° 레이아웃이 매우 권장되거나, 의무적인 몇 가지 경우가 있다 :

- 모퉁이를 돌아 배선되는 매우 넓은 전원 선들. 폭이 30~40 μm 이상 넓은 경우, 높은 전류에 의해 금속의 응력이 줄어들게 된다.
- 반대 모퉁이로 돌아서는 넓은 선 또는 신호 버스. 상세한 내용은 그림 7.24를 보도록 한다. 상당한 면적 절약이 이루어질 수 있다.
- 칩이 주사위 모양으로 잘릴 때 유도되는 응집력을 줄이기 위해 칩 모퉁이 가까이에 배선되는 신호.
- 이전의 장에서 논의된 것처럼 모퉁이의 전력 서지 및 ESD 시 발생 가능한 스파이크를 줄이는 I/O 셀.
- 매우 반복적인 구조 또는 간격이 제한된 레이아웃을 설계할 때 면적을 절약하기 위해.

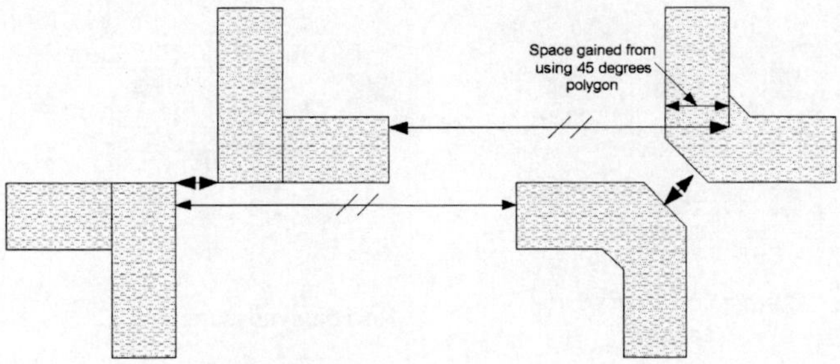

그림 7.24 넓은 신호의 최적 배선

- 트랜지스터 레이아웃을 최적화하기 위해. 45° 레이아웃의 대부분의 이유는 이해하기 쉽지만 트랜지스터의 설계에 있어서의 방법은 그렇게 단순한 개념이 아니다. 그래서 추가적인 설명이 필요하다.

굽은 트랜지스터는 드레인 정전 용량을 최소화하는 것과 관련해서 7.2.2절에서 이미 설명된 바 있다. 이러한 트랜지스터는 일반적으로 많은 전류를 흘리지 않고 동작을 멈춘 게이트 부분이라고 생각될 수 있다는 점에서 90° 모퉁이 지역이 트랜지스터로는 효과적이지 않기 때문에 최적이라고는 할 수 없다. 굽은 트랜지스터의 모퉁이는 유용한 트랜지스터 폭으로서 이상적으로는 무시되어야 한다.

실제로, 게이트 폭의 측정에서 게이트의 중심선을 사용하는 단순한 알고리듬을 사용하기 때문에 레이아웃 추출 도구는 이 영역에서 정확하지 않다. 굽어진 게이트의 실효 폭은 크기 면에서 모퉁이 수와 게이트 길이를 곱한 만큼 줄어들어야 한다.

그림 7.25는 45° 트랜지스터와 90° 트랜지스터의 차이를 나타낸다. 게이트 폭 증가가 이루어진다.

셀 크기의 어떤 작은 이득이라도 칩 크기에 영향을 주는 경우에 45° 게이트는 널리 사용된다. 예를 들면, 칩에서 여러 번 되풀이되는 간격이 제한된 셀에서 굽은 게이트가 사용된다. 그림 7.26은 PLA의 많은 I/O 셀 또는 밀집된 레지스터 파일과 매우 유사한 워드 라인 구동 트랜지스터의 예를 보여준다. 45° 다각형을 사용하는 것은 X와 Y 방향에서 최소 크기 설계를 가능하게 한다. 그러나 그러한 트랜지스터로의 변화는 그리 간단하거나 쉽지 않다.

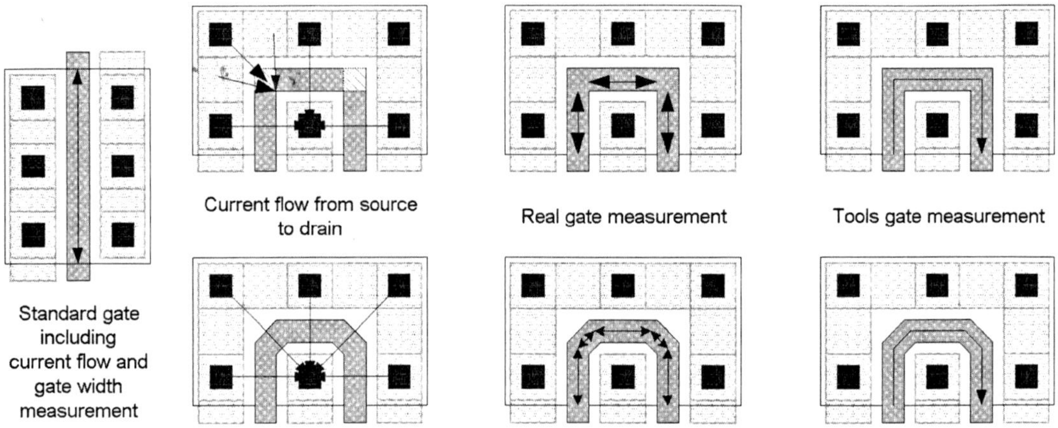

그림 7.25 굽어진 게이트의 단순한 예

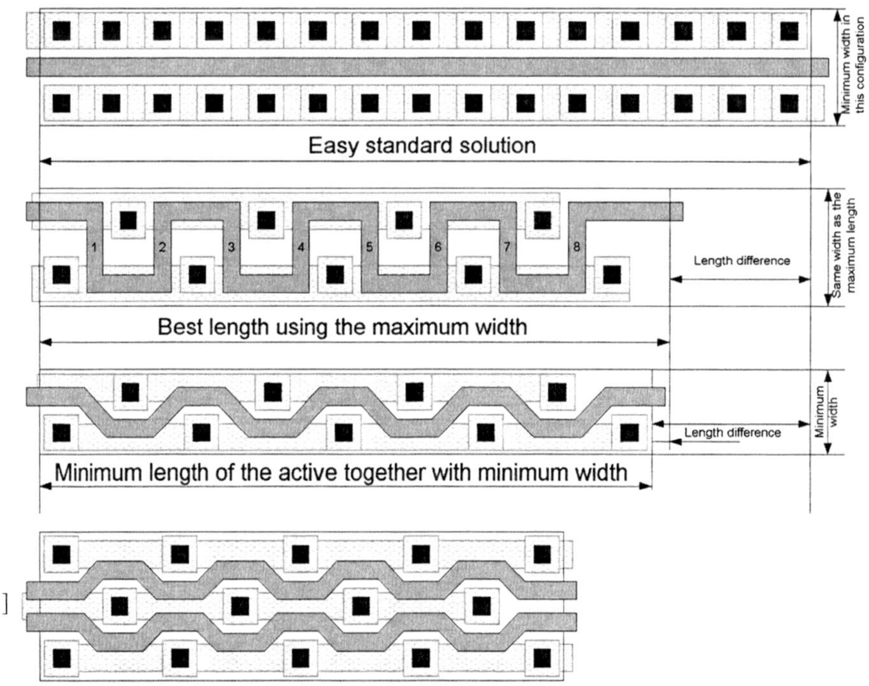

그림 7.26 면적을 최소화하기 위하여 굽어진 트랜지스터

7.4.2 전자이동

전자이동은 장시간에 걸쳐 전자들의 흐름에 기인하는 원자들의 분자의 변위로서 정의된다. 진정으로 이것이 의미하는 것은 금속 선들이 이 효과에 의해 결국엔 부서지고, 개방 회로를 만들 것이라는 것이다.

전자이동이 쉽게 일어날 수 있는 상황이가 때문에 잘못 설계된 부분들은 정상 동작의 기간 이후에는 오동작을 일으킬 것이다. 집적 회로의 집적도가 높아질수록, 고전류 밀도와 고온에서 동작하는 금속선이 전자이동에 의한 성능 저하에 걸리기 쉬운 것에 대한 관심이 증가되어 왔다.

전자이동은 알루미늄과 알루미늄-합금 레이어에서 가장 보편적이다. 이러한 이유로 새로운 금속들이 전자이동 한계 (즉, 텅스텐, 구리, 기타) 가 없고 매우 작은 저항을 갖는 공정이 도입되고 있다.

개방 회로를 피하기 위해서는 전류 운송 금속 선 폭의 증가에 의해 전자이동의 오동작을 막을 수 있다. 전자이동이 도체 내에서 흐르고 있는 전류의 총합에 의존하기 때문에, 레이아웃 설계자들에게는 심각한 면적 오버헤드를 부담하지 않고 효과적으로 이 문제에 관해 언급하기 위한 일련의 가이드라인이 제공된다.

전자이동 가이드라인의 적용을 위해 고려해야 할 세 가지 기본시나리오는 다음과 같다 : (a) DC 전류, (b) 전자가 보통 한 방향으로만 흐르는 AC 전류 (c) 전자가 양방향으로 흐르는 진정한 AC 전류.

이상적인 시나리오에서, 회로를 설계하고 있는 공학 기술자는 모든 신호에 대해 전자이동이 일어나기 쉬운 것에 대한 평가를 한다. 회로도에는 특별한 주의를 필요로 하는 신호를 표시하기 위하여 레이아웃 설계자를 위한 주석을 달도록 한다. 그러나, 이것은 집약적인 일이고, 누락될 위험이 있기 때문에 이 방법이 그렇게 실질적인 것은 아니다. 전자이동 가이드라인에 순응하기 위하여, 대부분의 회사는 레이아웃 설계자의 참조를 위해 단순한 표를 만드는 것을 선호한다.

그러한 표 사용을 시작하기 전에 회로 설계에 관련된 전류가 단방향성인지, 양방향성인지 이해하는 것이 중요하다. 이 지식은 회로도에 적절히 기반을 둔 레이아웃을 구현하기 위해 필요하다.

그림 7.27은 인버터 회로도 및 전류의 흐름이 주석으로 달린 레이아웃을 나타낸다. 단방향성과 양방향성 전류 흐름의 영역 또한 표시되어 있다.

PMOS와 NMOS 트랜지스터에서 전류 흐름의 방향을 이해할 시간을 충분히 갖도록 하자. 여기서 알 수 있듯이, 출력이 출력 다각형의 우측에서 빗금 친 다각형 또는 굵은 직사각형에 연결될 것이라고 가정한다. 특히 전자이동에 영향을 받기 쉬운 지역은 출력 버퍼들과 클록 발생기 같은 매우 큰 구동기 또는 버퍼일 것이다.

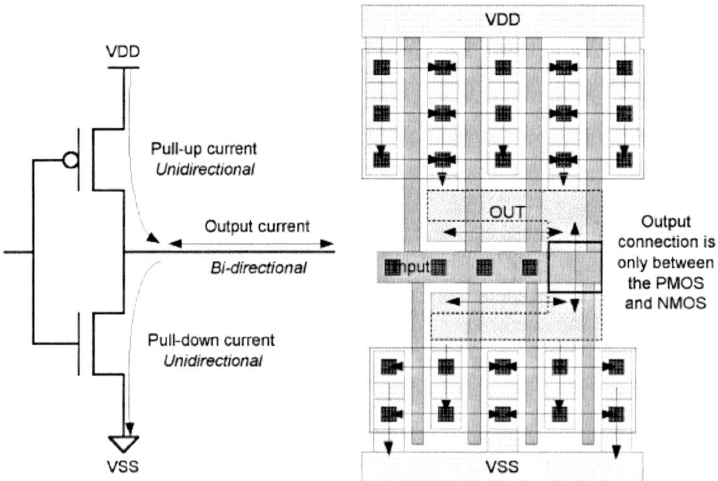

그림 7.27 전자이동 전류

전형적인 전자이동 가이드라인 표는 표 7.4와 같은 것처럼 보일 것이다.
다음과 같은 사실에 주목한다 :

표 7.4 전자이동 표의 예

		양방향 AC 경로				단방향 AC 경로			
구동기 크기	Iavg	(즉, 신호 버스 선)				(즉, PMOS와 NMOS 사이)			
P(μm)/N(μm)	(mA)	M1	M2	콘택	비아	M1	M2	콘택	비아
80/40	1.4	1.0μm	1.2μm	1	1	1.0μm	1.2μm	2	1
120/60	2.2	1.0μm	1.2μm	1	1	1.4μm	1.2μm	3	2
200/100	3.5	1.0μm	1.2μm	1	1	2.3μm	1.8μm	4	2
300/150	5.5	1.0μm	1.2μm	2	1	3.4μm	2.7μm	6	3
500/250	9	1.2μm	1.2μm	2	1	5.6μm	4.5μm	9	5
1,000/500	18.1	2.3μm	1.8μm	4	2	11.3μm	9μm	19	9

(계속)

• 지정된 값 사이의 크기는 항상 반올림
• 1.0μm 최소 메탈1 폭
• 1.2μm 최소 메탈2 폭
• 콘택과 비아 수는 공정 전류 추이에 따름

- 만일 동등한 인버터 크기가 계산되면 구동기 크기는 효과적인 인버터 크기이므로 다른 게이트를 위해서도 사용될 수 있다.
- 전자이동 규칙은 전원 공급 노드에도 적용된다. 전원 공급단은 폭이 넓고 접속이 강건하므로 이것은 일반적으로 문제가 되지 않는다.

7.4.3 복수의 전력 공급

칩 설계자는 대부분 그들의 칩을 이동식 장치에 넣고 싶어 하기 때문에 칩 전력 소모를 줄이기 위해 노력하고 있다. 게이트 크기가 작아질수록, 전원 공급 전압 또한 줄어들게 된다. 오늘날 다양한 표준 전원 공급 전압들이 있지만, 0.25 μm의 공정을 위한 전원 공급 전압은 2.5~3.3 V의 범위 안에 있다.

보드 또는 패키지의 핀에 걸리는 전원 공급 전압 레벨이 반드시 칩 내부의 동작 전압인 것은 아니다. 예를 들면, I/O 구동기는 3.3 V를 사용하지만 칩의 내부의 중심부는 전력을 보존하기 위해 2.5 V로 구동되기도 한다. 이 경우 칩은 두 개의 다른 전압을 PCB로부터 공급받을 수도 있고, 또는 외부의 3.3 V를 조절하여 칩 중심부에 2.5 V를 제공하는 내부의 전원 공급 회로를 가질 수도 있다.

복수 전원 공급의 최대의 예는 DRAM 설계이다. 전형적인 DRAM 설계는 조절된 내부의 VDD, 두 개의 각각 분리된 중심 전압, VPP로서 알려진 특별 전압, I/O 공급 VDDQ/VSSQ와 음성의 기판 전압 VBB을 필요로 한다.

어떻게 배선과 레이아웃 검증 같은 문제를 위해 효과적으로 이러한 다량의 전원 공급을 다루는가? 여기에 몇 가지 제안과 방법론이 있다 :

- 플로어 플랜과 배선 계획에서 중요도와 복잡도의 순서에 따라 별도로 각 전원 공급을 위한 계획을 세운다. 예를 들면, 어떤 전원 공급원은 내장형 메모리와 같이 국소화될 수도 있고, 따라서 우선순위에서 하위에 있다.
- 서로 다른 기판과 웰 영역을 위한 계획을 잊지 않도록 한다. 예를 들면, 음성의

VBB와 VSS는 같은 P+ 기판에 직접 연결될 수 없다. 그래서 VBB 기판을 위해 여분의 기판 접속의 추가적인 오버헤드에 대해 계획을 세워야 한다.

- 이상적으로는 전원을 공급하는 회로 근처에 있어야 하기 때문에 전력 공급 생성기는 플로어 플랜 솜씨를 필요로 한다. 이것은 적당한 기생 저항을 얻기 위해 필요로 하는 전원 공급 격자를 줄이는 것에 의해 그 효과를 높인다.
- 레이아웃 검증을 위해 명령 파일에서 적절하게 모든 전원을 정의한다 ; 그렇지 않으면, 연결성 검사는 동작하지 않을 것이다. 이것은 소자와 기판 지역의 정의를 포함한다.
- 분리된 공급선으로 큰 전력 소모자를 고립시킨다. 대부분의 잡음과 동요가 고립되기 때문에 I/O 버퍼는 그 좋은 예이다.
- 발전기의 근처에 내부 전원 공급 발전기를 위한 저장 캐패시터를 배치한다. 이 캐패시터는 높은 전류 소모 기간 동안에 본질적으로 축전지의 역할을 한다. 발전기로부터 떨어진 위치에 저장 캐패시터를 배치하는 것은 발전 캐패시터의 충전 능력을 떨어뜨린다.
- 내부 전원을 큰 전원 공급 변화로부터 보호하기 위해 클램핑 다이오드를 사용한다. 칩에 대한 외부 전원 접속이 반대로 적용되는 경우, VDD에서 VSS로의 클램핑 다이오드가 역방향 전압을 제한하는 동작을 수행한다. 또한, 전원 공급 다이오드는 종종 전반적인 칩 ESD 보호 경로의 일부를 이룬다.

클램핑 다이오드의 추가적인 특징은 전원 공급의 차이가 하나의 다이오드 전압 강하를 초과할 때 순방향 바이어스가 걸리게 되는 경우이다. 이런 식으로 과부하가 걸릴 때, 양 전원 공급기로부터 전류가 만들어져 공급된다. 과부하 상태에서 VDD로부터 분리되어 유지되어야하는 VDDQ에 전압 강하가 있는 상황에는 해당되지 않는다는 점에 주의한다.

그림 7.28은 분리된 중심부와 패드 공급 쌍 사이에서 다이오드 배치를 도시한다. 전원 공급 다이오드의 레이아웃은 클램핑 조건에서 존재하는 큰 순방향 전류를 고려해야 한다.

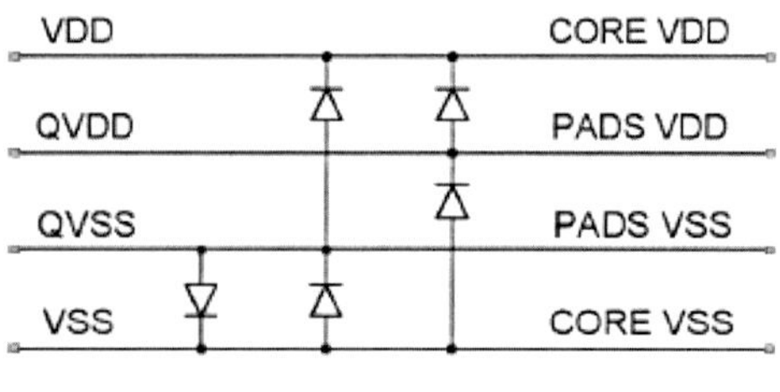

그림 7.28 전원 공급 클램핑 다이오드

PART 8

공정 제약에 따른 레이아웃 고려사항

제조 공정의 결과에 따른 회로에 대한 제한 및 효과를 반영하기 위해 사용되어야 할 레이아웃 기법이 있다. 이 장에서는 이것에 관련된 예에 대하여 기술한다.

8.1 넓은 금속 틈새

전자이동과 저항 효과를 최소화하기 위하여, 칩의 전원 공급선은 매우 넓게 설계된다.

금속선의 폭에 대한 최대 한계가 있는가? 일반적으로 대답은 "아니오" 이다. 그러나, 칩의 금속을 상당히 확장시킬 만큼 온도가 충분히 올라갈 때 매우 넓은 금속선에 관련된 문제가 하나 생기게 된다.

그림 8.1은 그것이 확장될 때 금속에 대한 열의 효과를 나타낸다. 금속이 가열됨에 따라, 큰 금속 부분 옆의 타력은 옆으로의 확장을 막는다. 그 결과 금속의 팽창은 중심부에 집중되며, 이것에 의해 금속의 중심부 영역이 위쪽으로 부풀게 된다. 작은 신호에 대해서는 작은 크기와 낮은 옆의 타력 때문에 금속의 위를 향한 팽창의 힘이 작기 때문에, 이 효과가 그리 중요하지 않다.

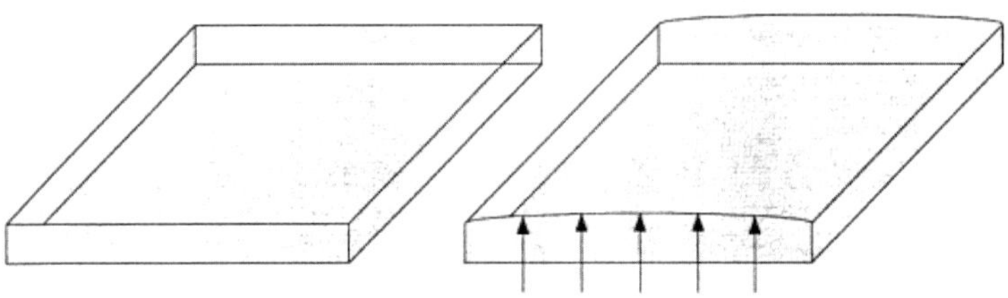

그림 8.1 열에 의한 금속 팽창

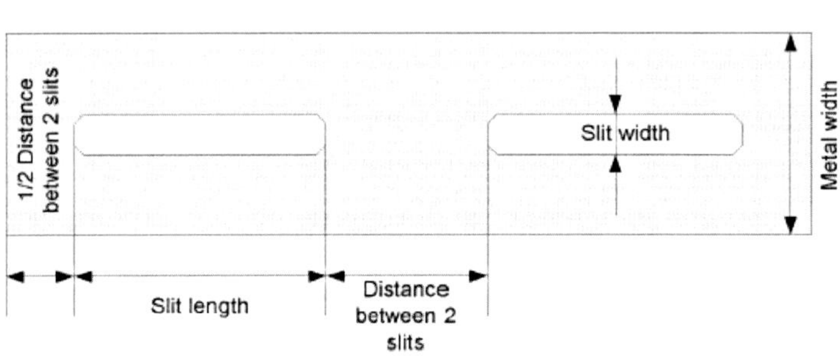

그림 8.2 금속 틈새 예와 설계 규칙

만일 금속이 되풀이하여 충분한 힘으로 팽창하면, 금속은 결국 웨이퍼를 보호하는 격리층 및 보호막에 금이 가게 할 것이다. 그렇게 되면, 불순물과 입자가 칩 위에 퍼지면서 다른 재료와 화학 반응을 일으키게 될 것이고, 따라서 칩이 오동작하거나 신뢰하지 못하게 될 것이다.

이 문제를 해결하기 위해, 레이아웃 설계자에게는 규칙적인 간격으로 금속에 틈새를 만드는 것이 요구된다. 이 기법은 매우 넓은 금속을 함께 연결되는 많은 작은 부분들로 나누는 효과를 가진다.

그림 8.2는 금속 틈새를 가진 금속선의 예를 나타낸다.

그것은 금속 밀도, 팽창 온도, 재료의 종류 및 기타 사항에 의존하기 때문에 틈새에 대한 설계 규칙은 매우 공정에 의존적이다.

다음과 같은 사실에 주목한다 :

- 금속 내에서 높은 전류 밀도에 의해 유도되는 응력을 이완시키기 위해 틈새는 45° 모퉁이를 갖는다.
- 틈새를 필요로 하지 않는 선의 최대 크기를 위한 일반적인 가이드라인은 35 μm 이다.
- 대단히 매우 넓은 금속은 최대로 허용된 폭 보다 작게 나누도록 한다. (예를 들면, 틈새 없는 최대 금속 폭이 50 μm인 경우, 만약 100 -μm의 선에 틈새를 삽입한다면, 그 선 안에 하나보다는 두 개의 틈새를 만드는 것이 바람직하다.)
- 구조적으로 정확한 단위 셀을 만들고, 필요에 따라서 그것을 사용하는 것에 의해 넓은 금속 선에 틈새를 삽입하는 것이 가장 쉬운 방법이다.
- 틈새는 항상 전류 흐름의 방향으로 구현되어야 한다. 이것은 특히 T 교차점 또는 다른 형상들에 있어서 중요하다.
- 틈새는 전반적인 길이 범위 안에 일반적으로 구현될 수 있다. 틈새가 쉽게 모퉁이와 교차점 같은 특별한 지역에 적용될 수 있도록 평균적인 크기를 사용하도록 한다.
- 실효적인 금속 선의 폭은 틈새 폭 만큼 줄여 생각하거나, 또는 틈새 폭에 의해 줄어든 면적만큼 원하는 선 폭을 늘려 잡는다. 예를 들면, 만일 금속 선 폭 100 μm인 것이 요구되면, 두 개의 틈새가 삽입되는데, 틈새의 폭이 5 μm라면, 전체 선의 폭은 110 μm의 공간을 차지할 것이다.
- 모퉁이, T-교차점, 그리고 전원 패드에 틈새를 만들기 전에 전류의 흐름을 분석한다.

• 만약 DRC가 여기서 제시된 모든 경우를 다 점검할 수 없다면, 시각적인 점검이 필요하다.

틈새의 정의에 대한 설계 규칙은 보통 잘 기술되지만, 많은 경우에 그것이 사용되어야 하는지의 조건에 대해서는 그렇지 않는 경우가 많다. 틈새가 사용되어야 하는 특정 지역은 칩의 모퉁이 근처의 전원선, 그리고 넓은 금속 버스에 패드가 T 형태로 연결되는 경우이다.

그림 8.3은 모퉁이 전원 경로 및 이 경우에 관련된 설계 규칙을 보여준다.

그림 8.3에서 알 수 있는 것처럼, 절단과 패키지 조립 시 칩 모퉁이 파괴에 대하여 물리적인 금속 저항을 증가시키기 위한 45° 선회 동안 작은 금속 연결을 가지는 것이 중요하다. 그림 8.4는 올바른 금속 틈새에 의한 전원 패드로부터 내부 버스까지의 적절한 접속을 나타낸다. 전류의 흐름은 틈새의 구현을 이해하기 위한 지침으로 나타내었다.

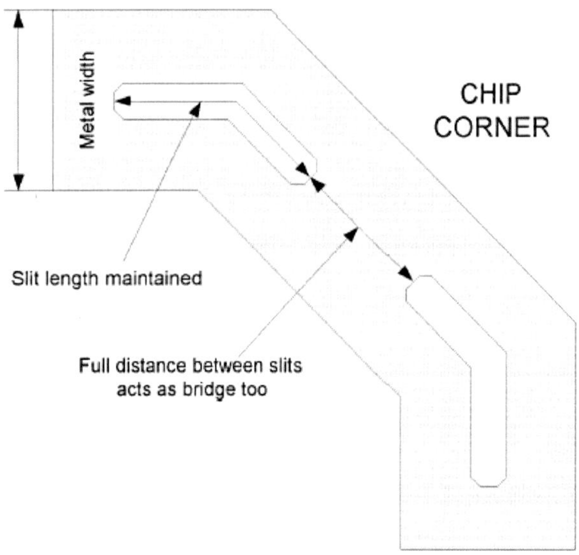

그림 8.3 모퉁이 전원 배선

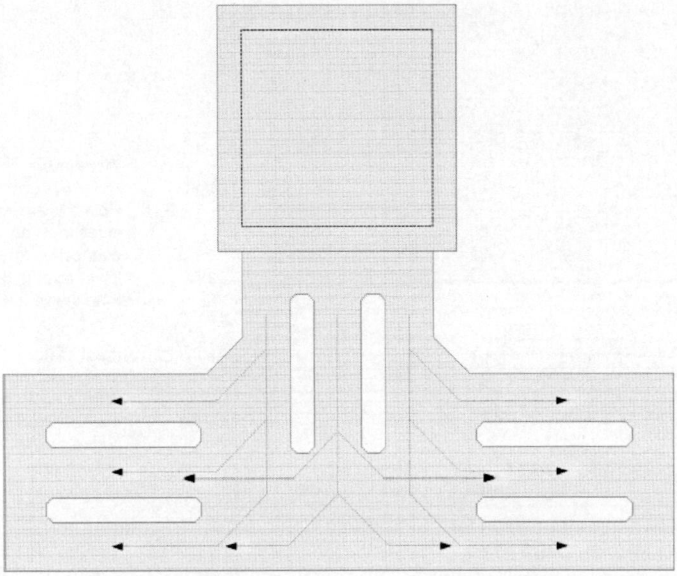

그림 8.4 틈새를 가진 패드 접속

8.2 큰 금속 비아 구현

7장에서 언급했던 바와 같이, 레이어를 함께 연결하고 있는 비아는 전자이동과 저항 계산에서 고려되어야 한다. 또한 공정과 관련되어서도 고려되어야 할 문제들이 있다.

비아는 두 개 레이어 사이의 직접적인 전류 경로에 있는 구조이다. 따라서, 비아를 사용하고 있는 레이어 간의 접속이 있는 레이아웃 설계는 잘 이해되어야 한다. 일반적으로 그것은 큰 전류를 나르는 선이기 때문에 큰 금속 선에서 가장 중요하다.

공정 관점에서, 비아는 두 개 레이어 사이의 격리 층에서 정의되는 구멍이다 : 상위 층 금속은 구멍을 채우고, 그 아래 층에 이어지는 것이 요구된다. 상위 층 금속에 의한 구멍과 그 구멍 아래를 채우는 제작 과정은 그려진 것과 같은 크기의 접속을 가져오지는 않는다.

그림 8.5는 이 효과를 도시한다. 비아의 설계 규칙과 전기적 특징이 신뢰할 수 있는 비아를 확실히 하기 위한 고려 대상이다. 실제 웨이퍼에서 얻어진 더 많은 비아 그림이 CD-ROM 안에 있다.

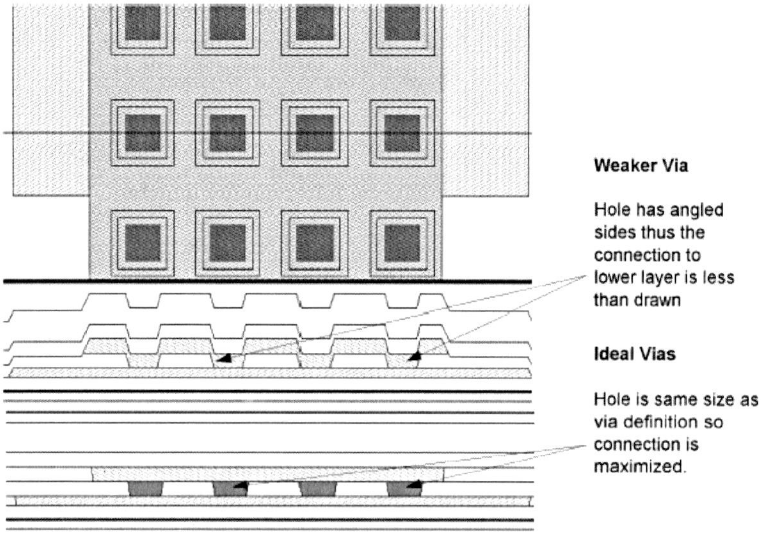

그림 8.5 비아 절단면의 단면도

비아 배열의 신뢰성을 증가시키게 되는 레이아웃 설계 기법이 있다. 이것의 일반적인 예는 그림 8.6에 나타나 있는데, 그 유용성은 공정에 달려있다.

전류를 나르는 선의 능력은 레이어 폭과 두께에 의해 결정된다. 이것은 물을 나르고 있는 파이프의 크기의 경우와 유사하다. 하나의 레이어를 다른 레이어에 연결하고 있는 비아의 수는 전자이동, 비아 저항, 전류 흐름, 공정 규격, 그리고 평탄화와 같은 여러 가지 조건에 의해 결정되어야 한다.

회로 성능의 최적화를 위한 비아 배열 구조는 그림 8.7에 나타나 있다.

8.3 단층 피도 규칙

이미 설명된 바와 같이, 예를 들어 ASIC 또는 DRAM과 같은 경우, 공정은 매우 다양하다. 칩의 목적, 가격, 설계 요구 조건, 그리고 기타 사항에 의거하여, 회사들은 특별한 공정을 개발하고 있다. 이러한 공정 각각에 대한 설계 규칙의 다양성은 계속하여 진화한다.

레이아웃 설계자는 공정에 관여되어 있지 않고 있다. 그러나 그들은 웨이퍼의 화학적, 물리적인 공정 과정에서 발생 가능한 문제들을 막기 위한 조치를 취해야 한다. 적절한 레이아웃 설계 기법으로 처리될 수 있는 하나의 문제는 단층 피도 효과이다.

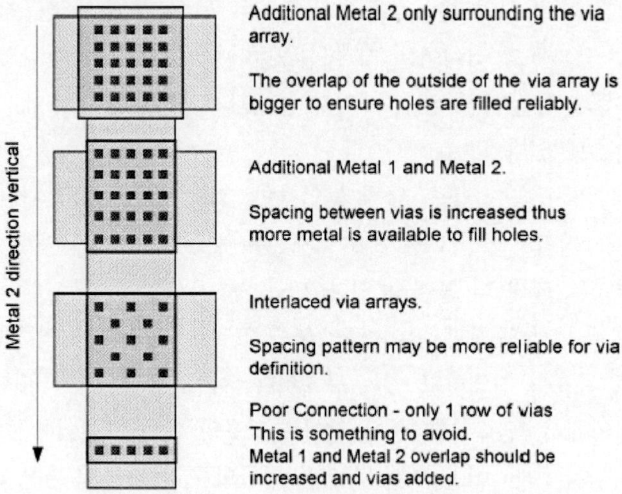

그림 8.6 공정 신뢰도를 위한 비아 배열 구조

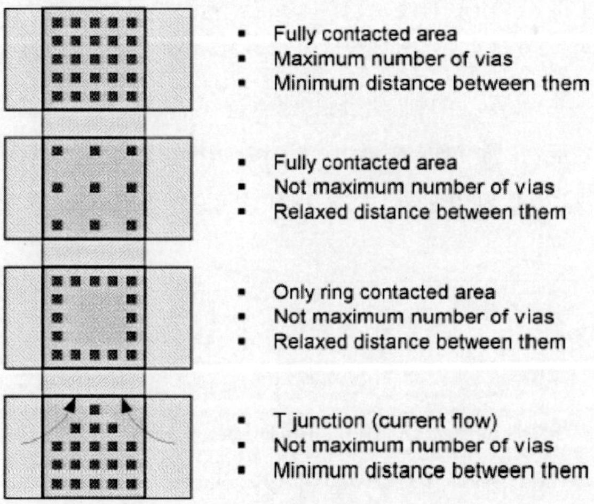

그림 8.7 회로 성능을 위한 비아 배열 구조

"스텝"은 다양한 수의 레이어들이 깔려 있는 칩 영역 사이를 통과하는 레이어의 상승 또는 하강 경사를 의미한다. 분명한 설명을 위해, DRAM 메모리 셀 지역과 그 주변 지역, 그리고 인접 셀의 개념을 보도록 하자. (그림 5.23)

웨이퍼 표면을 레이어 사이에서 격리 재료와 같은 높이로 만들게 되는 방식으로서 평탄화라고 불리우는 공정 기법은 이러한 문제를 경감시킨다.

이러한 "스텝"이 왜 문제인가? 그림 8.8을 분석해 보면, 메탈1이 폴리 선을 따라 배선될 때, 폴리의 높이로 정의되는 각도가 금속 절단면 모양에서 불규칙성을 만들어 내는 것을 알 수 있다. 그 레이어는 더 이상 원하는 직사각형이 아니라 평탄면을 지나는 곧은 금속 선과 동일한 특성을 가지지 않는다. 극단적인 경우에, 금속 선은 물리적으로 부서질 수도 있다.

예를 들면, 비아가 불규칙한 금속 위에 놓인다면 그 접속은 실패하거나, 매우 신뢰할 수 없는 상태가 되기 쉽다. 그림 8.8 역시 평탄화된 웨이퍼에 대한 같은 상황을 나타내며, 그 결과는 훨씬 더 좋아 보인다.

평탄화에 관련되는 설계 규칙과 레이아웃 요구 조건은 특정의 지역 위에 주어진 레이어의 특정 밀도 목표를 정의하고 있는 규칙이다. 예를 들면, 어떤 규칙은 100 × 100 μm^2 면적의 지역에서, 금속 다각형이 적어도 75%의 면적을 덮어야 한다고 기술할 수도 있다. 이 규칙은 레이어를 위한 적절한 평탄화를 위해서 충분한 다각형들을 구현하는 것이다.

이러한 요구 조건을 만족시키기 위하여, 레이아웃은 공정이 전 영역에 레이어 일관성을 이루는 것을 확실하게 하기 위해 가상의 또는 여분의 다각형을 포함할 필요가 있을 수도 있다. 몇몇 경우에는, 설계자가 자동으로 밀도 문제를 찾아내는 레이아웃 검증 도구를 구성할 수 있고, 이에 의하여 영역을 가상의 레이어로 채울 수 있다. 이 레이어는 전기적으로 표류 상태일 수도 있지만 일반적으로 그것은 전원 공급에 연결되어 있고, 동시에 그에 해당하는 분리 정전 용량을 증가시킬 수도 있다.

8.4 일련의 다중 규칙

일반적으로 ASIC 공정 관련 일에서는 비교적 간단한 일련의 설계 규칙을 가지는 이점에 의하여 레이아웃이 용이해진다. 규칙들의 총 개수는 DRAM 또는 내장 메모리 공정 관련 설계자에 의해 사용되는 규칙들 수보다 적다.

왜 메모리 공정은 다른 것에 비하여 매우 다른 규칙들을 가지는가? 메모리 셀이 전 칩 면적의 50~70%를 채우기 때문에, 그 메모리 셀 자체는 자체 규칙 들과 함께 특화된 레이어를 가진 극도로 사용자 사양에 맞추도록 설계된다. 신뢰성 측면에서, 배열에서의 오류가 교체될 수 있도록 메모리는 여분의 회로를 다이 안에 포함시킨다.

설계 규칙의 최종 세트를 정의하는 것은 회로 설계자들, 레이아웃 전문가들과 공정 전문가들이 많은 요소들을 절충해야 하는 매우 복잡한 과정이다 : 가격, 크기, 복잡도, 허용 한계, 설계 용이성, 칩과 웨이퍼 전 지역에 걸친 공정의 신뢰성, 기타 등등.

설계 규칙들에 관해서, DRAM 메모리는 세 가지 다른 규칙 세트를 가진다 : 메모리 셀들과 그에 밀접한 셀들을 위한 것, 메모리 셀에 접속되는 간격 관련 로직을 위한 것, 그리고 메모리 배열 외부의 둘레 레이아웃을 위한 것.

둘레 레이아웃에 대한 규칙들은 같은 공정 세대에서 ASIC 공정에 관한 것과 유사할 수도 있다.

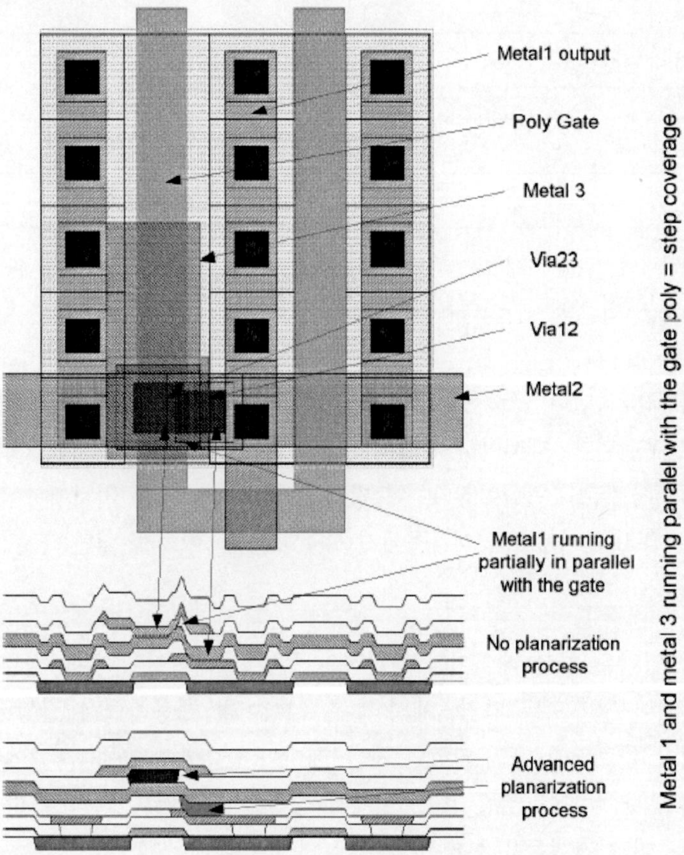

그림 8.8 단층 피도 문제

표 8.1은 DRAM 공정을 위한 세 가지 정의의 예를 나타낸다.

일련의 복수 규칙을 갖는 설계의 레이아웃은 다른 규칙 세트가 DRC 검증 도구에 의해 검사될 수 있는 방식으로 규정되어야 한다. 레이아웃 데이터에서 특정 세트의 설계 규칙에 의해 확인될 수 있는 영역을 정의하는 것이 근본적인 문제가 되고 있다.

표 8.1 DRAM 설계 규칙 세트의 예

DRAM 공정의 설계 규칙	셀	간격	둘레
액티브 최소 폭	0.5	0.5	0.6
액티브 간의 거리	0.4	0.4	0.5
최소 폴리 폭	0.25	0.3	0.35
최소 폴리 간격	0.3	0.35	0.4
최소 금속 폭	0.4	0.4	0.5
최소 금속 간격	0.3	0.35	0.4

세 가지 방법론의 예는 다음과 같다 :

01 하나의 특별한 규칙 세트로 정의되는 각 지역은 각각의 레이어 세트를 사용하여 구현된다. 레이아웃 확인이 완료되면 마스크는 병합되었던 레이어로 구성된 데이터로부터 만들어진다. 이 방법론에 의하면 다른 지역에서 레이어를 교체하는 것을 레이아웃 설계자들에게 요구하는데, 이렇게 되면 그 지역은 쉽게 처리된다.

02 각 영역은 차단 레이어라고 불리는 특별한 레이어에 의해 정의된다. 일반적인 레이아웃은 모든 영역들에서 같은 레이어를 사용하면서 진행된다. 그리고 그것이 완료되면, 요구되었던 차단 레이어가 그려진다. 표 8.2에서 보여주는 것처럼, 레이아웃 검증 도구 내에서 중간의 레이어는 각각의 설계 규칙 세트에 대하여 다각형들을 분리하기 위해 생성된다.

03 영역들은 관습적인 셀 이름에 의해 확인된다. 레이아웃 검증 도구는 셀 이름에 의해 다른 영역들을 인식하고 확인하기 위해 설정된다. 이 경우, 일반적인 레이아웃은 하나의 레이어 세트로 이루어지고, 이것이 완료되면, 그 셀은 적절하게 이름 지어진다. 이 방법은 간단하다 ; 그러나, 그것은 레이아웃이 항상 겹쳐지지 않게 분리되어 있는 셀들로 나눠질 수 있다고 하는 사실에 근거한다.

표 8.2 차단 레이어 전략을 이용한 DRC 레이어 생성

차단 레이어 병합 전략
액티브 레이어 + MEM 차단 레이더 = 액티브 메모리
액티브 레이어 + PITCH 차단 레이더 = 액티브 메모리
액티브 레이어 + PERY 차단 레이더 = 액티브 메모리
폴리 레이어 + MEM 차단 레이더 = 폴리 메모리
폴리 레이어 + MEM 차단 레이더 = 폴리 피치
폴리 레이어 + MEM 차단 레이더 = 폴리 페리

8.5 안테나 규칙

손상된 부분으로 일어나게 하는 제조 공정 상의 부작용으로서 안테나 효과라는 것이 있다. 어떠한 조건에서, 플라즈마 에칭 또는 이온 임플랜터는 트랜지스터의 게이트에 이어지는 여러 가지 구조의 전하를 유도한다. 유도된 전하는 트랜지스터의 얇은 게이트 산화막에 과도한 응력을 주게 되고, 회복 불가능한 손상을 입히게 되어, 신뢰할 수 없는 동작을 일으킨다.

만일 구조적으로 그것이 안테나처럼 동작하는 것처럼 만들어지면 전하는 제조 공정 중에 쉽게 유도된다. 안테나 구조의 예는 그림 8.9에서 나타낸 것과 같이 필드(두꺼운 산화막) 위의 폴리와 게이트 (얇은 산화막) 위의 폴리 사이의 비율은 충분히 큰 경우이다. 각 공정에는 금속과 같은 특정한 다른 것들이 있다.

칩에서 게이트 크기는 더 작아지고 금속은 더 많아짐에 따라, 공정 기술자는 산화막의 두께를 줄이게 되고, 따라서 안테나 효과는 웨이퍼의 수율에 더 큰 영향을 가질 수 있다.

방법 1은 안테나처럼 동작하는 긴 폴리를 분해하는 예에서 나타낸 바와 같이 안테나를 제거하는 것을 나타낸다.

방법 2는 금속 안테나의 효과를 제거하기 위하여 위험한 트랜지스터 근처에 다이오드가 놓이는 것을 나타낸다. 충분한 전하가 안테나 효과에 의해 금속 위에 유도되자마자, 다이오드는 전하의 경로를 기판으로 향하도록 변경한다.

많은 고급 공정에서, 안테나 규칙의 확인은 메탈1, 메탈2, 기타 어떠한 개수의 배선 레이어로 구성된 구조에 대해서도 요구된다. 어떤 자동 배선기는 안테나 문제를 피할 수 있는 방식으로 긴 거리를 위한 하나의 금속 배선을 제한하는 방법을 포함한다.

고유의 다이오드가 어떠한 경로를 따라 선에 붙여지면, 어떤 노드에 붙여지는 명백히 분리된 다이오드는 필요하지 않을 수도 있다. 예를 들면, 다른 트랜지스터의 소스 또는 드레인 영역은 원하지 않는 전하를 다른 곳으로 돌리기 위한 다이오드 역할을 하기에 충분할 수도 있다.

8.6 특별한 설계 규칙

지금까지 공정과 회로 요구 조건에 관련된 공정 흐름 순서와 설계 규칙에 대하여 알아보았다. 하지만, "일반적인" 설계 규칙들에 대한 몇몇의 흥미로운 예외가 있다.

특정한 종류의 공정에 관련된 모든 "이상한" 규칙에 대해 상세히 설명할 수는 없다. 여기서는 설계 규칙이 설정되는 시작부터 항상 기술되지는 않는 몇몇의 공정 관련된 문제의 이해를 높이고자 한다. 일반적으로, 어떤 특별한 설계 규칙에 기반을 둔 기술적인 이유를 이해하고, 실제적인 해결책을 결정하기 위해 공정 인력과 얘기를 나누는 것은 의미가 있다.

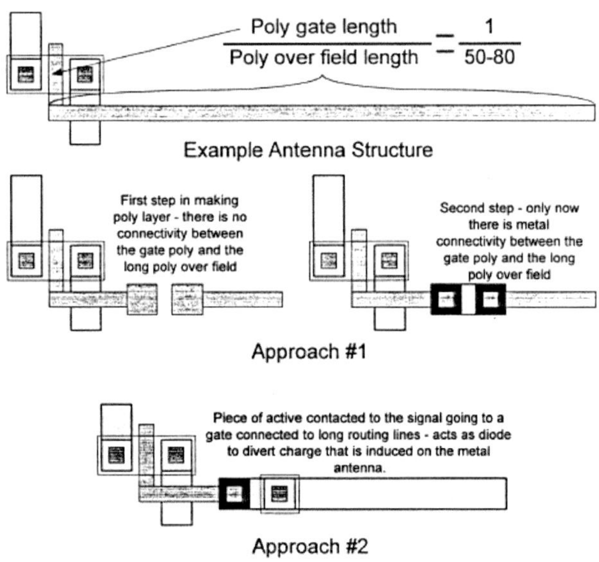

그림 8.9 안테나 규칙의 예와 해결책

8.6.1 최소 면적 규칙

기하학적인 면적이 계속 작아짐에 따라 더 널리 보급되고 있는 규칙은 "최소 면적" 레이어 규칙이다. 비록 트랜지스터 게이트 길이 같은 설계 규칙이 줄고는 있지만, 제조 공정 상의 모든 레이어가 모두 다 똑같이 줄어들지는 않는다.

이러한 하나의 예는, 특히 작은 다각형을 위한 액티브 영역의 정의이다. 그 제한은 최소의 폭과 면적 규칙에 의해 일반적으로 지정된다. 메탈1과 액티브 사이의 한 개의 콘택으로 만들어진 기판 접속을 위해 작은 액티브 직사각형이 자주 만들어질 수 있다. 이 경우, 오직 최소 폭 규칙이 다각형의 길이와 폭을 위해 있게 되된다면, 제조될 수 있는 것보다 작은 액티브 다각형이 만들어질 수도 있다.

길이를 다각형에 추가하는 것은 "최소 면적" 규칙을 따르는 쉬운 해결책이다. 이 규칙을 도시하고 있는 레이아웃 예가 그림 8.10에 나타나 있다.

8.6.2 말단 겹침 규칙

제3장에서 일반적인 콘택 겹침 규칙에 대해 배웠지만 어떤 공정에서는 "말단 겹침"이라고 알려진 규칙에 의해 이것이 개선된다.

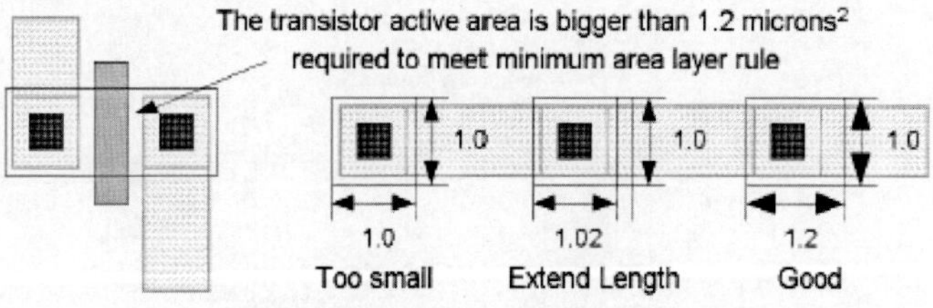

그림 8.10 최소 면적 레이어 예

이 규칙은 콘택이 선의 맨 끝에 있는 경우에 적용된다. 이 규칙이 발생시키는 문제는 "실리콘 위의 모양" 으로 표시된 점선으로 나타내어진다. 선의 맨 끝에 놓이는 콘택은 금속이 실제 실리콘 위에서 둥글게 만들어지기 때문에 채워지지 않을 위험에 처해 있게 된다. 만일 공정 중에 약간의 어긋남이 있게 되면 그 위험이 증가한다.

8.6.3 이중 콘택

작은 메모리 셀을 얻기 위해 끊임없이 검사되는 제조 공정의 한계가 있는 DRAM

공정에 대하여 또 다시 고려해 보자. 이 경우 많은 표준적 구조의 전반적인 신뢰성이 많은 설계 규칙들에 의문을 제기한다.

레이아웃의 형태가 규칙적이 아닌, 메모리 배열의 바깥쪽에, 보다 긴박한 설계 규칙들이 시행된다. 이러한 것들 중 하나는 모든 연결을 위한 이중 콘택 및 이중 비아이다. 이 규칙은 트랜지스터 레이아웃, 일반적인 배선 및 신호의 접속에 적용된다.

이중 콘택 및 이중 비아는 연결의 저항을 개선할 뿐만이 아니다 ; 보다 중요한 것으로서, 그것은 모든 연결을 위한 중복된 콘택에 의해 신뢰도 향상을 가져온다.

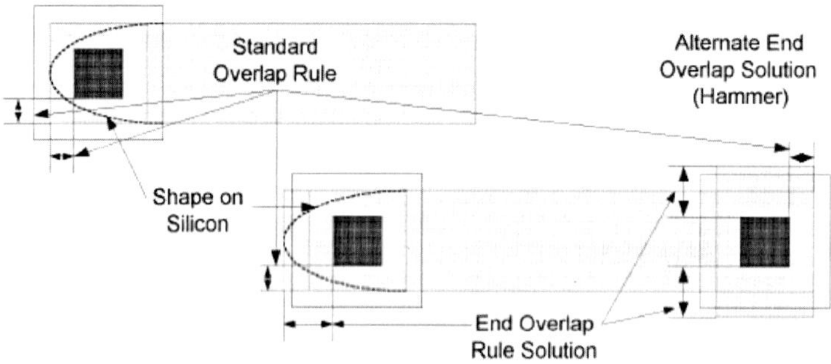

그림 8.11 말단 겹침 규칙 예

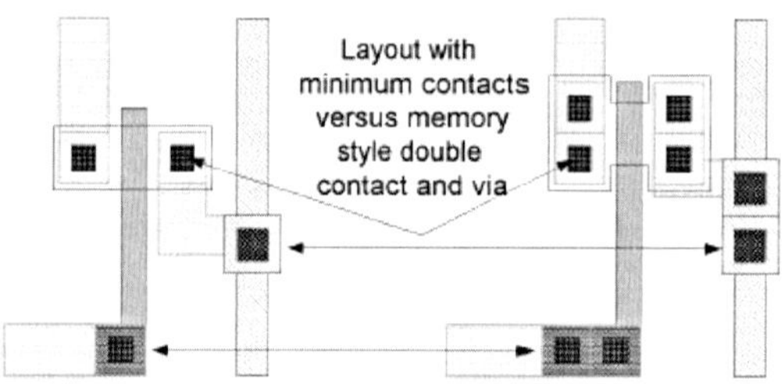

그림 8.12 단일 및 이중 콘택 설계 형태

이 요구 조건에 얽힌 문제는 자동 도구들이 사용하고 있는 이중 콘택을 놓는 것은 배치 배선 도구에 있어서는 어려움이 있다는 것이다. 이 도구들은 정방형의 비아, 콘택 절단 (셀)을 선호한다. 연결은 X와 Y 양쪽 방향으로 쉽게 이루어지며 그 도구들은 배치가 이루어지는 동안에 콘택과 비아의 방향을 맞출 필요가 없다.

그림 8.12는 두 개의 동일한 레이아웃 설계를 나타내는데, 하나는 단일 절단 셀이며 다른 하나는 이중 셀이다. 이 예로부터 알 수 있는 것처럼, 그러한 레이아웃 형태는 메모리 칩의 설계에 필요한 칩의 크기와 전체 작업량을 늘린다. 현재로서는, DRAM 레이아웃 설계자이 자동화로부터 거의 도움을 받지 못한다.

8.7 래치 업

개념적으로, *래치 업*은 VDD에서 VSS로의 기생적 단락에 의해 작동 불능 상태가 되는 IC의 상태를 말한다. 래치 업 조건의 심각성에 따라, IC는 회복 불능의 손상을 입게 될 수도 있으며, 또는 완전히 전원이 끊어진 이후에나 회복 가능할 수 있다.

래치 업이 일어나는 이유에 대하여 간단히 살펴보도록 하자. 그림 8.13은 간단한 CMOS 인버터 내에서 언급되는 기생적 소자들의 등가 회로 모델을 보여준다. 전달 게이트는 또 다른 래치 업의 위험 요수가 되는데, 특히 전달 게이트의 소스 또는 드레인이 VDD 또는 VSS에 접속하고 있는 경우에 해당된다.

그림 8.13의 회로도를 더 이해하기 쉬운 형태로 다시 그리게 되면, 결국 그림 8.14에서 나타내게 되는 모양이 된다. 매우 간단히 말해서, 두 개의 쌍극성 트랜지스터들의 어느 한 쪽이라도 켜지게 되면 래치 업이 일어나게 된다. 이 경우, 하나의 트랜지스터가 동작하게 될 때, 그 결과로서 생기는 전류의 흐름이 다른 트랜지스터도 동작하게 만들며 따라서 명백한 피드백 고리가 생기게 된다. 두 번째 트랜지스터에서의 전류 흐름이 처음 트랜지스터의 구동과 그 자체의 맹렬한 주기성 동작을 강화함에 따라 명백한 피드백이 또 다시 일어나게 된다. 보통의 조건 하에서, 래치 업은 쉽게 일어나지 않는다. 그러면 어떻게 트랜지스터들이 이런 식으로 활성화될까? 먼저 쌍극형 트랜지스터가 어떻게 동작하는지 간단히 살펴보기로 하자.

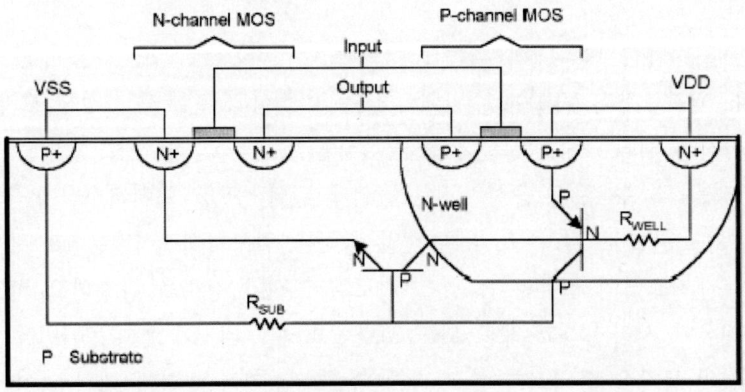

그림 8.13 래치 업 회로 모델에 의한 인버터 단면도

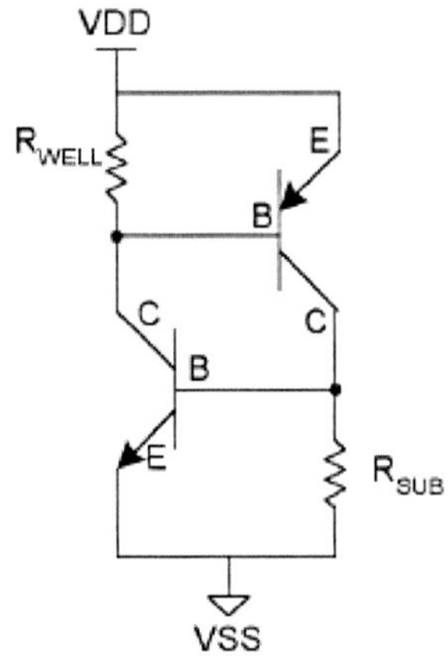

그림 8.14 래치 업 회로 모델의 재구성

MOS 트랜지스터와 유사하게, 쌍극형 트랜지스터는 베이스 (B)와 에미터 (E) 사이에 전압 차이가 있을 때 활성화된다. NPN 쌍극형 트랜지스터는 양성의 V_{BE}를 필요로 하고, 반면에, PNP 트랜지스터는 음성의 V_{BE}를 필요로 한다. NMOS와 PMOS 트랜지스터를 활성화시키는 전압 요구 조건 상에서의 트랜지스터 기능성을 이해하도록 한다.

보통의 조건에서 만약 이 기생적인 쌍극성 트랜지스터가 꺼져 있다면, 무엇이 래치 업을 유발시키는가? 래치 업을 일으키는 가장 일반적인 원인은 전원 공급 VDD 또는 VSS를 통하여 칩에 주입되는 원치 않은 극단적인 전류이다. 이러한 노드들은 직접 외부에 접속하고 있고, 따라서 계속적으로 불확실한 전압과 전류 수준에 노출되어 있다.

그림 8.14에서 나타내게 되는 모형도를 분석하는 것으로 되돌아가 보자. 하나의 예로서, 외부로부터 VDD에 주입되고 있는 비정상의 전류를 가정해 보자. 이 전류는 옴의 법칙에 의해 R_{WELL}에 걸친 전압 강하를 유발하고 이 전압 강하에 의해 PNP 트랜지스터를 켤 수 있는 음성의 V_{BE}를 얻게 된다. PNP 트랜지스터에 의해 생성되는 전류는 R_{SUB}를 가로질러 또 다른 전압 강하를 일으키며, 이것은 NPN을 켜게 된다. NPN 트랜지스터의 전류는 R_{WELL}을 가로질러 전압 강하를 유지하고, 심지어 외부의 VDD 전류가 사라진다고 해도 PNP 트랜지스터를 켜지게 한다. 이번에는 PNP 전류가 NPN의 동작을 유지시키며, 이러한 맹렬한 주기적 효과가 래치 업이다.

요약하면, 지금까지 거론된 래치 업의 매우 단순한 필요 조건들은 다음과 같다 :

• 일시적인 것일지라도 충분히 큰 V_{BE}가 어느 한쪽의 쌍극성 트랜지스터를 활성화

한다. 이것은 옴의 법칙에 의해 그러한 전압 차이를 생성하기 위해서 칩에 주입되는 비정상의 전류와 충분히 큰 기생적 저항값의 조합을 필요로 한다.

- 충분한 전류의 기생적인 씽극성 트랜지스터들은 쌍극성 트랜지스터들이 켜져 있도록 하기 위해서 필요로 하는 V_{BE}를 유지할 힘을 제공한다.

CMOS IC 설계에서 긴 역사를 가지는 래치 업은 상당히 잘 이해되어 있는 현상이다. 많은 가이드라인과 설계 규칙이 래치 업의 위험을 줄이고, 위에서 요약된 필요조건이 만족되는 가능성을 근본적으로 최소화하기 위해서 개발되었다.

래치 업의 가능성을 줄이는 직접적인 전략은 베이스-에미터 노드에 걸친 기생적인 저항을 줄이는 것이며, 그에 의해서 래치 업이 유발되는 전류의 필요 조건을 증가시키는 것이다. 만약 이것이 올바로 되면, 래치 업을 유발시키는 전류는 물리적으로 불가능할 정도로 클 수도 있다.

일반적으로, 이 기법들은 칩 영역을 단편적 영역들로 분해하는 것에 의해 쌍극성 트랜지스터의 힘을 약하게 하고, 따라서 여러 가지 쌍극성 트랜지스터의 유효 크기를 줄인다.

래치 업의 유발 가능성을 감소시키는 레이아웃 방법론은 다음과 같은 것들을 포함한다:

- 확산 또는 폴리와 같은 저항성 재료들에 의한 전원 공급 선들 (특히 기판 또는 웰 콘택들) 을 배선하는 것을 피한다. 전원 노드는 금속으로 유지하도록 한다.
- 다른 타입의 트랜지스터들 사이에 기판 및 웰 콘택을 놓는다. 추가적으로, 기판 콘택과 웰 안의 트랜지스터 사이 거리를 최소로 한다. 그 반대의 경우도 마찬가지로 한다. 예를 들어, 만일 PMOS 트랜지스터가 N-웰 내에 있으면 P-형 기판 콘택은 PMOS 트랜지스터와 최대한 가까이 위치시킨다. NMOS 트랜지스터에 대해서도 같은 논리를 N-형 웰 콘택 간격에 적용한다.
- 기판 및 웰 콘택의 수를 최대로 한다.
- 기판 및 웰 콘택 사이의 간격을 최소로 한다.
- 전 지역에 기판 및 웰 콘택의 대등한 적용 범위를 확인한다.
- 기판 및 웰 콘택의 연속적인 긴 조각 또는 띠를 사용한다. 특히 띠가 완전하게 트랜지스터 영역을 둘러쌓게 되면 이 기법은 통상적으로 *가드 밴딩(guard banding)* 이라 불리운다.
- 많은 다른 영역에서 래치 업을 방지해야만 하는 오버헤드를 피하기 위해 같은 타입의 트랜지스터들을 한군데에 모은다.

- 내부의 회로를 외부의 패드 영역으로부터 멀리 놓는다.
- 기판 또는 웰이 트랜지스터의 소스 노드와 같은 전위가 아닌 영역에서 래치 업 필요 조건을 고려할 때에 추가적인 주의를 기울인다.

모든 경우에 대해, 레이아웃 검증 도구에 의해 점검될 수 있는 정형화된 수학적 설계 규칙을 개발하는 것이 매우 좋다.

앞서 기술된 방법론 중의 대부분은 쉽게 수학적 점검으로 변환되지는 않지만, 최소한 다음과 같은 사항을 권장한다 : 기판 및 웰 콘택 사이의 최대 거리를 지정하는 설계 규칙.

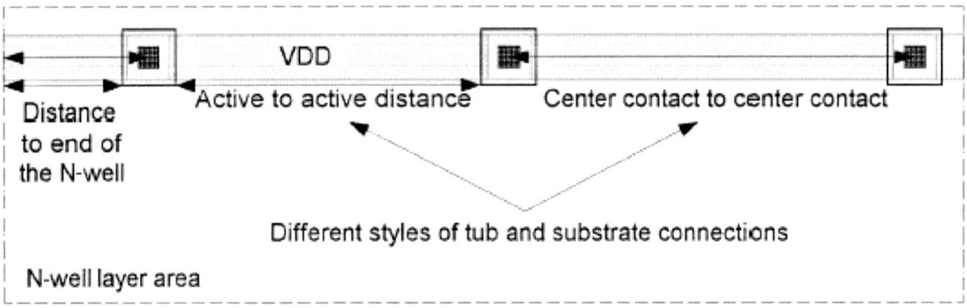

그림 8.15 N-웰과 VDD 전압을 연결하는 웰 콘택

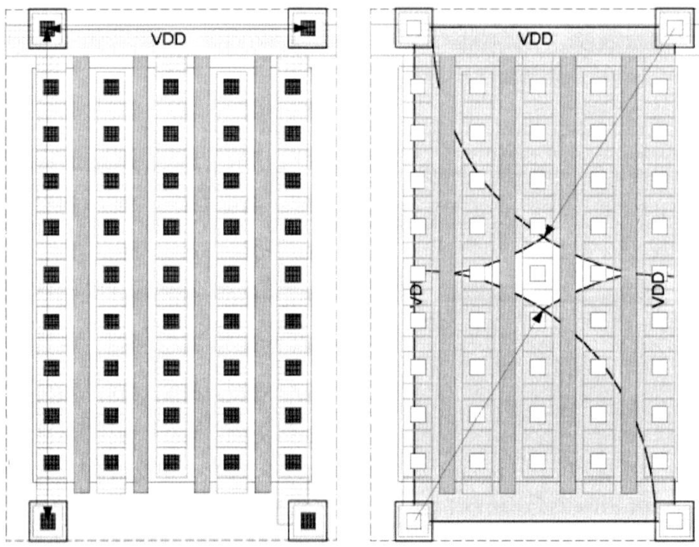

그림 8.16 N-웰 안쪽의 웰 콘택 적용 범위 예

일반적으로 이 거리는 약 40~50 μm 이지만, 트랜지스터의 게이트 길이가 줄어드는 것처럼, 이 가이드라인은 줄어들게 된다. 이 규칙은 기판 콘택에 의해 주어진 영역의 대등한 적용 범위를 확실하게 하며, 전체 영역에 일정한 전압이 유지되도록 한다.

이 거리를 점검하는 두 가지 기초적인 방법이 있다 : 액티브로부터 액티브까지 또는 콘택으로부터 콘택까지. 그림 8.15는 이 거리들을 측정하는 두 가지 방법 모두를 나타낸다.

두 가지 스타일 모두 그 사이의 거리를 점검하기 위해 사용되는 숫자에 의해 정확히 정해진다.

두 번째 규칙은 기판 또는 N-웰 저항에 근거한 각 접촉의 면적 적용 범위이다. 이 액티브들은 래치 업을 막기 위해 각각 그들 사이 최소 거리의 절반 정도가 되는 기판 적용 범위를 가진다. 따라서 만약 최소 거리가 50 μm라면, 적용 범위는 25 μm이다.

레이아웃이 이와 같이 거론된 규칙에 따르는 동안, 네 개의 콘택 사이의 거리가 보호되지 않는 트랜지스터 영역의 작은 범위를 남긴다는 사실을 그림 8.16으로부터 주목한다. 짙은 선과의 각 콘택 (회색) 으로부터의 어두운 영역은 네 개의 웰 콘택의 적용 범위 반경이다. 적용 범위 이외의 영역은 중간의 하얀 부분이다.

완벽하게 검증하게 되는 레이아웃을 위해, 이 두 가지 규칙 모두를 만족시킬 필요가 있다.

빠르게, 그리고 연속적으로 전환을 하고 있는 큰 트랜지스터 또는 매우 고속의 회로는 그 크기에 의해 기판에 많은 잡음을 주입할 수 있다. 예를 들면, 클록 발생기 또는 출력 버퍼이다. 트랜지스터 주위에 모든 웰과 기판 콘택을 위해 충분한 가드링을 사용하는 것이 권장된다.

레이아웃에서, 이 가드 링은 견고한 매듭과 유연한 매듭의 두 가지 기본적인 종류로 나누어진다. 견고한 매듭은 그 위에 연속적인 메탈1을 가진 충분한 콘택으로 구성된 액티브 고리이다. 유연한 매듭은 연속적인 고리를 가지지만, 금속 레이어가 가드 링으로 통과하는 신호들을 수용하기 위해 끊어질 수도 있다.

그림 8.17은 견고한 매듭과 유연한 매듭의 차이를 도시한다.

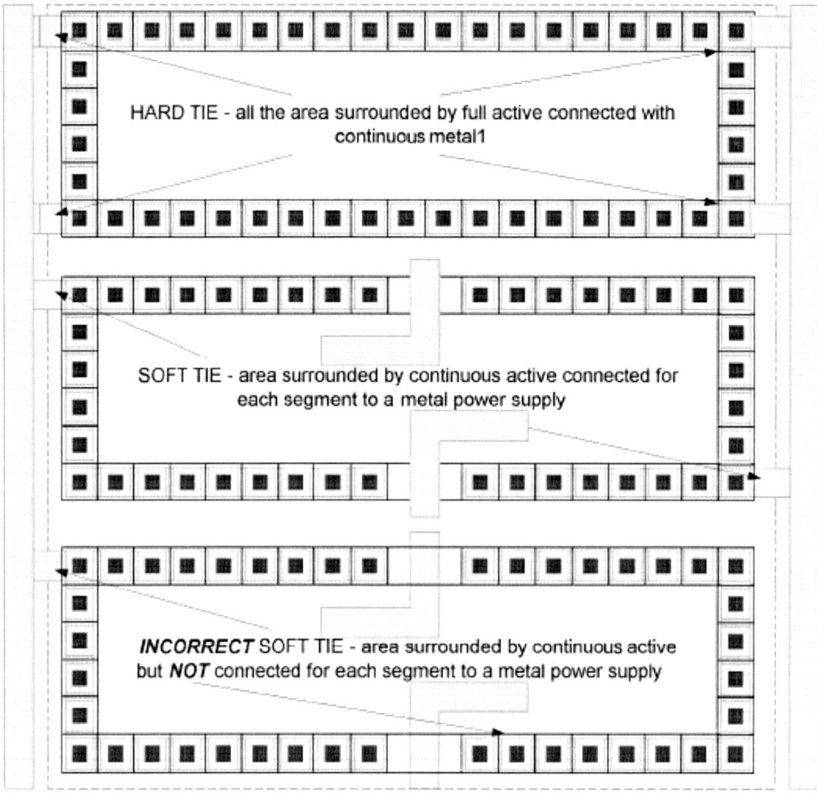

그림 8.17 견고한 매듭과 유연한 매듭의 예

PART 9

불확실한 환경에서의 레이아웃 설계 기법

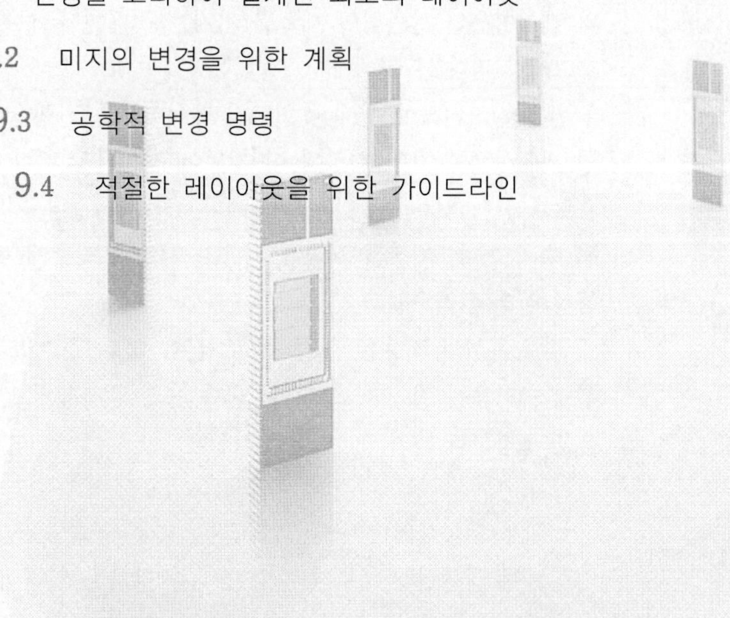

예상되는 회로 설계의 변경에 대처하기 위해 사용될 수 있는 많은 레이아웃 기법들이 있다. 완전하게 설계를 검사하는 데에는 결코 충분한 시간이란 있을 수 없기 때문에, 최종 순간의 변경은 모든 설계에 공통적인 사항이다. 변경을 예상한다는 관점에서, 전체적인 칩 레이아웃에의 영향을 최소로 하는 기법들이 이 장에서 기술된다.

9.1 변경을 고려하여 설계된 회로의 레이아웃

일반적으로 회로 설계의 변경을 예견하는 것은 불가능하지만, 어떤 회로가 조정을 필요로 할 것이라고 예측할 수 있는 경우가 많이 있다. 이 경우 회로의 기능성 또는 타이밍을 조절하는 구조는 처음부터 회로도에 포함시키게 된다. 이러한 회로의 구현을 위해 사용이 선호되는 레이아웃 기법들이 있다.

9.1.1 금속 옵션 프로그래밍 가능성

*금속 옵션 프로그래밍 가능성*은 게이트 어레이 설계의 기반을 이루는 아이디어와 유사한 방법론이지만, 매우 특정한 응용에 적용된 것이다. 그 아이디어는 기본 회로와 레이아웃의 일반적인 세트를 가지는 설계에 금속 마스크의 다른 구성에 의해 "프로그래밍 된다"는 것이다.

변경을 고려하여 설계된 회로의 레이아웃을 진행함에 있어서, 금속 옵션 프로그래밍 가능성은 각각의 회로에 이 개념이 적용된 것이다. 게이트 어레이는 전체 다이에 프로그래밍 가능성이 있는 개념이다. 금속 옵션은 지연 회로, 제어 논리 또는 수정될 수 있거나, 매우 미세하게 사용자 사양에 맞추게 될 수 있는 메모리 구성과 같은 특정 설계에 적용된다.

금속 옵션의 적용은 실질적으로 끝이 없고, 아마도 설계자에 따라 매우 다양하고 폭넓게 적용될 것이다. 그러나, 금속 옵션이 사용되고, 또 매우 가치 있는 예로는 다음을 포함한다 :

- 설계 기능성의 재구성. 이 경우, 다른 금속 옵션은 기본 레이어의 일반적인 세트에 의한 설계로부터 다양한 최종 제품을 만들어 내게 된다. 다음은 변경될 수 있는 특징의 예이다 :
  - 저전력 모드나 테스트 모드와 같은 동작 특성

- 표준 I/O 인터페이스 : TTL, LVTTL, SSTL
- I/O 데이터 폭 : ×1, ×4, ×8, ×16, ×9, ×18
- 전원 공급 전압 : 1.8V, 2.5V, 3.3V, 5V

- 저항값 또는 소자 크기와 같은 것을 미세 조정하는 아날로그 회로. ESD 회로 조정의 예는 6장에서 논의되었다.
- 확정된 설계에 반하여 새롭거나 증명되지 않은 회로의 평가. 예를 들면, 두 개의 회로 설계가 하나의 칩 위에 구현되고, 각각 다른 한편과 비교하기 위한 스위치로서 금속 옵션이 사용될 수도 있다. 이것은 PLL, 입력 버퍼, 그리고 발진기와 같이 미세한 조정을 필요로 하는 아날로그 회로에 가장 유용하다.
- 소자, 셀 및 논리 게이트를 입력 또는 출력으로 전환하기 위한 회로 조정.

매우 일반적인 예에 대하여 상세히 알아보도록 하자. 지연 사슬은 다양하고 민감한 회로 설계 문제를 해결하기 위해 많이 사용되기 때문에 금속 옵션이 유용한 경우 중의 하나이다.

그림 9.1은 0에서 3까지의 지연 단계 구성을 갖는 하나의 지연 사슬 회로도의 여러 가지 변형을 나타낸다.

회로도는 회로를 단락시키거나 개방시키는 것에 해당하는 닫힘 또는 열림 스위치를 보여준다. 점선은 각각의 경우에 대한 지연 경로를 보여준다.

어떻게 이 옵션들이 구현되고, 설계 흐름에서 사용되는가?

❶ 회로 설계자는 올바로 그려진 옵션이 표시된 회로도를 제공한다.

❷ 열림 및 닫힘 스위치에 해당하는 두 개의 추가적인 레이어가 정의된다. 이 레이어는 옵션이 구현될 마스크 층과 관련되어야 한다.

예를 들면, 2층 금속 공정에서는 최상위 층 금속에 옵션을 구현하는 것은 일반적이다; 그러므로, 옵션은 메탈2와 관련될 것이다.

개별적인 레이어와 소자를 사용하는 것은 레이아웃 검증 툴이 연결성을 검사하고, 옵션이 확립되는 가이드라인에 따르는 것을 확실히 하도록 한다.

이러한 가이드라인은 DRC와 제품 테스트를 위해서 이 옵션 영역이 다시 한 번 사용될 수 있는 필요 조건을 반영한다.

옵션의 그리기 및 DRC 검사는 신중하게 구현되어야 한다. 닫힌 레이어는 언제라도 열린 레이어로 바뀔 수 있다. 그래서 레이아웃 설계와 검증은 이러한 유연성을 수용해야 한다.

이러한 레이어에 의해 그려진 다각형은 저항과 유사한 소자로 간주되고, 회로도에 나타낸 바와 같이 접속되어야 한다. 하나의 레이아웃 예를 그림 9.2에서 나타내고 있다.

금속 옵션을 가진 설계는 옵션의 최종 구성이 완성되기 전에 레이아웃이 시작될 수 있는 경우이다. 셀의 면적 및 모양은 옵션 레이어의 변경에 영향을 받지 않기 때문에, 일단 레이아웃이 완료되면 옵션을 하나에서 다른 것으로 변경하는 것도 매우 간단한 문제이다.

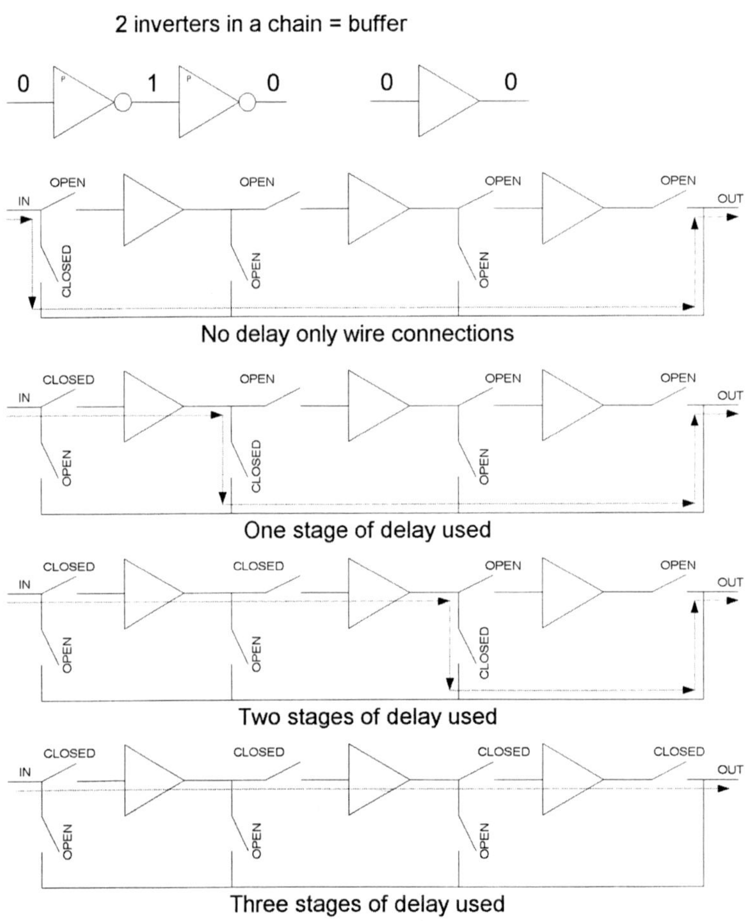

그림 9.1 구성 변경 가능한 지연 사슬 예

01 테이프 아웃 또는 마스크 제작을 위한 최종적인 GDSII를 생성할 때, 닫힌 레이어는 해당 마스크 레이어 (이 경우 메탈2) 에 병합되며, 열린 층은 무시된다.

02 시제품 시험 동안, 제품 테스트 기술자는 회로의 실리콘 판을 수정할 수 있다. 하나의 옵션은 다시 한 번 회로를 바꾸기 위해 초점 이온 광선 (FIB) 장비를 사용하는 것이다. 닫힘 옵션은 열릴 수 있고, 열림 옵션은 이 장비에 의해 닫힐 수 있다. 또 다른 하나의 옵션은 닫힘 옵션을 자르기 위해 레이저를 사용하는 것이다.

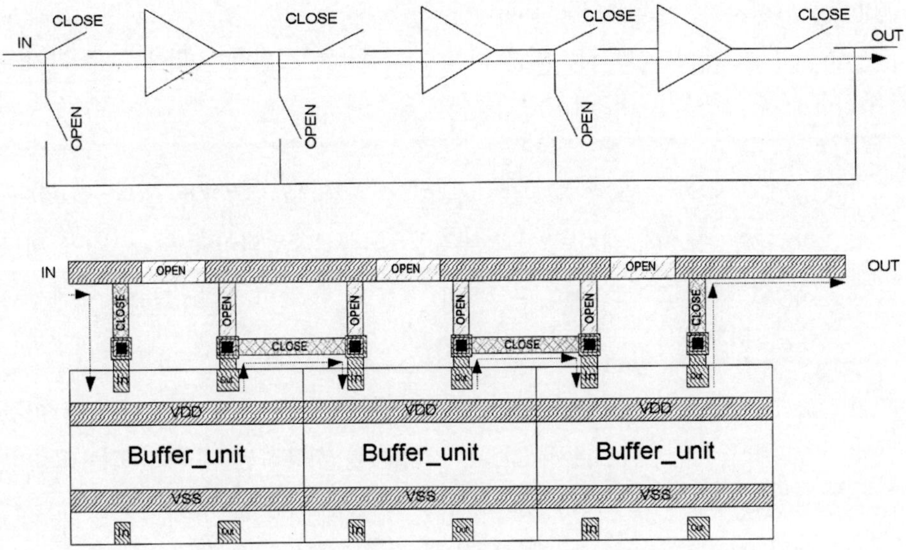

그림 9.2 지연 사슬 레이아웃

이미 언급된 옵션 층을 위한 가이드라인은 실리콘 시제품에 사용될 예정인 방법에 의해 부과되는 한계를 포함할 필요가 있다.

03 일단 실리콘에서 검증된 결과를 사용한 옵션의 최종 구상이 확립되면, 회로도 및 레이아웃 데이터는 최종적인 설정을 반영하기 위해 최신의 것으로 수정될 필요가 있다.

특정한 다이에 가해지는 FIB 수정이 FIB 가능하게 만든 칩에만 적용된다는 점을 상기하자. 따라서, 만일 마스크의 변경이 필요하면, 이것은 레이아웃 데이터를 최신의 것으로 수정하고, 요구되는 마스크를 다시 생성하도록 한다.

양산 마스크는 이렇게 최신의 것으로 수정된 데이터베이스로부터 만들어지게 된다.

9.1.2 비아 프로그래밍 가능성

변경을 고려하여 설계된 회로의 레이아웃에 있어서, 비아 프로그래밍 가능성은 읽기 전용 메모리 (ROM) 또는 기본 설계와 무관한 구성의 전문화된 디코더 같은, 진정으로 프로그램 되도록 설계하게 되는 회로에 적용된다.

이 경우, 일반적으로 소프트웨어 개발 모임에서 만들어 내게 되는 "코딩" 계획에 의해 회로의 구성이 형상화된다. 코딩 계획은 프로그램 가능한 회로의 최상위 층에 비아를 배치시키는 것에 의해 구현된다.

비아 프로그래밍 가능성을 위한 레이아웃 설계를 실현하는 것에는 두 가지 관점이 있다 :

01 *비아의 모든 가능한 배치를 수용할 수 있는 형상화되지 않은 레이아웃 설계.* "정당한" 장소에 배치 셀들과 결집한 설계가 지정되어야 한다. 비아 배치를 위한 정당한 장소는 모든 조건에서 정확히 설계 규칙을 따르는 설계 결과물이 있는 위치로서 정의된다.

02 *배치 방법론 또는 기본 레이아웃 설계에 놓이는 비아의 프로그래밍.* 이것은 보통 레이아웃 수단으로서, 다각형 편집기를 사용하는 매크로 또는 표준의 형태로 읽고 레이아웃 데이터를 생성할 수 있는 사용자 사양에 맞춘 CAD 패키지이다.

소프트웨어를 사용한 비아 프로그래밍 가능성은 오늘날 ROM 설계에서 사용되는 보통의 기법이며, 그것은 다음과 같은 이점을 가진다 :

- "칩 위에" 를 위한 소프트웨어 설계자는 과제 계획의 후반부에 이르기까지 그 코드를 최적화할 수 있다.
- 만약 올바로 계획되고 구현된다면, 설계는 구성 작업에 의해 정확해야 하고, 항상 DRC 및 LVS에 오류가 없어야 한다.
- 일단 비아 프로그래밍 기법이 개발되면, 그것은 근원적인 기본 레이아웃의 후속 전개에 다시 이용될 수 있다. 오로지 새로운 구조의 "정당한 장소" 만이 지정될 필요가 있다.

- 효과적인 기본 레이아웃 설계와 프로그래밍 계획은 프로그램된 설계에서 비아를 제외함으로써 소자의 연결도를 최소로 하기 위한 기법을 포함할 수 있다. 전력 소모는 감소하고, 속도는 증가하게 된다.

그림 9.3은 MOSAID 내에서 사용된 작은 디코더를 위한 비아 프로그래밍 가능성의 예를 도시한다.

9.1.3 테스트 및 탐침 패드

테스트 및 탐침 패드는 제품 공학 기술자들이 물리적인 칩 내부의 동작을 점검하는 것을 가능하게 하기 위해 설계로 구현되는 보조물이다.

*테스트 패드*는 본딩과 교환성을 가지는 금속의 패드를 의미한다 ; 탐침 패드는 보다 더 작고, 매우 전문적인 소자 측정을 목적으로 한다.

또한 테스트 패드는 웨이퍼 위에서 이용할 수 있을 뿐이며, 최종적인 제품을 위해 본딩이 되지는 않는다. 이러한 패드는 그것이 시제품이나 평가 단계를 위한 보호막에 의해 덮이지 않으며, 패키징 되기 전에 유리제의 격리 층에 의해 덮인다. ESD 측면에서, 그들은 테스트를 거치고 난 후에 패키지 핀에 접속하지 않게 되기 때문에 보통의 패드에 비하여 덜 보호된다.

내부의 회로를 위해 내부적으로 생성된 전원 공급을 가진 DRAM 설계에서 테스트 패드가 널리 사용되는 예가 있다. 테스트 패드는 VPP, VBB, VCP와 VBLP와 같이 내부의 공급 전원에 접속하고 있는 보통의 크기의 패드이다. 시제품 제작 단계에서, 테스트 패드는 내부의 전원 공급 회로가 동작하는지 결정하기 위해 사용된다. 또한 그것은 제품의 수명 동안 메모리의 신뢰성과 공정 특징들을 평가하기 위한 생산 테스트에 사용된다.

반면에, 탐침 패드는 생산 개시 이전의 결함 제거 및 평가 단계를 위해 배타적으로 사용된다. 제품 공학 기술자는 기능성 및 생산에 필요한 품질이 확인되지 않은 칩 내부 노드의 타이밍을 점검하기 위하여 탐침 패드를 사용한다.

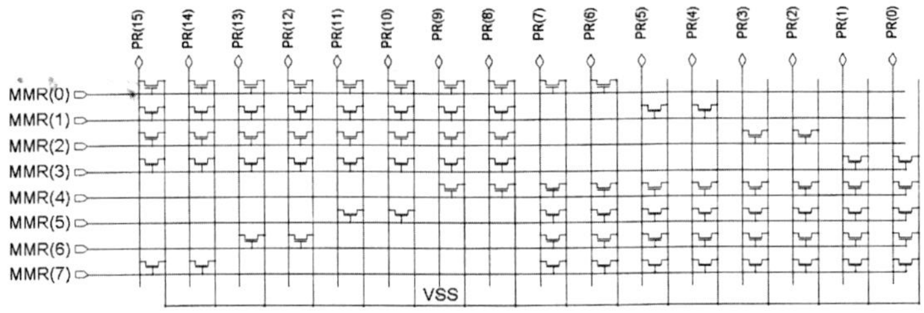

Fixed symmetrical structure having on each PR or MMR line the same total number of transistors

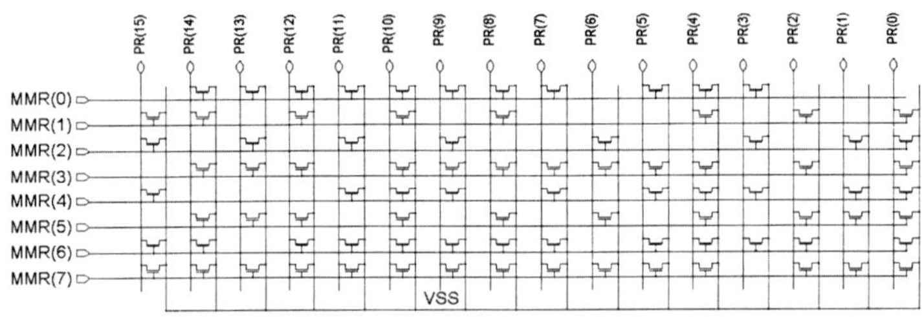

Total random transistors connections having on PR or MMR lines a different number of transistors

그림 9.3 디코더 구조

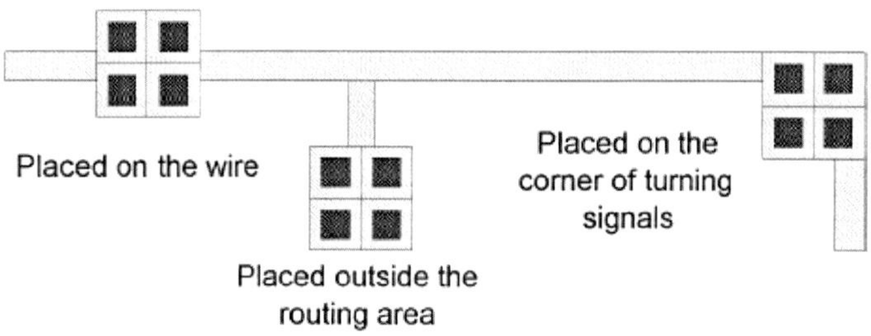

그림 9.4 탐침 패드 예

탐침 패드는 다이가 완전하게 보호되지 않는 (그림 9.4) 상황에서 사용되기 때문에 다이 위의 어느 곳에라도 놓일 수 있다. 탐침 패드의 크기는 사용되는 장비에 의존한다.

예전에는 한 개의 비아가 이용할 수 있었던 탐침을 위해 충분히 컸기 때문에, 탐침 패드는 명시되어 구현되지 않았다. 레이어가 기하학적으로 줄어들게 되면서, 한 개의 비아는 물리적인 탐침을 위해서는 너무 작아지게 되었다. 일반적으로, 탐침 패드는 1 μm^2의 범위 안에 드는 것으로 충분하다.

탐침 패드는 회로 설계자에 의해 지시된 바와 같이 레이아웃에서 구현되어야 한다. 그러나, 거의 모든 배선 노드가 탐침 가능해야 할 수도 있다.

분명히, 클록 신호나 데이터패스 신호와 같이 결정적인 신호는 탐침 패드의 주요한 후보자이다. 그것이 쉽게 발견될 수 있도록 탐침 패드 좌표를 신중하게 문서화하는 것도 중요하다.

9.2 미지의 변경을 위한 계획

설계의 여러 가지 단계 동안, 레이아웃 설계자는 설계 규칙 변경, 회로 변경, 소프트웨어 도구의 결함 등을 예측하고 대처해야 한다. 최선의 해결책은 사전 예방이지만, 항상 무엇을 예상해야 할지 알 수 있는 것은 아니다. DRAM 칩에서, 만약 주요한 메모리 레이어 중의 어떠한 것이라도 작은 설계 규칙 변경에 처하면, 계획되었던 구조를 사용하는 것은 효율적이 아닐 수도 있다. 그래서 전반적인 주요 레이아웃과 설계가 바뀌어야 한다. 그러한 공정 변경은 ASIC 설계의 레이아웃에는 그다지 큰 영향을 주지 않는데, 그 이유는 그 공정이 매우 간단하고 대부분의 레이아웃이 배치 배선 도구에 의해 수행되기 때문이다.

미지의 변경을 위한 계획이 처음에는 낯설게 보일 수도 있다. 그러나 설계의 형태 및 회로 설계자의 경험에 따라, 특정한 설계의 변경 정도를 예측할 수 있다. 일반적으로, 칩 레벨에서 계획을 세우는 단계에서는, 대부분의 숫자들이 매우 대략적인 값들이다. 심지어 플로어플래닝을 위해 가장 고급의 도구를 사용하는 경우에도, 최종적인 구성, 게이트의 최종적인 개수 또는, 신호의 총 개수를 예견할 방도는 없다. 최선의 해결책은 변경을 고려한 칩을 계획하고, 개인의 경험에 의거한 변경의 형태와 정도를 예측하는 것이다.

그 예로서, 만약 어떠한 설계가 50%의 완전히 새로운 회로를 가진다고 판단되면, 전체 작업의 50~60%를 고려하여 계획 세우기를 시작할 수 있다. 이것을 고려하여, 여분의 논리, 면적, 신호 등을 설계 발전과 변경에 대처하기 위해 준비할 수 있다. 이 방법을 사용하는 것은 최종 설계를 성공으로 이끌기에 더 큰 가능성을 줄 것이다.

반대로, 만약 대비책이 준비되어 있지 않으면, 정해진 설계의 크기 및 일정이 점차로 과제를 위험에 처하도록 할 것이다. 비밀은 여기에 있다 : 상상만이 한계인 곳에 "모든 것은 레이아웃에서 가능하다", 그러나 더욱 더, "시장을 향한 시간"이 진정한 제한이다. 최소한의 계획 변경 및 최소한의 칩 크기 변경을 위하여 모든 단계에서의 변경을 수용할 수 있는 계획은 오늘날 모든 과제 책임자의 꿈이다. 사람은 실수를 하기 마련이고 이상과 현실은 다르기 때문에 설계의 어떤 일부라도 시작할 때 변경을 고려한 계획을 세우도록 한다.

최종 순간 변경은 다음 장에서 서술될 공학 변경 명령 (Engineering Change Order; ECO) 이라고 불리어지는 정형화된 절차를 사용하여 처리된다. 이것들 중의 하나를 받아들이고 그것에 근거하여 행동해야 하기 전에 이러한 비상 사태를 다루는데 도움이 될 만한 많은 방법론이 있다. 이 절은 그 중 몇 가지를 다룬다.

9.2.1 콘택 및 비아 인스턴스

계층적인 설계의 개념은 3장으로 상세히 기술되었다. 계층을 사용하는 것에는 많은 이점이 있으며 변경을 고려한 계획의 측면에서는, 대규모의 변경에 반응할 때 계층의 사용은 데이터 관리 문제를 최소화하기 위한 핵심이다.

거기에는 많은 이점이 있기 때문에 이 절은 특히 콘택 및 비아 셀의 장점을 논의한다. 배치 배선 도구는 연결을 위해 그것을 사용한다. 그러나 그 개념은 이 도구가 생기기 전에 개발되었다.

처음의 아이디어는 여러 가지 종류의 콘택을 위한 셀 라이브러리의 개발이었다. 이 방법은 세 가지 또는 다섯 가지 종류의 콘택이 있을 때 효과적이다. 그러나 특히 DRAM 메모리의 경우, 이 개념은 진정으로 레이아웃 효율을 개선한다. DRAM 메모리는 많은 폴리 레이어를 가지지만, 또한 복수의 설계 규칙 세트를 가진다. 그래서 많은 수의 콘택 및 비아 셀이 있다. 2~3 다스의 셀 라이브러리를 가지는 것은 드물지 않다.

예전부터 콘택 셀은 한 개의 다각형을 포함했다 : 오직 접촉 레이어 하나. 우리가 제안하고 있는 (MOSAID 내에서 그것은 표준 공정이다) 아이디어는 세 개의 관련된 레이어 모두를 포함하는 콘택 셀을 만드는 것이다.

예를 들면, 액티브와 메탈1 사이의 콘택은 콘택 레이어, 액티브, 그리고 콘택과 겹쳐 있는 메탈1을 포함하는 셀이 될 것이다. 콘택 "셀"이 DRC에 어긋하지 않도록, 레이아웃은 완전하게 설계 규칙에 따른다.

이 방법을 사용하는 몇몇 이점은 다음과 같다 :

- "금속 끝 겹침" 규칙과 같은 선진적 규칙은 그다지 많은 노력 없이 전반적으로 구현될 수 있다.
- 셀들은 DRC에 어긋나지 않는다. 그래서 다른 설계자들의 구성에 있어서도 정확한 레이아웃을 만들 것이다. 아이디어는 ASIC 설계자를 위한 표준 셀 라이브러

리와 같이, 콘택 셀들 그 자체가 정확하다는 것이다.

- 복수의 설계 규칙 세트에 의해 각 칩에 관습적인 이름을 붙이는 것은 레이아웃 설계자들이 해당하는 셀을 사용하는 것을 도울 것이다. 또한, 그들이 작업하고 있는 영역에 대한 것 이외의 다른 콘택들의 설계 규칙을 기억할 필요가 없을 것이다.
- 셀 이름은 과제에서 과제로 이식 가능하다. 여러 가지 설계 규칙을 기억하는 것은 그렇지 않다.
- 셀들의 경계에 접촉하거나 겹치는 것으로 충분하기 때문에, 콘택 셀들은 이어지기 쉽다.
- 가장 큰 이점은 테이프 아웃 시간이 긴급할 때이다. 메모리 설계와 같은 "출혈 모서리 기술"에서, 칩의 레이아웃을 시작할 때, 공정은 아직 충분히 정의되지 않는다. 경험적으로 많은 경우에, 이 해결책은 테이프 아웃을 가능하게 한다. 많은 경우에서 우리는 콘택 크기, 레이어 규칙 또는 콘택 레이어 자체를 바꿔야 한다. 보통의 조건에서, 이 모든 변경은 약간의 CAD 소프트웨어 "처리"를 필요로 할 것이다. 그러나 그러한 처리는 전체 칩에 적용하게 되기 전에 점검되어야 하고, 결함이 제거되어야 한다. 콘택 셀들을 사용하면서, 경험적으로 성공한 사례에 의하면, 전반적인 처리 변경을 완료하기 위해서는 약 5 분이 걸린다.

이 특징이 매우 효율적인 것을 알기 때문에, 도처에 그것을 사용하기로 결정하는 것이 바람직하다. 트랜지스터 수준의 자동 조작을 제공하고 있는 모든 CAD 툴의 특징으로서 콘택 셀을 채택하는 것이 유용하다. 그림 9.5에서 우리는 겹쳐진 레이어를 포함한 콘택 셀에 대한 몇몇 예를 확인할 수 있다.

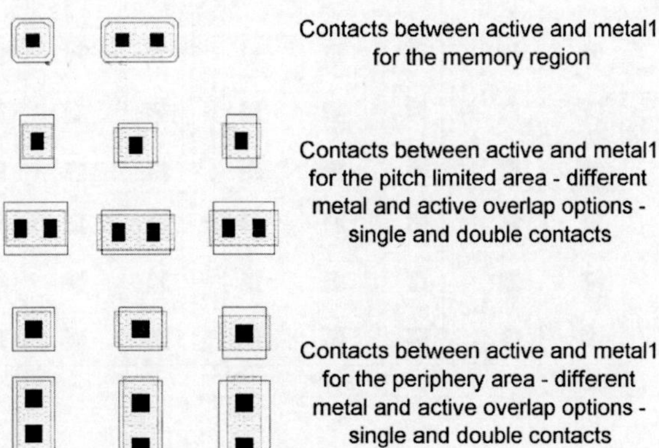

그림 9.5 콘택 예

9.2.2 최소 설계 규칙

변경을 수용하고, 레이아웃 설계에 주요한 영향을 막는 또 다른 방법은 최소 설계 규칙 또는 항상 최소 면적 설계 방법을 사용하는 것을 피하는 것이다. 만약 개발 중의 설계가 새롭거나, 또는 높은 변경 가능성을 가진다면 이것은 특히 가치가 있다.

설계자가 처음부터 블록의 내부 배선 계획을 모르는 상태에서 시작하는 아날로그 설계의 경우를 고려해보자. 이 경우 그 설계 내의 최종 크기는 레이아웃 추출로부터 얻게 되는 최종 결과에 따라 가변적이다.

어떻게 레이아웃 설계자는 예기되었던 변경을 수용하기 위해 콘택, 소자 및 셀을 움직이는 것을 피할 수 있나? 이 절에서, 우리는 하나의 해결책을 제시한다.

이전의 장에서 우리는 레이아웃 설계에 있어서의 중요한 단계 중의 하나가 영역의 크기를 가능한 최소로 줄이기 위해 액티브를 공유하고 있는 소스/드레인을 사용하고자 하는 것을 배웠다. "예상되는" 변경의 경우에, 레이아웃은 그것이 제한된 크기 변경을 수용할 수 있는 그런 방식으로 만들어져야 한다. 그림 9.6은 이것을 달성하는 기법을 도시한다.

다른 한 편이 출력인 동안 비어 있는 채널의 한 편은 전원에 연결된다. 이것은 변경될 것 같은 트랜지스터의 출력이다.

여기에서 사용되는 기법은 게이트 폴리의 손가락을 수용하는 양에 따라 액티브 영역에 공간을 두는 것이다. 그 공간은 최소가 아닐 수도 있지만, 트랜지스터 크기를 바꿀 때에 중요한 유연성을 제공한다.

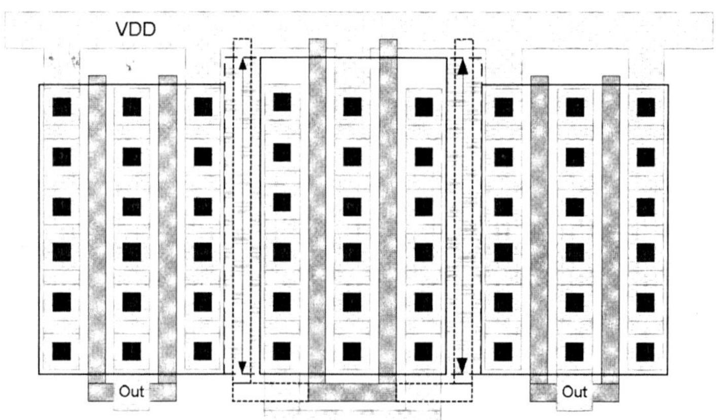

그림 9.6 구동기 크기 조정

9.2.3 여분의 로직과 여분의 선

비록 가장 선진의 도구와 전문가가 사용된다고 해도, 칩은 항상 여분의 로직 게이트와 여분의 선을 만드는데 충분한 중심부의 빈 공간을 가질 것이다.

칩이 평면적인 네트리스트를 가지거나, 설계 팀이 자동화된 배치 배선 도구를 사용하지 않는 한, 어떤 설계라도 결국 사용되지 않는 영역의 빈 공간을 가질 것이다.

최종 시기 변경을 구현하기에 필요한 노력을 하고 난 후, 그리고 오류를 수정하는 수고 및 오직 설계의 작은 부분만 수정하기 위한 마스크 개정의 수고를 하고 난 후에, 많은 설계자들은 테이프 아웃 전에 칩 안에 사용되지 않는 여분의 게이트와 신호를 놓는다는 생각을 받아들이게 된다.

간단한 기법은 보통의 논리적인 기능을 포함하는 논리 블록을 궁리하고, 칩 설계 안의 어떤 비어 있는 지역에 그 셀을 위치시키는 것이다. 사용되는 게이트의 양과 형태는 칩에서 동작하지 않을 수도 있는 것으로 예상되는 것에 근거하여 칩에 따라 달라질 수 있다. 블록 설계는 금속 레이어에 의해 상당히 좌우되기 때문에 트랜지스터의 접속과 재구성은 최소한의 레이어 개수를 사용하여 쉽게 구현 가능하다. 게이트들은 칩의 보통 동작에 영향을 끼치지 않도록 처음에는 무력화시킨다.

칩의 다양한 지역을 연결하고 여분의 로직 모임에 의해 통과되는 여분의 선들과 결합하여, 중요하지 않은 결합들의 수정은 매우 쉬워진다. 시장을 놓치는 것과 비교될 때, 추가적인 선들은 칩 크기에 큰 영향이 되지 않는다.

그림 9.7은 여분의 선들에 접근하기 쉬운 빈 영역들로 여분의 로직을 삽입하는 개념을 도시한다.

여분의 선들은 모든 채널에서 배선되며, 일반적으로 채널의 신호 개수의 최고 5%는 칩의 마무리 단계를 위한 배선 요구 조건을 포함하지 않는 여분의 것이어야 한다. 시제품을 만드는 단계에서, 채널에 대하여 적어도 두 개의 여분의 선을 가지는 것은 좋은 습관이다. 여분의 선들은 채널 금속 방향을 따르고, 칩의 한쪽 끝에서 다른 쪽까지 완전히 연결된다. 국부적인 여분의 구조들을 많이 사용함에 의해 전반적인 변경은 어떠한 칩 크기 또는 일정에 영향을 주지 않고 구현될 수 있다.

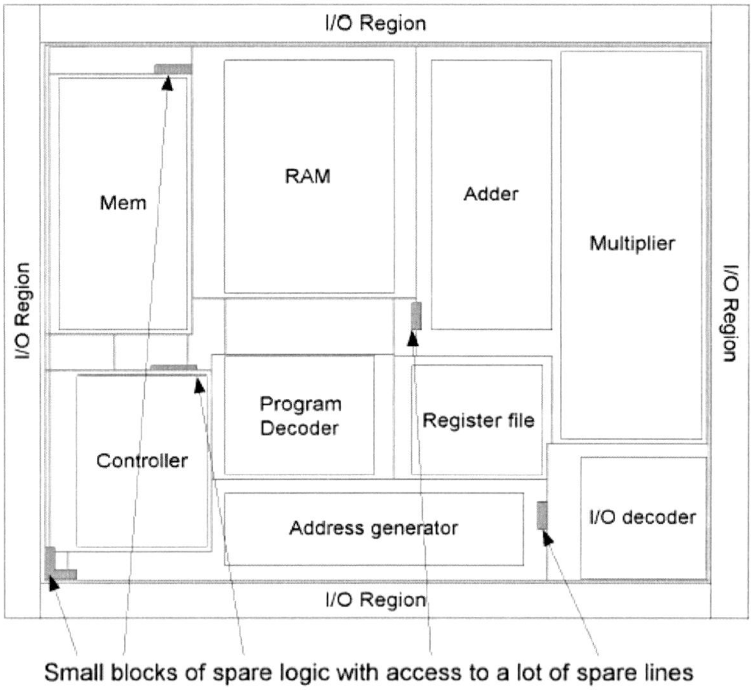

그림 9.7 여분의 로직과 여분의 선

9.3 공학적 변경 명령

공학적 변경 명령 또는 ECO는 레이아웃 설계자가 되는 한 부분이다. 설계가 완성에 이르면, 변경을 검증하고 통합하는 것은 중요한 문제가 된다. 변경을 구현하기 위해 ECO 절차와 같이 제어된 방법론을 사용하는 것은 결함이 구성의 폭넓은 수준으로 검토되는 것을 확실하게 한다. 그리고 하나의 블록 안의 변경의 모든 가능한 관련성은 다른 모든 블록의 인터페이스 관점에 반하여 검토된다.

공학적 변경 명령은 변경이 과제를 더 지연시키지 않고 신중하게 구현될 수 있게 설계 과제의 완료를 향하여 사용되는 정형화된 방법론이다. 지금까지 기술된 방법론 모두를 사용하면, 대부분의 변경들은 레이아웃 설계에 최소의 영향을 미칠 것이다.

ECO를 실현하는 절차적 관점에서, 그것을 설계 흐름 또는 과제 관리 스타일로서 정의하는 많은 방법이 있다.

개념적으로, 또는 관리적 관점으로부터, ECO 절차는 다음과 같이 보일 수도 있다 :

01 설계는 전체 칩 시뮬레이션 및 검증이 진행되는 것을 이해하면서 정해진 날짜에 확정된다.

02 이러한 점에서 레이아웃은 주요한 블록을 마무리 짓는 최종 단계에 있을 수도 있고, 최상위 수준의 배선은 90% 완전하다.

03 이 때부터는 그 어떤 변경이라도 ECO라고 간주된다. ECO는 그것이 유효한 것을 확실하게 하기 위해 기술적인 견해로부터 검토되며, 그 중요성의 순위가 결정된다. 과제 일정에의 영향 또한 평가된다.

04 과제 책임자 또는 관리자는 ECO를 검토하고, 그것이 구현될지를 결정한다. 만일 오류가 중요하지 않은 편이거나, 칩의 차후 판에서 정정될 수 있으면 ECO는 종종 거부된다. ECO를 평가하는 다른 하나의 기준은 시장 또는 고객에의 의미 또는 시장으로의 칩 진입을 지연시키는 것에의 영향이다.

05 만약 ECO가 실현되고, 그리고 제 때에 실현되기 위한 지름길이 필요하다면, ECO가 바르게 진행되는 것을 분명히 하기 위해 특별한 예방 조치가 취해질 수도 있다. 예를 들어, 두 번째 사람에게 설계의 구현 또는 설계에 취해진 단계적 배포를 조장할 수도 있다.

배치 배선 도구가 칩의 레이아웃을 생성하기 위해 사용되는 ASIC 절차의 경우, 레이아웃 도구는 ECO 절차가 도구에 추가되도록 한다.

다음에 기술된 ECO의 과정은 항상 개념적으로는 직설적으로 보이지만, 항상 개념적으로 그렇지는 않다 :

01 새로운 네트리스트가 검토되며, 변경에 관해 다루는 접근법이 생성된다.

02 배치 배선 도구는 이제 네트리스트 안에 존재하지 않는 셀을 삭제하려고 하고 있으며, 새로운 것을 위치시키려고 하고 있다. 몇몇의 경우에는, 만약 설계가 매우 복잡하고 자유 공간이 부족하면, 새로운 셀은 이전에 삭제되었던 것으로부터 멀리 떨어져서 놓일지도 모르며, 그렇게 되면 셀의 배치를 다시 하게 된다. 문제는 많은 경우에서 최초의 배치가 전력, 전자이동, RC 등을 위해 최적화되었다는 것이다. 그리고 ECO는 그 상황을 바꿀 수도 있다.

03 배선기는 국부적인 배선을 쪼갤 수 있고, 새로운 연결을 재배선하려고 할 수

있다. 대부분의 대중적인 배선기는 최근 99% 정도의 경우에 대하여 그것을 할 수 있다. 만약 배선기가 한계에 달하면, 인간의 눈과 수동 편집이 그 작업의 최후 1%를 끝낼 수 있다.

04 배치 배선을 하고 난 후에, 만약 변경이 타이밍 목표를 이루고 회로와 관련된 변경이 그리 많지 않으면, 레이아웃의 추출이 확인되는 것이 요구된다. 그리고 그렇지 않다면 추가적인 ECO 절차의 반복이 필요하다.

9.4 적절한 레이아웃을 위한 가이드라인

우리들은 이전의 장에서 기본적인 레이아웃 개념과 방법론을 대부분 기술했다. 그리고 이제는 결합된 목록으로 그것을 요약할 시간이다. 목록은 설계에서 위에서-아래로 및 아래에서-위로 실행의 기본적인 흐름에 근거하면서 만들어진다.

9.4.1 칩 플로어플랜

- 괜찮은 블록, 전원 필요 조건, 신호 모임, 그리고 결코 설계되지 않았던 새로운 영역에 대한 견해를 가진 설계자로부터 칩의 구성법을 배운다.
- 이전의 과제로부터 몇몇 블록의 크기 및 그에 관련된 신호의 개수를 추론하는 것이 가능할 수도 있다. 우리는 칩과 각각의 개별 블록을 위한 우연성을 평가하기 위해 이 정보를 필요로 하다.

만일 새로운 종류의 블록이 개발되면, 새로운 설계 절차와 새로운 도구가 도입될 필요가 있을 수도 있다. 만약 그렇다면, 그 과제는 새로운 기법을 도입하기 위해 추가의 CAD 지원을 필요로 할 수도 있다. 배치 배선, 압축기, 새로운 검증 도구, 다른 업체로부터의 라이브러리, 그리고 IP 블록들은 계획에 포함시켜야 할 수도 있는 새로운 기술의 몇몇 예에 불과하다.

- 다른 알려진 공정에 관련된 공정 규칙을 평가하고, 비교한다. 목록은 다음과 같은 것을 포함한다 :

  수직 연결도 그림 - 특히 다중 폴리 형태의 경우

  게이트, 금속 도체, 비아 및 콘택의 저항값과 정전 용량

각 도체 레이어의 전자이동 값

- 배선 레이어를 평가하고, 각 레이어를 위한 배선 격자를 결정한다. 간단하게 배선 격자들을 각 방향을 향한 하나의 값으로 통일하는 것이 괜찮은지 결정한다.

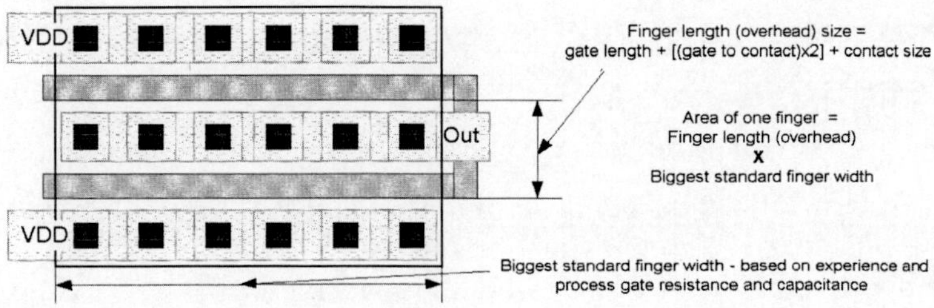

그림 9.8 플로어플랜을 위한 기본 계산 계획

- 손가락 크기 (그림 9.8)에 근거해서 블록 크기를 계산한다. 그리고 설계의 형태와 설계자의 경험에 의거하는 유연성을 추가한다.
- 특히 전원과 주소 버스, 데이터 버스를 위하여 패키지를 확인하고 패드 위치를 결정한다.
- 전원 형태와 격자를 정의한다 – 전자이동 또는 RC에 근거한 전원 선의 폭, 그리고 칩이 허용된 IR 강하 및 저항값을 갖기 위해 특별한 전원 선의 접속을 필요로 하는 경우. 몇몇 선진의 공정에서, 전원 선들은 그 자신의 배선 레이어를 갖는다.
- 신호들의 총 개수를 검토한다 ; 여분의 선과 여분의 로직을 위해 유연성과 계획을 포함하는 경로를 만든다.
- 되풀이 되는 구조를 발견한다. 그리하여 효율을 늘리고 변경의 영향을 줄이기 위해 몇몇 가능한 부분이라도 다시 사용하도록 한다.
- 가능한 많이 서로에 부합되도록 하기 위해 레이아웃 계층과 설계를 계획한다. (같은 수준과 이름) 비록 오늘날의 검증 도구가 매우 빠르더라도, 오류를 이해하고 수정하는 것은 시간적인 관점에서 사용자의 능력에 달려 있다.
- 비어 있는 공간을 완전한 블록으로 바꾸고, 블록 사이의 연결도를 재구성함으로써 정기적으로 플로어플랜을 최신의 것으로 수정한다. 이런 식으로, 모든 블록들이 완성되고, 따라서 칩도 완성된다.

9.4.2 블록

블록 수준의 레이아웃 가이드라인은 다음과 같다 :

- 칩 수준을 고려하여, 블록 크기와 포드 위치를 정하고 그것을 고수하도록 한다.
- 블록 사이의 채널의 내부의 전반적인 칩 혼잡이 줄어들도록 관통하는 신호를을 정의한다.
- 각 블록 내부의 전원 요구 및 격자를 정의한다.
- 임계 경로 설계를 정의한다. 그리고 배선을 최소로 하기 위해 관련되는 셀을 모은다.
- 여분의 로직과 선을 가지고 변경에 대한 계획을 세운다.
- 자동화 도구를 사용하여 효율을 개선하려고 노력한다. 구성 요소의 수가 적어도 100 이상일 때, 우수한 레이아웃 설계자라고 해도 이 많은 것들에 대한 모든 설계 제약을 짧은 시간 내에 고려한다는 것은 매우 어려운 것을 알 것이다. 비록 이런 도구가 작업량의 80%를 제공하고 있다고 해도, 만일 설계자가 직접 수동으로 연결하지 않고 배선 보조 도구를 사용하면 훨씬 더 빠르고 실수의 여지도 더 적게 된다.

9.4.3 셀

셀 수준 설계를 위해, 우리는 다음의 전반적인 가이드라인을 제공한다 :

- 셀 구조를 정의한다. - 즉, 표준, 완전 주문식, 데이터경로, 기타. - 그리고 블록 계획에 근거한 경계 규칙.
- 전원 형태와 폭을 정의한다.
- 특별한 요구 조건을 정의한다. - 즉, 좌우 대칭, 인접성, 임계 경로.
- 속도, 전력 소모와 배선 필요 조건 (간극률) 에 의거하는 트랜지스터 종류를 결정한다.
- 인접 블록과 함께 셀 DRC를 검증한다. 이것은 계층의 더 높은 수준에서 잘못을 발견할 모든 가능성을 제거한다.

PART 10

레이아웃을 위한 CAD 툴

10.1 소개

매년 Design Automation Conference로 알려진 IC CAD를 위한 가장 큰 학회에, 전 세계로부터의 VLSI 설계자들은 신제품의 이름들과 설계의 효율을 개선할 수 있는 방법론들에 대한 질문 공세를 당하게 된다.

학회 전에, 잡지와 전자 메일에 의한 광고는 격앙된다. 그리고 학회 동안에, 프리젠테이션과 데모가 하루 종일 진행된다. 그들 모두 가운데 CAD 도구들을 제출하고 있는 마케팅과 판매원은 항상 특별한 능력과 품질, 여러 가지 메뉴 옵션들 같은 새로운 옵션들과 장점들을 특징화하고, 경쟁 CAD 도구 및 수동 방법들 대비 매우 "중요한" 가격/성능 비를 강조한다.

이 프리젠테이션의 어느 것도 도구의 원리, 도구의 설계자가 의도했던 바, 도구가 가진 새로운 개념들 또는 도구가 지원할 설계 흐름의 종류에 대하여 논의하지 않는다.

우리들은 메뉴 단추들, 사용 편리성, 정형화 값들에 대해 배우게 되지만. 그러나 우리들이 도구를 사용해야 하는 진정한 이유에 대해서는 알지 못한다. 많은 경우에, 그들이 바른 방법으로 시작되지 않았기 때문에 충분한 가능성을 가진 새로운 도구들이 성공하지 못한다.

그들의 도구를 시장의 적절한 사용자들에게 내놓는 판매인들은 항상 더 좋은 도구를 가지고도 그렇게 하지 않는 다른 것 판매인들보다 성공한다. 과거 15 년 동안에 많은 회사들은 "누름단추" 를 제공함으로써 완전히 레이아웃 설계자의 일을 제거하기 위한 도구들을 만들려고 했다. 그러나, 그들 대부분은 거의 사라졌다.

예로서, 모토로라에서 근무하는 동안 우리들은 레이아웃 설계를 위한 새로운 도구의 시연을 받았다. 도구를 소개하기 위해 왔던 응용 공학 기술자는 다음과 같이 말하며 데모를 시작했다 : "이것은 레이아웃 설계자의 서비스를 이용하면서 공학 기술자가 피해야할 모든 것을 제공하는 도구이다!" 나는 그 시연이 얼마나 성공했느냐, 그리고 잘못된 마케팅 모토가 어떻게 그렇게 유능한 도구를 실패하도록 했는지 설명해야 된다고 생각하지 않는다.

그들의 타이밍은 좋았다, 그리고 그 도구는 그 때에 매우 유능했으며, 좋은 일부의 고객들과 채택 설치된 근거로, 그것은 시장의 선두가 될 수 있었다. 그들은 레이아웃과 회로 시뮬레이션 데이터 사이에서 통합의 장점을 살린 최초의 도구였다.

이 경우 개발자는 다른 한편에 피해를 주는 것에 의해 하나의 사용자 집단의 필요성에 관해 언급했다. 명백한 이유로, 우리는 이 책에서 그 도구의 이름을 밝히지 않을 것이다.

이 장에서 우리는 각각의 도구 집합에 대해 그들이 제공하고 있다고 생각하는 개념과 도구를 사용하는 것을 요구했던 방법론을 다루려고 한다. 판매인들과 도구들의 광범위한 목록을 위해, Integrated System Design Magazine의 웹사이트를 확인하도록 한다. 최신의 것으로 바뀐 판매인들 목록이 항상 거기에 있다.

오늘날 CMOS VLSI 설계의 레이아웃을 위해 사용되는 도구의 기본적인 종류에 대한 내용은 다음에 기술된다. 다음 절들은 흐름에 근거하는 특정의 도구들과 그들이 사용되거나, 사용될 수 있는 생황의 특징과 이상적인 사용에 대하여 상세하게 기술할 것이다.

그림 10.1에서 나타내는 것처럼 도구들의 여러 가지 부류는 세 개의 영역으로 분류된다.

도구들을 계획하는 것은 다음을 포함한다 :

- *플로어플래너* : 플로어플래너는 레이아웃 플로어플랜을 만들기 위한 배치와 배선 도구로서 사용된다. 그들이 레이아웃 설계를 위해 새로운 개념과 도전을 제기하기 때문에 플로어플래너는 광범위하게 논의된다. 적절히 사용될 때, 플로어플래너는 탑-다운 설계를 위한 방법론을 제공하고 정확한 레이아웃 완성을 위한 시간을 단축시킬 수 있다.

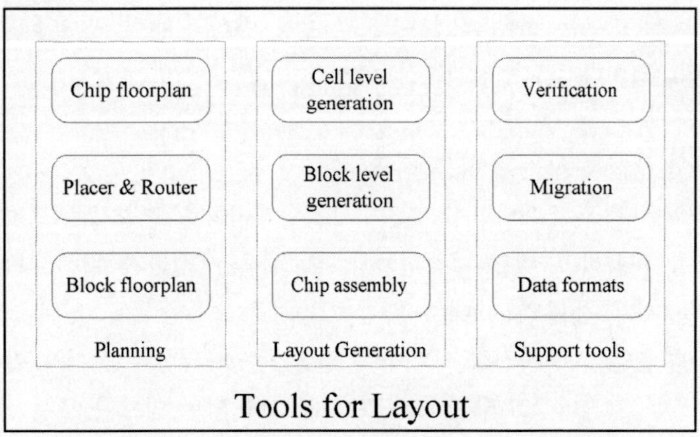

그림 10.1 기능에 의해 분류된 레이아웃 도구들

- *배치도구* : 배치도구는 셀들의 배치 또는 물리적이고 논리적인 제약들을 사용하고 있는 소자들을 최적화한다. 배치도구는 일반적으로 특정의 배선 도구와 같이 작업하는 것으로 설계된다 ; 그러므로, 같은 판매인으로부터의 배치도구와 배선 도구를 사용하는 것은 매우 중요하다. 그 이유는 두 개의 도구들이 제약들을 만족시키기 함께 동작하고, 두 도구들 모두에 알려진 특징들과 정보를 이용하기 때문이다.

  이 주제에 대해서 더 잘 이해하기 위해, 우리는 이 절에서 소개되는 배치도구의 특징들 및 제약들에 대해 설계의 특정의 수준들에 관련하여 상세하게 진술할 것이다. 일단 이해되고 나면, 배치도구와 배선 도구가 함께 사용하여 작업해야 하는 이유에 대해 명백해질 것이 분명하다. 그러한 간단한 예로서, 배선 배선 도구는 배선될 경로를 필요로 하기 때문에, 배치도구는 그 채널들을 제공해야 한다. 만일 그렇지 않다면, 세계 최고의 배치도구는 무용지물이 될 수도 있다.

  종류 관점에서, 각각 다른 특징과 필요조건을 가진 세 가지 기본적 배치도구 수준들이 있다 :

  - 내부 셀들 - 트랜지스터와 셀들의 배치
  - 배부 블록을 - 셀들, 블록들 또는 셀과 블록의 혼합
  - 칩 수준 - 플로어플랜 도구 상에서의 블록-수준 배치

- *배선 도구* : 배선 도구는 널리 사용되고 있었던 첫 번째 자동 조작 도구였다. 배선 도구는 레이아웃 상호연결의 속도를 개선시킨다. 처음에 배선 도구들은 칩-수준 배선이 가능했다 ; 그들은 오늘날 셀-수준 배선을 취급하기 위해 진화했다. 배선 도구는 접속들의 복잡도가 수동 방식의 능력 및 효율을 넘어서는 경우에 필수적이다.

레이아웃 생성 도구들은 다음을 포함한다 :

- *레이아웃 편집기* : 다각형 추진기 또는 레이아웃 편집기는 그래픽 유저 인터페이스를 사용하고 있는 다각형들과 경로들을 생성하기 위해 사용된다. 그들 중 일부는 매우 세련되고, 배치-배선 기능성을 포함할 수도 있다.
- *상징형 편집기* : 상징형 레이아웃 편집기는 다각형 추진기와 같은 사용자 인터페이스를 가진다. 그러나, 도구로 프로그램 되는 암호화 또는 수학적 알고리듬으로부터 레이아웃은 상징적으로 생성된다. 이 방법의 장점은 공정 설계 규칙들이 코드에 매개 변수들로서 사용된다는 것이다 ; 그러므로, 다른 공정들을 위해 레이아웃을 생성하는 것이 쉽다.

- *소자 생성기* : 소자 생성기는, 트랜지스터, 비아 배열 또는 논리 게이트와 같은 레이아웃 소자들을 생성하기 위해 사용된다. 그들은 일반적으로 대규모 그래픽 유저 인터페이스와 매우 고도로 발달한 대규모 언어를 가진다. 어떤 경우에서 소자 생성기는 배치 편집기 또는 독립적인 도구에 대한 증강이다. 배치도구 또는 배선 도구 없이, 소자 생성기는 생산성을 증강하는 것에 매우 제한된 가치를 가진다.
- *압축기* : 압축기는 자동적으로 기존의 레이아웃을 최적화하고, 선진의 배치 편집기 또는 상징형 레이아웃 도구에 대한 증진으로서 일반적으로 사용된다. 압축기는 폭 및 다각형 사이의 공간을 줄게 하거나 크게 한다. 그리고 공정 설계 규칙의 한도까지 레이아웃을 최소화하는 것을 목표로 한다.
- *실리콘 컴파일러* : 실리콘 컴파일러는 트랜지스터, 셀들 및 표준의 구성에 의거한 구조들을 생성함으로써 자동적으로 레이아웃을 생성하기 위해 사용된다. 일반적으로, 실리콘 컴파일러는 다량의 구조들을 처리하기 위해 사용되기 때문에 그래픽 유저 인터페이스를 가지지 않는다. 그들은 주로 많은 소프트웨어 경험을 가진 사람들에 의해서, 그리고 위해서 개발된다.

결과적으로, 레이아웃 지원 도구들은 다음을 포함한다 :

- *레이아웃 검증 도구* : 레이아웃 검증 도구는 완료된 레이아웃 위에 시험 세트를 실행한다. 설계 규칙 검사 (DRC), 레이아웃-대-회로도 (LVS), 전기 규칙 검사 (ERC), 레이아웃 기생 성분 추출 (LPE), 그리고 광학적 근접 도구들이 논의된다.
- *플로터* : 플로터는 일반적으로 소프트웨어 도구가 아니다. 그러나 의미 있고 이해할 수 있는 레이아웃의 하드 카피를 만들기 위해, 공정 레이아웃을 위해 특별하게 설계된 소프트웨어가 보통 사용된다.
- *변환기* : 레이아웃 변환기는 자주 전이 도구라고 불리어진다. 개념적으로는 압축기와 유사하게, 변환기는 다른 설계 규칙으로 변환하거나, 이전 설계를 다른 공정으로 압축하기 위해 사용된다.

최종적으로, 레이아웃 데이터를 위한 자료 형태들에 대한 논의가 기술될 것이다.

10.2 계획 도구

모든 레이아웃 설계 작업에는 계획의 단계가 필요하다. 그러나 일반적으로 플로어플랜은 칩 수준에서 시작하여 블록 수준까지 진행된다. 이 방법론의 기반을 이루는 아이디어는 블록 인터페이스를 정의하고, 설계의 일부가 완성되거나 검증되는데 따르는 설계의 부분으로서 이 인터페이스에 수정을 조화시키기 위해 상위 수준의 플로어플랜을 사용하는 동안 아래 수준에서 위로 모든 것을 구성하는 것이다.

10.2.1 칩 플로어플랜 도구

플로어플랜은 함께 놓여야 하는 구조들을 확인하고, 모든 블록을 다른 모든 것에 이음새 없이 이어지게 하기 위하여 사용 가능한 공간, 필요한 성능에 대한 상충된 목표들을 만족시키기 위하여 공간을 그들에게 할당하는 과정이다.

대부분의 칩에서, 가장 작은 설계는 또한 가장 높은 성능의 설계이다. 그러므로, 면적과 속도는 서로 밀접한 관계의 특징을 갖게 된다. 면적에서 작은 블록 또는 칩은 더 짧은 선들, 더 적은 배선, 더 빠른 양단 신호 경로 및 심지어 더 빠르고 더 일관된 배치-배선을 갖도록 상호 연결시킨다.

플로어플랜 하는 것은 설계가 회로 분할에서의 레이아웃 설계자의 전문적 지식과 플로어플랜 도구에서의 최적화 알고리듬을 결합함으로써 효율적으로 계획되기 때문에 더 작은 설계가 얻어지도록 하는 방법론이다.

그림 10.2는 설계 과정의 처음에 플로어플랜 다른 구성 요소들을 나타낸다.

플로어플랜의 역할과 CAD 도구가 설계자에게 빠르고 정확한 결과를 얻는 것을 돕는 방법을 이해하기 위해, 플로어플랜 도구가 가지고 있는 개념과 문제를 이해하는 것은 중요하다. 플로어플랜 도구는 다음과 같은 일을 한다 :

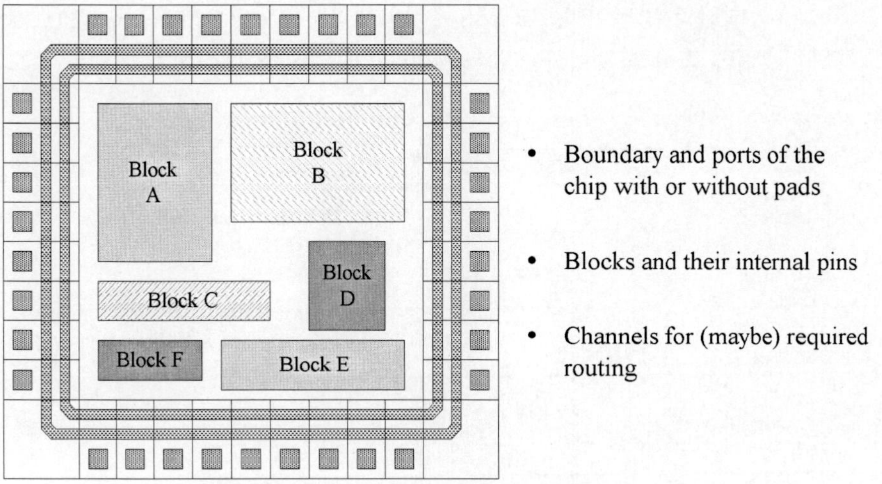

그림 10.2 간단한 칩 플로어플랜 구성 요소

- 설계의 다른 분할들 또는 블록들을 이해한다.
- 블록들 각각의 임계적인 특징들을 이해한다 : 크기, 양상 비율, 그리고 핀들
- 블록들과 패드 접속들 사이의 연결성을 동적으로 표시한다.
- 배선 레이어의 수에 기반을 준 배선 공간을 할당한다.
- 제약 조건에 근거하여 최상위-수준 포트를 배치한다.
- 각 블록을 배치하고, 블록 간 신호 배선의 가능성 및 전반적 연결 요구사항에 근거하여 각 블록을 위한 패드 위치를 최적화한다.
- 사용자로 하여금 계획의 점진적 수정 또는 같이 재계획하는 것을 허용한다.

그림 10.3은 그것이 칩-수준 플로어플랜에서 불리어지기 전에 요구되는 한 블록에 관한 중요한 정보를 강조하고 있다.

그림 10.4는 효과적으로 플로어플래너를 사용하는 절차에 대하여 보여준다. 플로어플랜 도구를 사용할 때 기억할만한 몇가지 중요한 힌트는 다음과 같다 :

- 처음에, 최상위 수준에서의 모든 패드는 한 개의 레이어에 접속하고 있도록 할당한다. 이 제약은 패드의 접속을 최적화하는 능력에서 배선 도구에 영향을 끼친다. 몇몇의 경우에는 패드가 두 개의 레이어에 할당될 수 있다. 그것은 배선 도구에 더 많은 자유를 준다. 이용할 수 있는 레이어가 많은 경우 (최고 10 개까지) 에는, 패드를 레이어에 할당하는 임무는 레이아웃 설계자에게 맡기는 것

이 최선의 방법이며, 따라서 수작업에 의해 할당하게 된다. 전원 공급과 클록 신호와 같이 할당되어야 하는 어떤 포트를 위한 레이어가 지정될 수도 있다.

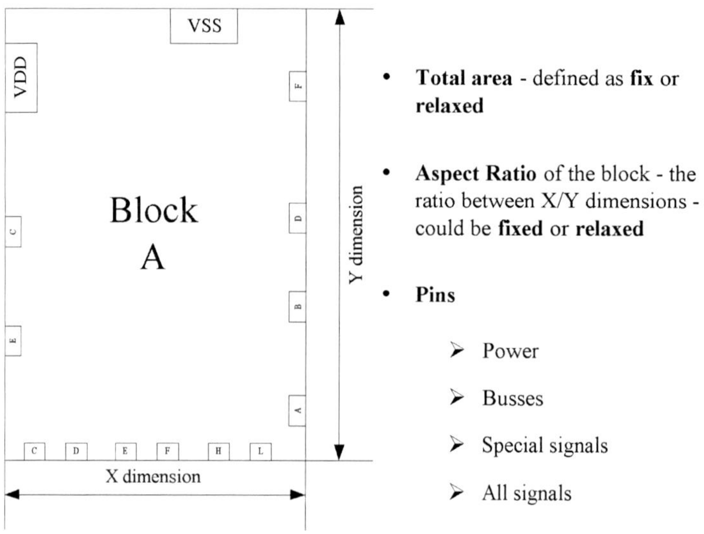

그림 10.3 플로어플랜을 위해 필요한 블록 정보

- 이전의 경우에서와 같이 블록 핀들은 수작업에 의해 정확한 레이어에 할당되어야 할 수도 있다.
- 여분의 로직과 신호를 삽입하는 것은 솜씨를 필요로 한다. 일반적으로, 설계의 네트리스트는 여분의 요소들을 포함하지 않는다. 그래서 이 요소들 또한 수작업에 의해 삽입될 필요가 있다. 도구를 사용하고 있는 사람은 "허구의" 선들과 핀들을 다루고, 여분의 로직을 위해 블록들을 크게 하고, 여분의 로직을 위해 사용될 가짜 블록들을 추가하는 방법 등으로 네트리스트에 "마사지하는" 방법을 배워야 한다, 여분의 요소들의 적당한 배치 또한 그들이 쉽게 사용될 수 있을 정도로 여분의 선들이 여분의 논리 근처에 있는 것을 확실하게 하기 위해 필요하다.
- 크기 면에서 증가할 수 있는 블록을 위한 추가 공간이 있는 곳에 바뀌기 쉬운 블록들이 전략적으로 놓여야 한다.

10.2.2 블록 플로어플랜 도구

블록 수준에서의 플로어플랜 절차는 기본적으로, 거의 예외 없이, 칩 플로어플랜 절차와 같은 것이다. 블록들로 작업하는 대신, 플로어플래너는 기능성에 의거하면서 정의되는 셀들의 모임과 설계의 연결성에 근거하여 작업한다. 이 경우 설계가 셀들과 접속들로 더 잘 정의되고, 미지의 내용을 가진 빈 블록들이 거의 없다고 하는 점에서 설계는 보다 완성도가 높다.

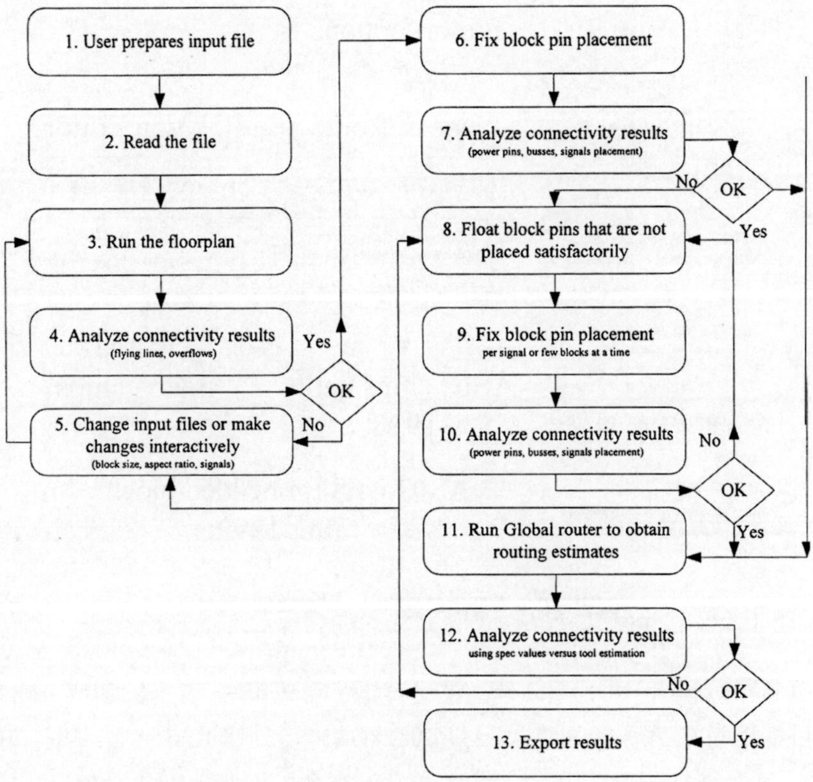

그림 10.4 플로어플랜 절차

칩 플로어플랜과 비교해서, 블록-수준 플로어플랜은 다음과 같은 유사점과 차이점을 갖는다 :

- 블록 수준에서는 수천 개의 셀들이 있을 수도 있다 ; 칩 수준에서의 개수는 보통 20 미만이다

- 비록 더 많은 포트가 있을 수도 있자만 포트를 다루는 방법은 유사하다.
- 블록 핀들은 수십만 개가 될 수도 있고, 그들의 연결성은 칩 수준에 비하여 매우 복잡하다.
- 만약 공정이 세 개 이상의 금속 레이어를 가지면 플로어플랜은 채널을 전혀 갖지 않을 수도 있다. - 그 계획은 셀들의 바다처럼 보일 것이다.
- 받아들여지거나 어려운 중심부가 있는 경우, 플로어플래너는 여분의 로직 안에 그들의 배치를 최적화할 것이다.

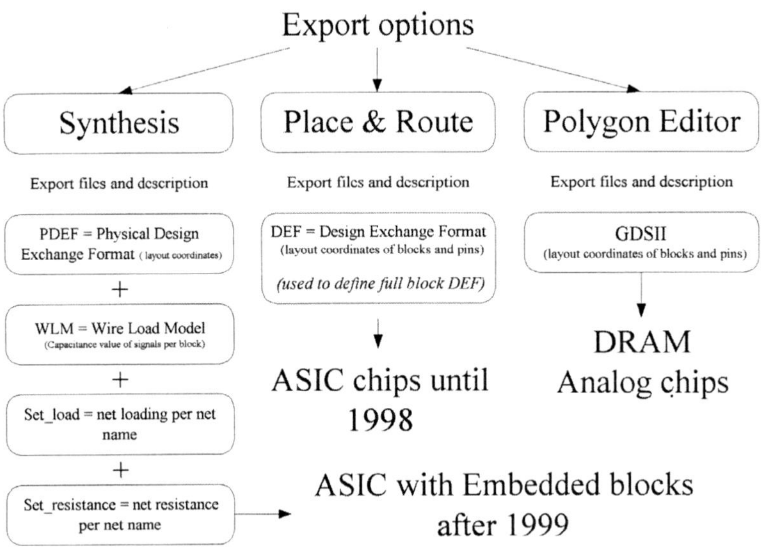

그림 10.5 플로어플래너 출력 파일 형식

플로어플래너는 설계 필요성들에 근거하는 정보 또는 설계를 위해 사용되고 있는 전반적인 설계 흐름을 외부로 보낼 필요가 있다. 그림 10.5는 플로어플래너가 제공하는 자료 형식들을 도시한다. 다른 형식들은 응용 목적에 의해 결정된다.

10.3 레이아웃 생성 도구

레이아웃 생성 도구는 오늘날 시장에 나와 있는 레이아웃 설계 도구들의 대부분을 차지한다. 다른 도구들은 셀 또는 트랜지스터에 기반을 둔 레이아웃에서 칩 완성까지 관념적인 수준에 따라 사용된다. 이들 각각에 대해 이 절에서 설명된다.

10.3.1 셀-수준 레이아웃 생성 도구

셀-수준 레이아웃 생성 도구는 형태 트랜지스터들과 그들 사이를 연결하는 다각형들을 조작하기 위한 것이다.

다각형 추진기. 셀-수준 레이아웃 생성을 위해 가장 인기가 있는 도구는 아직도 "다각형 추진기" 또는 기초적인 "레이아웃 편집기"이다. 이론적으로, 다각형 추진기는 트랜지스터 수준으로부터 그 위에 모든 종류의 완전한 칩을 설계하기 위해 사용될 수 있다. 그러나, 그것은 블록 또는 칩 완성을 위해 실질적이지 못하다.

다각형 추진기는 10~100 개 트랜지스터 수준의 셀들을 생성하기 위하여, 그리고 VLSI 공정에서 필요로 하는 모든 레이어들을 그리기 위하여 사용된다. 이 도구들은 매우 완성도가 높으며, 일반적으로 최소한의 유지 보수가 필요하다. 그러나, 몇몇 회사들은 반복적으로 되풀이하게 되는 레이아웃을 생성하기 위한 거시형 기본 도구를 "증강" 하기 위하여 많은 시간에 투자했다.

다각형 추진기는 매우 고품질의 완전-주문식 레이아웃을 위한 환경을 제공한다. 그러나 그들은 완전히 수동으로 조작되고, 따라서 느리다. 환경에 대한 강화는 설계 절차의 어떤 단계들의 속도를 높이기 위해 자동 조작을 추가하려는 시도에서 끊임없이 개발되고 있다 : N-웰 생성, 콘택 셀들, 트랜지스터 생성기, 포트 매크로, 기타.

거의 대부분의 대규모 IC CAD 판매인들은 레이아웃 편집기를 제공한다. 그래서 자동화를 위한 부가 기능의 유효성에 관해서 그들을 평가하는 것이 중요하다. 약간의 예외를 제외하고, 그들 대부분은 모두 유닉스 머신으로 향하고 있다. 그러나 동시에 한편으로는 PC 쪽으로 옮기기 시작하고 있다.

레이아웃 편집기의 응용은 다음을 포함한다 :

- 완전-주문식 VLSI 레이아웃. (*크기*가 가장 중요한 요인임) 피치가 제한된 DRAM, SRAM, PLA, 패드 출력 버퍼 레이아웃, 그리고 입력 보호 소자들은 순전히 다각형 추진기가 말 그대로 아직 필요한 몇몇의 예이다.
- 아날로그 설계와 특별한 공정 셀들 또는 요소들.

레이아웃 편집기들의 특징은 다음을 포함한다 :

- 그것은 사용자가 모든 종류의 레이아웃 설계를 하는 것을 가능하게 한다.
- 그것은 어떠한 공정에 대해서도 설치가 가능하며, 대부분 즉시 작업이 가능하다.

- 시작하려면 최소한의 훈련이 요구된다. 예를 들면, 아날로그 회로를 설계하고 있는 고급 레이아웃 설계자는 도구의 특징들 이상의 레이아웃 개념들을 이해할 필요가 있다.
- 오랜 시간에 걸쳐서, 회사들은 그들의 레이아웃 편집기 주위에 사용자 사양을 맞추고, 전반적인 방법론을 구축하였다. 이것이 바로 독립형의 자동화 도구들이 지금까지 그들을 대체할 수 없었던 주된 이유이다.
- 레이아웃 생성은 *매우* 공정에 의존하기 때문에 기존에는 100% 완전-주문식 방법에 모든 것을 하도록 하는 것이 받아들여졌다. ASIC 흐름과 배치-배선은 레이아웃 설계에 관해서 사람들이 생각하는 방식을 바꿨다.
- 대규모의 회사들에는 설계 환경을 개발하고, 유지하는 것을 CAD 그룹에게 요구하는 특정의 작업을 위한 많은 내부 도구들이 있다. 많은 경우에 정치적인 이익이 진보와 효율을 방해한다. 신생 업체들은 그러한 문제들을 다룰 필요가 없기 때문에 쉽게 새로운 도구들을 받아들이고 있다.
- 이 도구들은 자동화 도구들과 천천히 비교되며, 그것은 그들이 좀처럼 단독으로는 사용되지 않는 이유이다. 점점 더 그들은 복잡한 소자 생성기, 트랜지스터 배치-배선, 상징형 편집기, 압축기와 배선 도구와 혼합된다. 많은 고객을 가지는 모든 판매인들은 몇 가지 종류의 자동 조작을 추가하여 그 성능을 개선하기 위하여 열심히 노력하고 있다.

소자 생성기. 배선 도구를 가진 소자 생성기는 거의 모든 복잡도 수준의 레이아웃을 구현하기 위해 사용될 수 있다. 그들 대부분은 다른 응용에서 낮은-수준 또는 트랜지스터-수준 레이아웃 설계에 매우 특화되어 있다.

이 도구는 낮은-수준의 셀들을 생성하며, 매우 빨리, 그리고 효율적으로 표준 셀 라이브러리를 구축하기 위해 사용된다. 이 경우 각 셀은 하나의 셀 당 10~100 개의 트랜지스터로 제한되며, 그리고 VLSI 처리에서 필요한 모든 레이어들이 그려진다.

이러한 종류의 도구를 설치하고, 유지하는 것은 많은 지식을 필요로 한다. 소자 생성기는 레이아웃 자동 조작의 최고 혼합과 셀 생성에 있어서 가능한 완전-주문식 설계를 제공한다.

오늘날 사용 가능한 선진의 소자 생성기는 회로도 또는 네트리스트에 기반을 두기 때문에, 그 구성에 의해 정확한 결과를 얻는다. 식견이 갖추어진 레이아웃 설계자들은 "개선된 레이아웃 편집기"를 이용하여 놀라운 작업을 할 수 있다.

소자 생성기의 응용 분야는 다음을 포함한다 :

- 핀 배정, 셀 높이, 주변의 필요 조건, 기타 조건이 레이아웃 설계에 있어서 중요한 요인이 되는 표준 셀 라이브러리들
- 도구와 설계 요구 조건이 보증되고, 특정의 설계에 맞추어져야 하는 데이터 패스 셀들
- 품질과 아날로그 요구 조건들이 레이아웃 설계 속도와 같을 정도로 중요한 응용들

소자 생성기의 특징은 다음을 포함한다 :

- 레이아웃 생성은 빠르다. 그러나 도구는 소규모 회사에게 비싸다. 현재도, 경쟁 때문에 이러한 종류의 도구들의 가격은 떨어지고 있다. 이것은 기본적인 레이아웃 편집기의 다음 세대라고 생각된다.
- 도구들은 경험 풍부한 사용자를 위해 설정되어야 하지만, 어떤 경우 새로운 교육생에 의해서도 사용될 수 있다. 특별한 레이아웃 필요 조건들을 위해, 레이아웃 설계와 매크로들의 전문가가 필요할 수도 있다. 그러나 이 경우는 일반적으로 셀 설계의 노력의 10%에 지나지 않는다.
- 그것은 완전-주문식 다각형 추진기와 비교할 때 빠르다. 이것이 과거 5 년 동안 시장 점유율을 얻었던 이유이다 ; 그러나, 그들은 실리콘 컴파일러보다는 느리다.
- 이 도구는 설계 절차 동안 공정 이전이나 공정 변화를 위한 좋은 환경을 제공한다. - 절차들은 과제의 설계 시간 1~2 년에 걸쳐 진화하여 왔다.

기본적으로, 소자 생성기가 오래된 다각형 추진기를 대체하려고 하는 반면에, 실리콘 컴파일러의 시장은 정형화된 구조들과 블록-수준 레이아웃 쪽으로 나아가고 있다.

셀 배치 도구. 셀 배치 도구는 개개의 소자와 레이어의 레이아웃을 최적화하기 위해 사용된다. 많은 경우에 소자 생성기는 완전한 레이아웃 환경을 제공하기 위해 셀 배치 도구 및 셀 배선 도구와 결합된다. 이상적으로, 셀 배치 도구는 좋은 결과를 위해 셀 구조를 이해할 필요가 있다.

다음은 셀 배치 도구의 몇 가지 특징들이다 :

- 소자들의 수와 이 도구들이 취급하는 핀들은 적다 (수백). 그러나 배치 최적화는 매우 상세하다. 많은 제약들이 고려된다.
- 단자들은 도처에 놓일 수 있다. 더 좋은 레이아웃이 얻어지려면 수정될 수 있다는 점에서 레이아웃은 고쳐지게 될 수도 있고, "부동적" 일 수도 있다.
- PMOS와 NMOS 트랜지스터 배치를 위한 영역은 제어된다. - 예를 들면, 트랜지스터들은 변화하는 높이의 열에 놓일 수도 있고, 다른 높이의 복수의 열을 포함할 수도 있다.
- 트랜지스터 핑거링은 자동이다. 그리고 지정된 구조상의 제약들에 근거한다.
- 기판과 웰 연결은 제어될 수 있다.
- 이미 완성된 레이아웃을 받아올 수 있다. 이것은 대략적인 레이아웃은 수작업으로 하게 되고, 작업을 끝내기 위해 자동화 도구를 이용하는 경우에 유용하다.
- 셀 배선 도구로의 인터페이스는 이음매가 없다.

이 수준에서, 배치 도구는 정말로 레이아웃 설계자의 속도와 생산성을 행상시킨다. 셀-수준 레이아웃에서 레이아웃 도구를 사용하는 것에는 눈에 띄는 단점이 거의 없다. 레이아웃 도구를 사용하는 것은 셀-수준 레이아웃 자동화의 총량을 늘리기 위해서 크게 앞선 수단이다. 그 사용에 대한 유일한 장애는 그들을 설정하고, 사용하기 쉬워야 한다는 것이다. 그리고 다각형 편집기에 대해 매우 익숙함을 느끼는 설계자들에 의해 그들이 사용되기 때문에, 이 도구들은 매우 좋은 그래픽 유저 인터페이스를 필요로 하다. 역사적으로, 모든 텍스트 기반의 도구들은 여기에서 실패했다.

셀 배선 도구. 셀-수준 레이아웃을 위한 배선 도구는 일반적으로 매우 단순하다. 그러나, 일부 판매인들은 칩-수준 결합의 필요 조건들에 셀-수준 레이아웃의 특징을 가미하는 것에 의해 제자리를 잡았다. 시장에 나와 있는 좋은 셀 배선 도구가 몇몇 있다. 그리고 같은 환경에서 소자 생성기, 배치 도구와 배선 도구를 가지는 것은 중요하다. 만약 네트리스트에 의해 동작되면, 셀 배선 도구는 셀 생성을 빠르게 할 수 있다. 가장 강력한 배선 도구는 사용자가 다음과 같은 제약들을 정의하는 것을 허용한다 :

- 신호들의 같은 길이 - 전체의 신호 버스가 모든 비트에 대해 정확하게 같은 길이를 가질 것이다.
- 미리 정의되는 신호 또는 적용되고 있는 특별한 필요 조건을 위한 특별한 선 폭
- 전원 배선 제약들

- 각 연결을 위한 콘택들 또는 소스/드레인을 위한 최소 콘택들의 수
- 차동 쌍 배선

압축기. 압축기는 레이아웃 거의 모든 수준의 복잡도에 대하여 사용될 수 있다. 그들 대부분은 트랜지스터 또는 셀 수준에서 가장 많이 사용된다. 도구는 셀 설계의 내부에서 작고 경제적인 트랜지스터 레이아웃과 그들의 연결을 위해 사용된다.

레이아웃 설계자가 이런 종류의 도구를 사용 것은 대략적인 작업을 한 후, 압축기를 실행시켜 레이아웃을 최적화하는 것이다. 이것은 DRC 오류가 없는 레이아웃 셀을 생성하는 매우 빠르고 효율적인 방법이다.

셀-수준 레이아웃을 위해, 압축기의 설정 및 유지를 위해서는 매우 지식 있는 설계자를 요구한다. 결과가 구성에 의해 정확하고, DRC와 LVS 검증을 통과해야 하기 때문에, 개요의 네트리스트-기반 레이아웃 발성기와 함께, 현재 이용할 수 있는 선진의 압축기는 세계 최고의 성능을 제공할 수 있다. 압축기가 상징형 레이아웃 데이터에 의해 동작되는 경우, 그 결과는 매우 빠르며 만일 필요하다면 그들은 선진적인 배선 구조를 추가할 수 있다.

압축기는 설계의 어떤 수준에서도 사용된다. - 트랜지스터-수준 레이아웃에서 최상위-수준의 배선까지, 압축기는 어떠한 레이아웃 환경에서라도 그 일부가 되어야 한다.

압축기의 특징은 다음을 포함한다 :

- 오류가 만들어지기 전에 DRC 오류들을 정정하는 것과 더불어, 그들은 대부분의 종류의 레이아웃을 매우 빠르게 생성하는 것이 가능하게 한다.
- 만약 전문가가 도구의 설정을 적절히 확인한다면 어떤 초보자라도 그 도구를 사용할 수 있다.
- 압축기는 때때로 설계 절차 동안 제한된 공정 이전이나 공정 변화를 위해 사용된다. 1~2 년에 걸치는 과제 기간 동안 공정이 진화하게 되면, 압축기가 사소한 설계 규칙 변화를 조정할 수 있다.
- 현재로서는, 압축기가 평면 모드 또는 계층 구조 내의 한 수준에서만 동작되고 있다. 언젠가는 "누름 단추" 도구가 설계 규칙 변화를 고치기 위해 전체 칩을 압축할 수 있게 될 것이다.

실리콘 컴파일러. 실리콘 컴파일러 또한 레이아웃의 여러 가지 복잡도 수준의 셀

들의 설계에 사용될 수 있다. 압축기와 유사하게, 대부분의 컴파일러는 트랜지스터 또는 셀 수준 레이아웃 설계에 가장 잘 동작한다. 이 도구는 낮은 수준의 셀들 또는 10~40 개의 트랜지스터를 갖는 표준 셀들을 생성하기 위해 사용되며, VLSI 공정에서 요구되는 모든 레이어들을 매우 빨리, 그리고 효율적으로 그리는 데에 필요하다.

바뀌는 환경에 효과적이기 위하여, 실리콘 컴파일러는 대규모적이고 전문적인 관리를 필요로 한다. 그들은 가능한 가장 빠른 셀 생성을 제공한다. 특정의 배치 도구 또는 배선 도구를 위해 셀들을 사용자 사양에 맞추는 동안 표준 셀 라이브러리는 하루 안에 생성될 수 있다.

실리콘 컴파일러의 응용은 다음을 포함한다 :

- 핀 배정, 셀 높이, 인접, 기타 표준화가 레이아웃 설계에 있어서 중요한 요소인 표준 셀 라이브러리
- 도구와 설계 필요 조건들이 만족되어야 하고, 특정의 설계에 맞추어져야 하는 데이터 패스를 위한 셀
- 레이아웃 생성에 있어서 속도가 가장 중요한 요인이 되는 모든 경우

다음은 실리콘 컴파일러의 몇몇 특징들이다 :

- 레이아웃 생성은 빠르다. 그러나 도구는 작은 회사에게는 비싸다. 예를 들면, 표준 셀 라이브러리를 위한 실리콘 컴파일러는 그들의 주된 제품으로서 라이브러리들을 팔고 있는 회사들만이 그 구입이 적절할 정도로 매우 비싸다.
- 고도로 훈련된 소프트웨어 인력, 즉 소프트웨어의 폭넓은 배경을 가진 소프트웨어 공학 기술자들이나 설계자들만이 이 도구를 사용할 수 있다. 그들은 도구를 실행시키는 방법을 알 수도 있다. 그러나 항상 레이아웃의 형태와 사용 방식을 알고 있는 것은 아니다. 우리는 이 책이 그들이 전반적인 설계 절차를 위해 레이아웃을 생성하는 것에 대해서 좀 더 이해하는 것에 도움이 되기를 바란다.
- 대규모 회사에는 CAD 그룹에게 설계 환경을 설정하고, 개발하고, 유지하는 것을 요구하는 특정의 작업을 위한 많은 내부 도구들이 있다. 다른 실리콘 컴파일러의 출력이 설계 과정에서 사용되는 경우의 인터페이스를 위한 표준 형식이 사용된다. 표준 형식을 사용하는 경우의 문제는 컴파일러를 위해 필요한 정보가 잃을 수도 있는 점과 그 도구를 사용하는 장점이 없어질 수 있다는 점이다.
- 그들은 과거 5 년에 많은 시장 점유율을 얻은 다각형 추진기와 쉽게 비교된다.

실리콘 컴파일러는 레이아웃 생성 뿐만 아니라 공정의 반영을 위해서도 사용될 수 있다.

- 몇몇 컴파일러들은 특정의 적용을 목표로 한다: RAM, ROM, PLA, 입출력 셀, 표준 셀, 데이터 패스 설계, 기타. 이 컴파일러들은 초보 사용자들을 위해 설계되었기 때문에 많은 훈련을 요구하지 않는다.

소자 생성기, 배치 도구와 배선 도구를 포함하는 도구의 한 세트의 일부로서 실리콘 컴파일러를 고려하도록 한다. 그것은 세 가지 각각의 도구들을 조합하여 사용할 때 이용할 수 있는 대화적인 편집 기능을 제공하지 않는다.

10.3.2 블록-수준 레이아웃 생성 도구

일반적으로, 블록-수준 레이아웃은 트랜지스터들을 다루지 않고 10.3.1절에서 기술한 도구들 중의 하나로 만들어지는 작은 셀들과 매크로들을 다룬다.

블록-수준의 레이아웃 설계에는 3 종류의 도구들이 있다. 규칙적인 구조들을 위한 타일러가 기술되며, 불규칙적인 배치와 연결을 위한 배치 도구와 배선 도구들이 기술된다.

타일러. 타일러는 메모리, 데이터 패스 회로와 패드 프레임 같은 매우 조직화되고 반복적인 구조들의 생성을 자동화하기 위해 사용된다. GUI는 일반적으로 매우 초보적이다. 그리고 그들은 독립형의 도구로서 이용될 수도 있고, 여러 가지 설계 도구 환경들에서 통합되어 사용되기도 한다.

타일러는 미리 정의되거나 사전에 프로그램되는 구조를 이해하는 단순한 배치 도구이고, 정의되는 정돈 안에 셀들을 놓는다. 타일러는 단지 한 세트의 레이아웃 명령들 (타일링 프로그램) 을 실행하며, 네트리스트 또는 제약들에 의거하는 설계를 최적화하거나 변경하지 않는다. 메모리 컴파일러의 레이아웃 생성은 타일러의 가장 일반적인 형태이다

선진의 타일러는 결정 구조 (즉, if-then-else), 그리고 그 타일링 언어의 매개 변수들을 지원한다. 이 특징은 가변적인 타일러가 한세트의 매개 변수들에 기초를 두는 것을 가능하게 한다. 그리고 이것은 유연한 메모리 컴파일러의 근거이다. 예를 들면, 만일 셀의 선택이 특정의 매개 변수에 의존하면, 이것은 타일링 프로그램에 추가될 수 있다. 버퍼의 세기는 선택될 수 있고, 이처럼 적절하게 타일링될 수 있다.

다음은 타일러의 몇 가지 응용들이다 :

- RAM, ROM, PLA, I/O, 데이터 패스, 기타
- 새로운 전이 도구들은 셀 인접 제약들이 자동적으로 생성될 수 있게, 특별한 설계 계층을 분리하는 타일러를 사용하고 있고, 전이 도구들에 이 정보를 제공한다.

타일러의 특징들은 다음을 포함한다 :

- 타일러의 기능은 매우 빠른 면적 예측 도구로서 사용될 수 있다. 대표적인 셀 세트는 칩 또는 블록을 위한 면적의 예측을 위해 빨리 타일링 될 수 있다. 배선이 추가되고 추출되면, 상호 연결의 지연 시간 예측이 가능하다. 그리고 이것은 특히 ASIC 설계 흐름에서 가치가 있다.
- 만약 전문가가 도구의 설정을 적절히 확인했다면 어떠한 초보자라도 도구를 사용할 수 있다.
- 타일러는 일반적으로 비싸지 않다.

블록 배치 도구. 블록 수준에서의 배치 문제들은 셀 수준에서와 대단히 다르다. 블록 배치 도구는 ASIC 설계 흐름에서 사용되는 주된 도구들 중의 하나이다. 칩들의 크기와 복잡도가 증가함에 따라, 그들은 일반적으로 배치-배선 도구의 배치 부분으로서 알려지고, 레이아웃 설계의 미래에 중대하다.

네트리스트의 크기는 첫 번째 차이이고, 이 경우 수십만의 셀들일 수도 있고, 블록을 향하는 수천의 포트일 수도 있다. 이러한 설계 크기는 적절한 시간 안에 수작업으로 하는 것이 불가능하다. 실제적으로, 수작업에 의한 방법은 500 셀 정도의 블록에 제한되고 있다.

블록 배치 도구는 큰 설계들을 취급할 수 있는 세련된 도구이다.

이 도구는 타이밍, 면적과 배선 제약들을 만족시킬 배치를 이루기 위해 최적화하고, 셀들의 레이아웃을 최적화하기 위한 알고리듬을 사용한다. 도구가 효과적으로 이러한 절충 사항을 관리할 필요가 있기 때문에 이것은 단순한 작업이 아니다.

배치 도구의 역할을 이해하는 하나의 방법은 도구에의 입력들을 이해하는 것이다 :

- 배치되는 셀들과 배치된 물체들 사이의 논리적인 연결성의 리스트를 포함하는 회로 설계의 네트리스트.

- 설계의 각 셀에 대한 서술. 서술은 크기, 핀, 핀의 위치, 전력 소모와 타이밍 같은 특징들을 포함한다.
- 전체적으로 사용 가능한 면적과 블록에 연결되는 단자들의 배치. 셀에 근거한 배치의 경우, 배치 도구는 크기, 방향, 채널 제한, 그리고 필요한 경우, 블랙 박스 및 고정 매크로들의 위치 등과 같은 정보를 필요로 한다.
- 게이트 어레이의 경우, 셀들이 배치되는 것이 허용되어 있는 적절한 위치.
- 전원 격자 예측과 같은 선진 기능의 경우, 열 당 IR 강하 또는 전자이동 규칙들이 사용된다. 그리고 각 셀 및 전제적인 설계를 위한 제약들.

블록 배치 도구의 출력은 모든 셀들이 특정의 장소에 놓였던 설계의 예비적 버전이다. 그리고 설계는 완료되는 배선에 대한 준비가 되어 있다.

타이밍 제약들에 의거하는 배치는 이용 가능하고, 그것은 사용하기에 새롭고 훨씬 설득력 있는 방법론이다. 이 경우 배치 도구는 설계 파일로부터 받게 되는 타이밍 제약들에 의거하는 배치를 평가해야 한다.

블록 배치 도구는 일반적으로 유용한 그래픽 사용자 인터페이스를 가지고, 일반적으로 설정하기 쉽다. 블록 배치 도구는 레이아웃 설계에서 생산성을 늘리기 위해 필수적이다.

다음 절에서 상세히 논의되는 것처럼, 배선 방법은 채널-기반 또는 면적-기반 방식이다. 면적에 기반을 둔 배선 도구가 설계를 배선하기 위해 모든 이용할 수 있는 지역들을 사용하는 반면, 채널은 셀들 사이의 영역을 배선한다.

특정한 설계에서 사용되는 배치 도구는 배선 도구와 밀접하게 연관을 갖고 동작해야 하며, 배선 도구의 한계를 이해해야 한다. 예를 들면, 채널들을 위해 최적화되는 배치 도구는 완료된 설계에 미로 배선 도구에 공급해서는 안된다.

채널에 근거한 배치 도구는 배선을 위해 무제한의 면적이 사용 가능하고 배선 채널들은 필요에 의해 확장되거나 압축될 수 있고. 또한 채널 크기를 최적화할 수 있다는 점에 근거하여 동작한다. 셀들은 줄지어 놓인다. 그리고 특정의 셀들을 위해 선택되는 열은 배선 가능한 최고의 위치 및 타이밍 또는 전원 같은 다른 제약들에 의거하여 결정된다. 배치 알고리듬은 배선 제약들을 만족시키는 설계를 얻기 위하여 열들의 수와 열들의 길이를 바꿀 수 있다.

미로에 기반을 둔 배치 도구는 단지 지정된 배선 채널들을 고려하지 않고 고정된 지역 안에서 열들에 모든 셀들을 배치한다; 그들은 배선이 완전하게 셀들 위에 있다고 가정한다. 많은 다른 것들 가운데, 배치 알고리듬은 배선 가능성, 혼잡도 및 타이밍 같은 문제들을 고려한다.

블록 배선 도구. 이름이 의미하는 바와 같이, 배선 도구는 자동적으로 배치된 설계의 연결을 완료한다. 연결은 셀들과 블록 또는 칩에의 인터페이스 사이에서 구현된다. 배선 도구들은 일반적으로 모든 방법론에 대한 레이아웃 설계의 모든 수준에서 사용될 수 있다.

블록 배선 도구의 특징은 다음을 포함한다 :

- 배선 도구는 면적, 타이밍과 전원 같은 것들을 최적화하면서 수백만의 신호들을 연결하는 작업을 자동화한다. 이 기능은 수작업에 의한 기법으로 대체될 수 없다.
- 효과적으로 배선 도구와 배치 도구를 사용하는 것은 오늘날 사용 가능한 배선 도구에 내장된 많은 특징적 장점을 최대로 이용하기 위하여 상당한 양의 경험을 필요로 한다. 배선 도구들은 바로 "상자로부터"는 효과적이지 않고, 대부분의 회사들은 이 작업을 위해 지정된 전문가들을 가지고 있다.
- 일부 설계자는 자동 도구 때문에 배선의 제어를 포기하는 것을 꺼려한다. 그러나 추출 방법론의 신뢰는 일반적인 염려를 덜기에 충분하며, 배선 속도는 능가하기 어렵다. 배선 기술들은 아날로그, RF와 메모리 같은 비전통적인 적용들에 도움이 된다. 그리고 그것은 이 분야에서 배선 도구들의 사용을 촉진하는 시장의 힘일지도 모른다.

배선 도구들의 간단한 역사는 다음에 기술된다. 그것이 오늘날의 배선 도구들에 잠재된 개념들에 대한 많은 통찰을 줄 수 있기 때문에 도구들의 발전을 이해하는 것은 유용하다.

역사적으로, 배선 도구들은 그 때에 이용할 수 있었던 공정들을 위한 기존의 블록 레이아웃 방법론을 자동화하기 위해 도구로서 처음 개발되었다. 오직 하나 또는 둘의 금속 레이어를 이용할 수 있었다 ; 그래서, 배선 도구들은 레이아웃 설계자와 같은 제약들 내에서 작업을 해야 했다.

배선 채널들은 널리 사용되었다. 첫 번째 배선 도구는 특히 채널 배선을 목표로 하는 알고리듬을 가졌고, 지금은 *채널* 배선 도구로 알려진다. 이 배선 도구들은 본질적으로 채널의 높이가 되는 한 방향의 배선을 최적화했다.

추가적인 배선 레이어가 사용 가능해짐에 따라, 다른 알고리듬은 여분의 레이어들을 이용하기 위해 개발되었다. 세 개 또는 네 개의 레이어를 이용할 수 있게 되어,

배선이 셀들 위에 직접 구현될 수 있었고 셀들은 중간에 소모되는 공간 없이 서로에 인접하여 놓일 수 있었기 때문에 채널들은 불필요하게 되었다. 이 경우, 배선 도구들에 추가되는 "미로" 알고리듬이 매쉬 또는 2차원 미로 배선 자원에 근거한 배선을 최적화했기 때문에 미로 배선 도구들이 우위를 차지하게 되었다.

마침내, 더 최근에, *형체*에 기반을 둔 배선 도구들은 칩-결합 또는 트랜지스터-수준 설계들에 관해 다루는 것처럼 보인다. 형체에 기반을 둔 배선 도구들은 사용자 사양에 맞춘 배선을 구현하는 관점에서 훨씬 강력하다. 그러나 미로와 채널 배선 도구들과 비교될 때 그들의 능력은 매우 제한적이다. 본질적으로 지점-지점 방식으로 동작하고 잘 정의된 격자를 사용하기 때문에 채널과 미로 배선 도구들은 큰 데이터를 취급할 수 있다. 형체에 기반을 둔 배선 도구들은 다각형들을 구현한다. 그러므로 훨씬 더 많은 정보를 다룰 필요가 있다. 형태-근거 배선 도구들의 서술은 10.3.3절에서 계속된다.

블록 배선의 관점에서, 채널과 미로 배선 도구들은 우리의 논의와 가장 관계가 있다.

5장에서 우리는 표준 셀들의 구조의 정의 방법 및 배선 방법에 대하여 서술했으며, 채널 배선을 사용하고 있는 레이아웃의 특정 예를 소개했다. 이러한 환경에서 어떻게 채널 배선 도구가 동작하는가?

처음에, 한 개 또는 두 개의 배선 레이어만으로, 첫 번째 배선 도구들은 셀들 경계 사이의 신호를 연결할 뿐이었다. 배선은 어떤 특정한 채널 내의 신호 개수를 줄이기 위해 채널들 내에서 최적화되었다. 세 개의 배선 레이어들을 이용할 수 있게 되었을 때, 채널 배선 도구들은 셀들 위에 배선 가능하도록, 그리고 셀들의 단자가 열의 중앙에 있는 이점을 이용할 수 있도록 개선되었다.

채널 배선 도구들은 초기 분석 단계로서 다른 채널들의 크기를 최적화하고, 좋은 작업을 위한 특정의 일고리듬을 요구한다. 이 분석은 배선이 항상 완료될 수 있는 것을 확실하게 한다. 그러나 이 가정에 얽힌 문제는 블록이 결국 그것에 할당되는 공간을 위해 너무나 커지게 될 수도 있다는 것이다.

채널 배선 도구들은 배선 구조와 그 한계들을 이해하는 것에 의해 채널들의 레이아웃을 자동화한다. 도구들은 다음과 같은 추가적인 특징들을 제공한다 :

- 블록의 전체 크기를 줄이기 위하여 선들에 자동적인 죠그 추가.
- 선호되는 배선 레이어에 어떤 점퍼라도 최적화하는 것에 의한 비아 개수의 자동적 감소. 이것은 그들 사이의 버스만이 있고 다른 어떠한 신호도 없는 두 개의 블록들 사이를 배선하는 경우에 매우 유용한 특징이다. 이 특징도 칩 크기와 신

호 저항을 줄이는 것에 도움이 된다.

- 지정된 공식에 의거하고, 단순한 채움 알고리듬에 제한되지 않는 비아 구성법의 추가.
- 상징형 채널 배선 도구의 경우, 한 채널로부터 다른 채널로의 신호의 쉬운 수동 전환 및 DRC 오류 수정을 위한 압축기 실행.
- 타이밍에 근거한 배치와 전원 분석 (오늘날 대부분 제공됨).
- 몇몇 배선 도구들의 경우, 상호 작용 식으로 전원 연결, 테이퍼링, 배선 폭과 위치 등을 조정하는 내장된 루틴들. 면적을 줄이기 위해서는 지원 및 전력 계산이 필요하다.
- 다른 배선 도구들의 경우, 설계자가 최종 배선을 완료하기 전에 어떤 배선 매개 변수들을 조절할 수 있을 정도로 배선 전이나 후에 할 수 있도록 도구에 내장된 타이밍 분석. 일반적으로, 타이밍은 핀-대-핀 지연에 의거한다.
- 선의 절대 전류, 선의 전류 밀도, 그리고 모든 노드와 셀을 위한 전원 전압과 같은 자료들을 많이 제공하는 몇몇 도구들에 내장된 전류 계산.
- 대부분의 배선 도구의 경우, ECO 능력. 그러나, 복잡한 변경은 블록/칩의 크기를 증가시킬 수도 있다는 점을 기억하도록 하자.

채널 배선 도구들은 또 약간의 단점들을 가진다. 채널 배선 도구들의 가장 큰 단점은 모든 배선이 완료되기 전까지는 정해지지 않는 블록 또는 칩 크기의 불확실성이다. 두 번째는 그들이 제한들을 표준 셀 라이브러리의 설계에 부과한다는 것이다. 예를 들면, 셀 핀들은 한 개의 열에서 정렬하거나, 셀의 접경에 위치하는 것을 요구받게 될 수도 있다.

이전에 언급된 것처럼, 칩들이 네 개의 금속 레이어를 사용하여 제작되기 시작했을 때 채널 배선 도구들은 덜 효과적이게 되었다. 이 때 미로 배선 도구들은 성숙을 이뤘다. 그리고 ASIC 흐름의 추출은 표준의 과정이 되었다.

미로 배선 도구를 사용하면서, 설계는 셀에 제한적일 수 있다. 그리고 배선 채널들은 요구되지 않는다. 이러한 특징은 칩 크기 예측을 더 쉽게 만들었다. 그리고 블록 또는 설계의 크기는 전반적인 처리 과정에서 더 일찍 결정될 수 있었다.

미로 배선 도구들은 채널을 가지고 작업하지 않고, 연결 수평이고 수직의 배선 자원들에 의거하면서 최적화되는 영역에 기반을 둔 방법을 사용하여 배선을 완성하려고 시도한다. 신호의 선들이 고정된 면적 안에 머무를 수 있도록, 이용할 수 있는 지역이 미리 결정되어야 하고, 배선 도구를 위해 제한되어야 한다.

미로 배선 도구들내에서 다른 알고리듬이 사용된다. 일반적으로, 전역 배선 알고리듬은 총면적을 다시 분할하기 위해 사용되고, 신호 배선을 완성하기 위한 상세 배선 도구와 클록 트리 알고리듬, 그리고 전력 공급들을 위한 전원 배선 알고리듬이 사용된다. 모든 알고리듬은 최종 설계를 완료하기 위해 서로 연결된다.

항상 배선이 완료되는 채널 배선 도구와 달리 미로 배선 도구는 모든 네트를 배선할 수 있을 것인지 불확실하다. 배선 혼잡 또는 불가능한 타이밍 제약들은 배선 작업의 완성을 막는 유력한 요인들이다. 이 문제들에 관해 언급하는 최선의 방법은 셀들의 배치를 수정하는 것이다. 몇몇의 경우에, 마지막 10~100 개의 네트를 위해, 수작업에 의해 작업을 끝낼 수 있을 수도 있다.

배선 가능성 문제들은 셀들의 배차를 바꾸는 것에 의해 가장 잘 해결된다. 그리고 이것이 배선 도구와 배치 도구의 강한 연결이 필요한 이유이다. 이 경우 배치 도구는 배선 도구와 친밀한 물체들을 배치할 수 있는데, 이것은 배치 도구가 배선 도구의 알고리듬을 이해해야만 가능하다. 그러한 까닭으로 배치 도구와 배선 도구가 같은 회사에서 공급되는 것이 매우 바람직하다.

ECO 기능성은 설계의 작은 변경들을 충족시키기 위해 미로 배선 도구들 내에서 이용할 수 있다. 기존의 네트들은 국지적으로 삭제될 수 있고, 그 때 새로운 설계에 의거하면서 접속될 수 있다.

세계적인 사용 관점에서, 대부분의 ASIC 설계 업체는 표준 셀과 게이트 어레이 뿐만 아니라 FPGA 설계를 위해서도 미로 배선 도구들을 사용하고 있다. 블록들이 배선되고, 추출되었던 기생 성분으로 모의 실험을 하고 나면, 일반적으로 어떠한 클록 트리를 삽입할 시간이다. 부하의 배포가 알려지게 되면, 배치는 일반적으로 클록 트리 삽입을 위한 출발점이다. 이 경우 배선 도구는 클록 스큐를 최소화하기 위하여, 특정 클록에 연결된 셀들을 찾고 오직 버퍼와 콜록 신호만을 배치 배선하는 다른 알고리즘을 가진다. (그림 10.6 참조)

배치-배선의 품질의 측정은 *이용도*로 알려진다. 설계의 이용도는 전체적으로 이용할 수 있는 면적 대비 셀들에 의해 소모되는 면적의 비율로 정의된다. 채널들의 오버헤드 때문에 채널에 기반을 둔 설계들은 더 낮은 이용도 값을 가질 것이다. 게이트 어레이 설계는 셀 배치 장소를 제한했던 것에 의해 셀 밀도를 제한한다. 그리고 이 경우 이용도 값은 50~70% 범위 안에 있을 것이다. 유연한 셀 배치와 전반적-셀 배선 때문에 미로 배선 도구들은 가장 높은 이용도 값을 가질 것이다. 그럼에도 불구하고, 셀들은 열들에 놓인다. 그리고 모든 열들이 완전히 100% 채워지지는 않을 것이며, 따라서 이용도는 100%가 아닐 것이다.

미로 배선 도구들로 일을 하는 배치 도구가 고정된 다이 크기를 사용하고, 압축 단계를 포함하지 않는 것을 기억하도록 한다. 그러므로, 모든 배선을 한 후에는 설계의 효율을 개선할 방법이 없다.

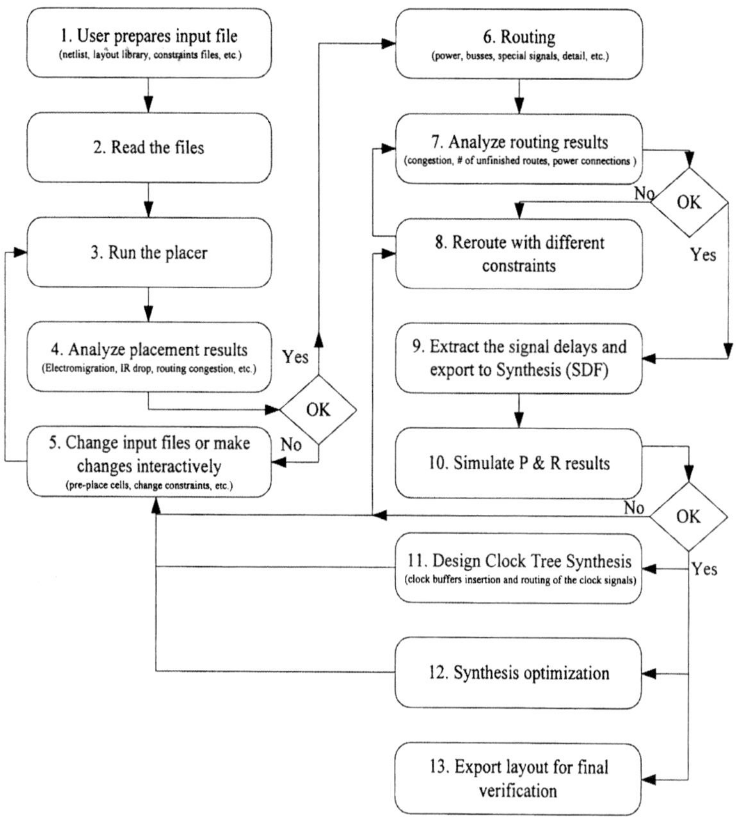

그림 10.6 ASIC 배치-배선 흐름의 예

배선 분석의 채널 배선 도구에서 사용된 접근법과 미로 배선 도구들의 효율적인 알고리듬으로 배선 및 압축을 결합하는 것은 가장 좋은 해결책을 제공한다.

그것은 채널에 기반을 둔 배치가 최적의 배선 가능성을 위한 설계를 충분히 평가하고, "채널들" 또는 열들이 압축되어 최종적인 블록 크기를 결정한다는 개념이다. 배선을 완료하는 것은 미로 배선 도구가 사용하는 이 최종적인 블록 크기이다. 채널에 기반을 둔 배치 도구가 열들의 번호와 길이를 정의하는 자유도를 가지기 때문에, 최종 설계의 배선 가능성은 미로에 기반을 둔 배치 도구의 출력보다 매우 높을 것이다. 이것은 미로에 기반을 둔 배치 도구에게 이용할 수 있는 면역이 주어지고, 배선 가능성을 개선하기 위해서 블록의 관점 비율을 조정할 수 없기 때문이다.

이렇게 최적화된 설계 크기로, 미로 배선 도구는 더 쉽게 배선을 완료할 것이다. 그리고 전반적인 효과는 개선된 이용도 값이 되어야 한다. 배치-배선 도구 시장의 대규모 판매인들은 다른 방법으로 유사한 접근을 실현하려고 하고 있다.

10.3.3 칩 결합 도구

칩 결합은, 이름이 의미하는 바와 같이, 패드 셀을 가진 칩의 다른 블록들을 결합하고 그들을 통합하여 설계를 완성하는 것이다. 다음과 같은 시나리오를 고려해보자 :

- 레이아웃 선도자는 블록의 배치를 위한 도구를 사용하여 칩 플로어플랜을 설계했다.
- 블록들은 배선을 위한 호환성을 갖는 것으로 확인되는 그들의 핀들을 갖도록 했다.
- 배선 도구는 블록들을 연결하기 위해 사용되었다.
- 계획은 다음을 거치면서 과제의 진행 동안에 최신의 것으로 수정되었다 :
  각각의 블록이 완료되면, 그 비어 있던 상자는 최종 블록 레이아웃으로 교체되었다.
  배선이 새로운 핀 위치 및 신호 폭을 반영하기 위해 최신의 것으로 수정되었다.

이 과정의 분석은 칩 결합이 "최초의" 플로어플랜의 형태로 과제의 시작 시점에서 완성되었다고 판단해야 한다. 오늘날 이용할 수 있는 자동화 도구의 도움으로, 이 절차는 꿈이 아닌 완전히 실현 가능한 것이 되었다.

일반적으로, 형체에 기반을 둔 배선 도구들은 50 개 이하의 블록들과 5,000 개 이하의 핀 및 신호들 사이의 최상위-수준 결합 또는 배선을 위한 최고의 도구들이다.

형체에 기반을 둔 배선 도구들은 특징들이 매우 많지만, 제한된 용량의 단점을 갖는다. 채널과 미로 배선 도구들은 단순히 핀들을 연결하고, 격자 위에 단순한 경로를 사용하고 있는 차단 레이어를 고려한다. 형체에 기반을 둔 배선 도구들은 다각형을 사용하여 다른 폭들의 신호를 접속하는 것을 포함하는 많은 특징들을 갖는다. 그러므로, 형체에 기반을 둔 배선 도구들은 더 많은 정보를 처리할 필요가 있으며, 이것이 그들의 용량을 제한하는 것이다.

형체에 기반을 둔 배선 도구들은 완전-주문형 레이아웃을 만들어 낸다. 역사적으로, 이 배선 도구들은 고도로 제어되고 상세한 레이아웃이 필요한 인쇄 회로 기판 레이아웃 도구들에서 가져온 방법들에 근거를 두고 있다.

대부분의 배선 도구들은 자동이지만, 더 많은 사용자들은 배선을 위한 대화적인 특징들을 요구하고 있다. 형체에 기반을 둔 몇몇의 배선 도구들은 이미 지금까지 이용할 수 없었던 특징들을 제공하고 있다 :

- 버스의 한 개의 1 비트 신호는 수작업으로 배선될 수 있으며, 이 비트의 형체는 비교적 쉽게 버스의 모든 비트들에 복사될 수 있다.
- 버스들은 버스 스큐 및 배선 면적을 최소로 하기 위한 45° 각도 또는 모퉁이를 도는 옵션에 의해 그룹으로 함께 배선될 수 있다.
- 신호들의 배선은 버스들, 특별한 그룹들 또는 클록들 같은 부류로 그들은 모으는 것에 의해 제약을 받을 수 있다.
- 네트에 기반을 둔 배선 제약 뿐만 아니라 각 레이어에 대한 사용자-정의 배선 규칙들은 아날로그 신호 혼선, 최소 정전 용량과 저항 효과들에 관해 언급한다.

이 배선 도구들은 안테나 규칙에 반하는 기준 신호와 다이오드 응용에 자동적인 차폐를 제공하는 최초의 도구였으며, 그리하여 그들이 PCB 유산임을 보여줬다.

10.4 지원 도구

레이아웃을 시작하는 관점에서, 우리는 관련된 기초적인 종류의도구들을 다루었다. 그 설계 과정은 레이아웃 시작만이 아니다. 레이아웃은 여러 가지 품질 표준들에 반하여 검사될 필요가 있고, 설계 규칙의 제작과 레이아웃은 시간과 노력을 절약하기 위해 다른 출처로부터 옮겨질 수 있다. 이러한 동작들 모두를 실행하는 도구들, 그리고 오늘날 레이아웃을 위해 사용되는 표준의 데이터 형식들에 대한 논의가 이 절에서 다루어질 것이다.

10.4.1 레이아웃 검증 도구

3장에서 논의되었던 바와 같이 그림 10.7은 레이아웃 설계 과정을 도시한다. 특히 강조된 단계들은 이 절에서 논의되는 검증 도구에 해당한다. 레이아웃 검증이 전체 칩에, 그리고 제조업체에게 보내는 파일에 해야 하는 것을 기억하는 것은 중요하다.

DRC/LVS/ERC. 설계가 트랜지스터 1,000 개에서 10,000,000 개로까지 발전해 오면서 전체 칩 데이터 파일의 검증은 시간의 과정에 관한 검증 도구들의 문제였다. 설계들이 발전했던 것처럼, 설계자들과 도구 공급자들은 설계를 검증할 수 있는 방법론들을 진화시켰다.

사용자 관점에서, 검증 도구들을 위해 필요한 조건들은 레이아웃 시작 또는 설계 도구들에 대한 것들과 다르다. 결함을 제거하거나, 정정하는 것의 용이함, 도구들 용량과 실행 시간 등은 이 도구들에 대한 중요한 문제들이다. 검증 과정은 일반적으로 문제들 또는 단점들을 확인할 뿐만 아니라, 설계를 확인하는 설계자를 위한 피드백 장치이다. 역사적으로, 표 10.1에서 요약되는 것처럼 레이아웃 검증 도구들은 주요한 문제들에 관해 언급할 때에 한계를 가졌다.

모든 경우에서 검증의 정확도는 코드화되는 값들과 알고리즘에 의존한다. 이 값들과 알고리듬은 설정 파일, 명령 파일 또는 규칙 파일로 부르게 되는 파일들에 넣어지게 된다.

"작업" 구조는 함께 모든 잠재적인 문제들이 발견되는 것을 확실하게 하려고 하는 검증을 위해 반드시 전체 칩 레이아웃을 더 작은 구조들로 나누는 방법론에 대해 언급한다. 검증 도구들의 용량과 속도가 그 즉시 전체 칩을 다룰 수 없기 때문에 이 방법론은 시간이 많이 걸리고 잠재적으로 오류의 여지가 있지만, 필요했다.

이 도구들의 사용자 인터페이스는 긴 시간에 걸쳐 주요하게 발전되었다. 그리고 그들은 바로 제시된 이상적인 조건들에 근접하고 있다. 예를 들면, DRC 오류 바는 표준이고, 그것은 규칙에 위반하는 다각형들의 장소 또는 특별한 모서리들을 나타낸다. 레이아웃과 회로도 사이에서 교차-탐침 하는 것 또한 LVS 오류 정정을 위한 표준이다. 오늘날의 오류 정정기들의 특징은 오류 형태, 레이어, 레이어 그룹, 심각한 오류로의 도약 등에 기반을 둔 브라우징을 포함한다.

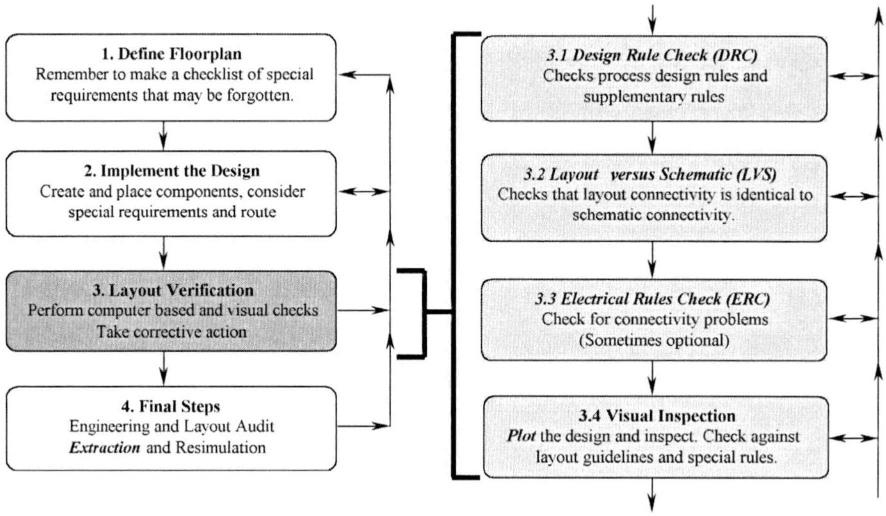

그림 10.7 레이아웃 검증 도구

표 10.1 검증 도구 주요 사항

주요 사항	이상적 방법론	역사적 방법론
사용자 인터페이스	회로 설계에 시각적 표시와 정정 제안을 나타내는 그래픽 오류 정정 환경	문자 파일 출력을 생성한 최초의 도구, 하지만 지금은 다각형 추진기를 포함한 대화형 오류 정정기가 표준
용량	무제한	실제적 제한은 약 100만 개의 트랜지스터, 다라서 "작업" 구조를 사용
실행 시간	1 시간 이내, 반복적 되풀이가 가능	검증 형태에 따라 수일 또는 수개월

작은 작업들이 거의 대화형으로 실행될 수 있게, 많은 다각형 추진기들은 검증 도구들의 "온라인" 판을 가진다. 그리고 각각의 도구에 데이터를 보내는데 요구되는 시간은 없어진다. 용량과 실행 시간 문제는 작은 블록들의 경우에는 실질적으로 제거된다.

테이프-아웃 파일을 읽을 수 있는 독립형 도구로 제조업체에 보내지는 파일의 최종적인 확인은 해야 한다. 역사적으로, 검증 도구들의 용량과 실행 시간이 전체 설계를 점검하기에 충분하지 않았기 때문에 이것은 가능하지 않았다.

최근, "계층적인" 레이아웃 검증은 용량과 실행 시간 문제에 관해 특별히 다루기 위해 도입되었다. 과거에 검증 도구들의 한계는 도구들이 불러들여 처리해야 했던 데이터의 총계에 의해 결정되었고, 이것은 다각형 관점에서 설계 크기의 기능이었다.

설계의 계층은 무시되었고, 설계 안에 존재했던 어떤 계층이라도 검증 절차를 위해 본질적으로 제거되었다. "평평한" 데이터베이스가 만들어졌다. 이 방법은 셀들의 내부에서 그려진 다각형들의 옆에 셀들의 최상부에 존재했던 다각형들이 점검되는 것을 확실히 했다 도구들은 이처럼 전체 데이터를 저장하고, 관리하는 것이 요구되었다.

계층적인 레이아웃 검증은 설계에 추가되는 계층을 이용하는 다른 접근이다. 되풀이 되는 셀은 한번만 점검되고, 그 때 설계의 나머지 부분에 대해서는 무시된다. 도구는 셀 위 배선의 효과를 신중히 관리할 필요가 있다.

레이아웃 설계자들이 효율적인 계층을 그들의 설계에 추가하는 것에 의해 계층적인 검증 도구의 특징들을 이용할 수 있다는 점에 주의하도록 한다. 특히, 셀 위 배선을 제한하고, 회로 계층과 레이아웃 계층을 정합하는 것은 레이아웃 검증 과정을 빠르게 하는 좋은 방법론이다.

계층적인 레이아웃 검증 환경 내의 중요한 문제들은 표 10.2에서 나타낸 바와 같이 재확인된다. 레이아웃 검증 문제들이 완전하게 해결된 것처럼 보일지도 모른다.

표 10.2 계층적 검증 도구 주요 사항

주요사항	평평한 또는 계층적 방법론	계층적 방법론
사용자 인터페이스	모든 오류는 반복과 무관하게 보고됨	반복된 셀에서의 오류는 오직 한 번 보고됨
용량	실제적 제한은 약 100만 개의 트랜지스터, 다라서 "작업" 구조를 사용	무제한, 툭히 반복과 계측이 사용된 경우. "작업" 구조 불필요. 테이프-아웃 파일 검증 가능
실행 시간	검증 형태에 따라 수일 또는 수 개월	모든 경우 여러 시간

LVS 오류 정정기가 개산될 수 있는 한 부분은 위치 및 전원-전원 단락의 오류 정정이다. 만일 제어되지 않고 방치되면 이러한 종류의 오류는 매우 널리 퍼지며, 많은 출력을 만든다.

추출. 추출은 심층 하위 마이크론(Deep Sub-Micron) 시대의 오늘날 가장 주목받는 제품이다. 레이아웃 추출은 기대되는 것처럼 레이아웃이 실행되는 것을 검사하는 또 하나의 방법이다. 만약 DRC가 마스크 제작에 대한 규칙들을 검증하고, LVS가 모든 소자들의 연결과 크기가 정확한지 검증하면, 레이아웃의 추출은 시뮬레이션에서의 레이아웃 성능이 필수적인 목표를 달성하기 위한 학인 작업이다.

레이아웃 추출은 회로 설계 과정에 레이아웃 결과를 피드백 하는 데이터를 생성한다. 데이터의 형식은 단순히 소자, 저항과 캐패시터의 네트리스트일 수도 있고, 추출 도구는 동일한 시간 지연을 계산하거나 집합적 RC 모델에 의한 기생적적인 구성 요소들의 네트워크를 단순화할 수 있다.

추출은 보통의 디지털 회로들에 대해서도 유용하지만, 작은 정전 용량이 회로 동작을 바꿀 수 있는 아날로그, RF, 그리고 마이크로파 설계를 대해서도 필수적이다.

회로 설계의 자동화 수준이 증가함에 따라 추출 방법론과 도구는 ASIC 흐름의 발전과 병행하여 훨씬 빨리 진화되었고, 설계자를 설계의 모든 관점에서 수작업 설계로부터 떼어놓았다. 추출 처리는 회로의 레이아웃 구현을 평가하기 위해 회로 설계에 필수적인 피드백을 준다. ASIC 흐름의 경우, 배치-배선으로부터의 실질적인 레이아웃 추출은 설계의 크기와 타이밍에 있어서 중대하다.

그 이유는 명백하다 :

- ASIC 설계자들은 기능성을 개발하는 것에 집중하기 때문에 아날로그 전문가들이 아니다
- 설계의 네트 수를 인간이 소화하는 것은 불가능하다
- 일반적으로, ASIC 설계자들은 심지어 레이아웃을 보지 않는다.

후 주석(Back annotation)은 레이아웃 정보를 회로 설계에 피드백 하는 단계를 기술하는 용어이다. 최종적인 시뮬레이션은 레이아웃으로부터 추출된 값들로 실행되어야 한다. 최종적인 추출이 성공적이기 위해, 몇 가지 필요 조건들이 있다 :

- 레이아웃은 DRC 및 LVS의 오류 또는 경고 없이 깨끗하다.

- 추출 환경은 정확한 공정 정보를 가지고 설정되고, 정상적인 확인을 위한 작은 회로에 대하여 테스트 된다.
- 주요 신호들은 더 높은 정도의 정확도로 추출된다.

표 10.3 추출 도구 정확도 수준

수준	설명	실행 시간
1D	선의 L과 W만이 계산에 사용된다.	설계 당 수분
2D	제한된 유사-바디 효과가 고려된다.	설계 당 수시간
유사-3D	미리 정의된 패턴에 의거한 기생성분의 순람 표	설계 당 수일
3D	3차원 필드 해결수단이 기생성분의 계산을 위하 사용된다.	네트 당 하루

회로 설계 팀은 그들이 도구의 한계를 설명할 수 있도록, 전기 회로를 모델링하고 설계할 때 추출의 정확도를 이해해야 한다. 추출 도구들은 표 10.3에서 나타낸 바와 같이 정확도를 실행 시간과 절충한다. 정확도의 주된 차이는 추출 도구가 유사 바디 효과를 계산하는 방법이다. 제시된 예에서, 1차원 유사 바디 효과 (즉, 다른 선들에의 결합)는 전혀 고려되지 않는다. 3차원 필드 해결수단은 모든 유사 바디 효과를 고려할 뿐만 아니라, 기생적인 값들을 계산하기 위해 복잡한 수식 세트를 풀기도 한다.

이상적으로는, 레이아웃을 보는 것이 불필요할 수 있도록, 추출 과정은 매우 빠르고, 자동화된다. 이 경우 과정의 준비는 매우 중요하다.

아직도 많은 전문적인 응용들을 위해 시각적 검사를 하게 되는 점에 주의한다. 사람의 눈과 전문적 지식은 아직도 다른 레이아웃 구조의 효과를 분석하기 위해 유용하다. 유일하게 증명된 방법론은 오늘날 셀들/블록들을 도면에 출력하여, 전문가들에게 레이아웃을 검사하도록 요청하는 것이다.

플롯 작업과 플로터. 시장에서 사용가능한 플롯 소프트웨어는 그리 많은 종류가 있지 않다. 일반적으로, 레이아웃 설계자들은 플롯을 위한 두 가지 종류의 소프트웨어를 사용하고 있다. 하나는 레이아웃을 인쇄하기 위해 특정 인쇄기의 드라이버를 사용하고 있는 단순한 인쇄용 소프트웨어이다. 더 비싸지만, 대규모적인 것은 VLSI를 "플롯" 하기 위해 개발된 소프트웨어이다. 그러한 소프트웨어의 장점이 무엇인지

살펴보도록 하자 :

- 사용자는 큰 셀의 일부 또는 "윈도우"를 플롯할 수 있다
- 사용자는 플롯할 특정의 레이어만을 선택할 수 있다
- 사용자는 화면에 나타나는 것과 다른 채움 패턴들을 정의할 수 있다. - 일반적으로, 설계자들은 특히 3~10 개의 금속 레이어들이 서로 겹쳐 있는 경우 흰색 위에서보다는 검은색 위에서 잘 보이기 때문에, 화면상의 바탕색으로는 검은색을 사용하고, 플롯상의 바탕색으로는 흰색을 사용한다.
- 아날로그 문제를 분석하기 위해서는 그림이 대단히 크게 보일 수 있도록 사용자는 1,000×, 5,000×, 10,000× 같은 플롯 배율을 정의할 수 있다.
- 사용자는 셀 배열들을 플롯하기 위해 여러 가지 옵션들을 선택할 수 있다. - 예를 들면 도넛 형체들 또는 모퉁이들만

도대체 왜 우리는 플롯을 할 필요가 있나? 하나의 이유는 DRC 검증에 대한 모든 규칙들에 대한 코딩이 없을 수도 있다는 것이다. 두 번째 이유는 어떤 경우에는 몇몇의 규칙들이 적용되는 것이 매우 드물고, 따라서 DRC 규칙 검증이 명확하지 않을 수도 있다. 세 번째 중요한 이유는 구조상의 개선들이 확대된 플롯의 시각적 점검으로부터만 이해될 수 있다는 것이다.

플로터들에 관해서, 오늘날 VLSI에의 적용을 위한 두 가지 종류가 있다: 정전기식 또는 잉크 제트식. 정전기식 플로터는 높은 습도의 수준이 유지되는 기후-제어 공간을 필요로 한다. 그들이 실온에서 동작하기 때문에, 이것이 잉크 제트식의 플로터가 인기가 있게 되는 한 가지 이유이다. 그러나 이 플로터들 각각은 장점과 단점을 가진다 :

- 정전기식 플로터는 10 미터 길이까지 완전한 플롯을 제공할 수 있다.
- 잉크 제트식의 플로터는 플롯의 길이에 제한을 가진다.
- 정전기식 플로터는 사기에 더 비싸지만, 잉크 제트식의 경우에는 잉크와 종이가 더 비싸기 때문에, 결국 단위 면적 당 플롯 면적의 가격 면에서는 거의 비슷한 가격이다.
- 그들 모두가 36, 44 또는 54 인치의 종이 폭을 지원하는 능력을 갖기 때문에 얻을 수 있는 플롯들의 폭은 거의 대등하다.
- 정전기식의 토너는 1.36 리터의 병에 들어 있는 잉크와 비교할 때 갤런 크기로

나온다.

- 두 가지 모두 네트워크에 접속할 수 있고, 플롯 우선순위에 따라 플롯이 이루어진다.

끝으로, 만약 검사를 실행하기 위해 컬러 플로터를 필요로 하지 않는다면, 전혀 플로터를 필요로 하지 않을 수도 있다. 흑백의 플로터는 대부분 마스크/레티클 검증을 위해 사용된다. 거기서 그들의 폭은 64 인치에 달하기도 한다. 그러나 단지 두 개의 레이어만이 서로 점검되어야 한다. 만약 DRAM 공정에서와 같이, 네 개의 폴리와 두세 개의 금속 레이어들을 다뤄야 할 때, 컬러는 의무적이다.

10.4.2 전이 도구

전이 도구는 다음 세 가지 시나리오에서 가장 도움이 된다 :

1. 추가되는 용량 또는 신뢰할 수 있는 전원을 위한 보조 공급원
2. 설계 재이용
3. 제조 공정의 발전

최근에, 실리콘 지적 소유권이 VLSI 산업에 도입되었다. 그리고 레이아웃 변환기들은 진정으로 전반적인 주의를 얻기 시작했다. 공정 전이를 다루는 두 가지 방법이 있다. 그 중 하나는 공정 재설정을 실행할 수 있는 도구 안에서 레이아웃을 설계하는 것이다 ; 다른 하나는 모든 것이 실리콘에서 증명되고 난 후에, GDSII 변환기를 사용하는 것이다.

변환기는 거의 대부분의 복잡도 수준의 레이아웃을 바꾸기 위해 사용될 수 있다. 이 도구는 낮은 수준의 셀들 또는 표준 셀 라이브러리 전체를, 매우 빨리, 그리고 효율적으로 옮기기 위해 과거에 사용되었다. 각 셀은 10~40 개의 트랜지스터로 제한되었고, VLSI 공정에서 필요한 모든 레이어들이 바뀌었다. 그러한 도구들은 대규모적이고 매우 지적인 준비와 관리를 필요로 한다.

변환기는 전체 칩을 하나의 공정에서 다른 공정으로 옮기기 위한 최고의 해결책을 제공한다. 오늘날 이용할 수 있는 변환기들은 회로도 또는 네트리스트에 근거하지 않는다 ; 그러나 표 또는 크기 조정에 의하여 트랜지스터 크기를 약간 재조정하는 것은 가능하다. 일반적으로, 셀 위상 수학, 핀 위치와 지정, 전자이동과 RC 시간 지연 필요 조건들은 유지된다.

이러한 도구들은 다음과 같은 목적을 위해 사용된다 :

- 핀 할당, 셀 높이, 인근의 필요 조건들, 기타의 표준화가 레이아웃 설계에 있어서 중요한 요인인 표준 셀 라이브러리의 전이.
- 도구와 설계 필요 조건들이 만족되고, 특정의 설계에 맞추어져야 하는 데이터 패스 셀들.
- 전체 칩 전환. 변환기들은 계층적인 동작을 시작하고 있다. 그래서 원천 데이터의 크기는 더 이상 문제가 아니다.
- 칩이 레이아웃의 앞선 단계에 있지만 칩 크기에 영향을 끼치는 공정 설계 규칙은 변하는 경우. 계층적인 모드에서 변환기를 실행하는 것은 거의 100% 정확한 DRC 결과로 시간 문제를 해결할 것이다.

장점과 단점은 다음을 포함한다 :

- 그들은 사용자에게 특정 종류의 레이아웃을 빨리 옮길 능력을 준다. 그러나 한 개의 정의되고 증명된 공정을 가지고 작업하는 회사에게는 비싸다. 초창기의 팹리스 회사들은 아마도 한층 더 전이 도구에 자금을 투자할 것이며, 이것이 도구 발전에 더 투자될 것이다.
- 사용자는 거시적인 언어에 대한 최소한의 훈련을 필요로 할 것이다. 그러나 선진의 레이아웃 및 설계 지식은 핵심 사항이다. 목표로 하는 레이아웃 품질이 유지되는 것을 확실하게 하기 위해 근원이 되는 레이아웃의 주요한 특징들을 이해하는 것은 중요하다.
- 이 종류의 도구들은 설정 및 설계 과정에 관계하고 있는 다른 도구들로 인터페이스를 위하여 시간을 약간 필요로 할 수도 있다.
- 그들은 레이아웃을 옮기는 것에서 다른 어떠한 완전 수작업에 의한 능력과도 빨리 비교되는데, 이것은 그들이 과거 5 년 동안 매우 많은 시장 점유율을 얻었던 이유이다.
- 단점은 이 도구가 레이어들을 추가할 수 없다는 것이다. – 즉, 2–레이어 금속 칩에서 3–레이어 금속 칩으로의 전이.
- 그들은 최초의 위치 선정을 충분히 존중한다 ; 그러나, 그들은 혼자서 목적하는 공정에서 일어날 수도 있는 새롭고도 더 좋을 수 있는 구조를 이용할 수 없다. 라이브러리의 경우, 가장 쉬운 해결책은 그 근원을 최소한의 노력으로 변경하

고, 그리고 변환을 실행시키는 것이다. 전체 칩의 경우에, 이런 종류의 소프트웨어의 판매인들은 "오직 셀들", "셀들과 배선", 그리고 "오직 배선"과 같은 여러 가지 전이 수준을 개발했다.

- 우리는 능력 뿐 아니라 사용자 인터페이스 및 설정의 용이함에도 의거하는 도구를 선택해야 한다. 만일 전이는 효율적이지만, 설정 시간 및 제약들의 결함을 제거할 시간이 오래 걸리면, 중요한 것은 전체 노력이다.
- 충분히 흥미롭게, 완전히 전이 시장을 무시했던 일부 실리콘 컴파일러 판매인들은 이 "뜨거운" 새로운 파이 조작을 부여잡기 위해 그들의 도구에 GDSII 입력과 출력을 제공하는 작업을 시작했다.

10.4.3 데이터 형식

하나의 체제 내에서 통합 도구 대신에 단일 도구를 사용하길 원하는 설계자라면 누구나 데이터 전송 문제를 다루는 방법을 배워야 한다. 모든 레이아웃 도구는 다른 생각에서 시작되고, 그들 모두는 다른 목적을 가진다. 그래서 내부적으로 그들 각각은 그들의 필요성에 대해 효율적인 데이터 형식을 가질 수도 있다.

예를 들면, 문제는 레이아웃 설계자가 표준 셀 라이브러리의 데이터를 다른 배치-배선 도구에 옮기고자 하는 것에서 시작한다. IC 설계 산업의 초기에는, 전체 시장을 위해 레이아웃 설계 도구들을 제공하는 한 개의 회사가 있었다. 오늘과 비교할 때 매우 작은 시장이 있었고, 형식은 그들에 의해 하드웨어의 한계와 소프트웨어의 시간에 의거하여 정의되었다. VLSI 레이아웃 시장에 들어가고자 했던 모두가 이 형식을 따라야 했다; 그렇지 않으면, 아무도 그들의 도구를 사지 않았다.

그 형식은 아직도 GDSII 이고, Data General Machines 사의 Calma에 의해 개발되었다. 그래서 오늘날 만일 당신이 Mento 기반에서 Cadence 기반으로 데이터를 보내고자 한다면, 유일하게 보증받은 방법은 GDSII 이다. CIF, LEF와 DEF 같은 넓리 사용되고 있는 다른 표준의 자료 형식들도 있다. 그러나 그들 또한 같은 이유에 의해 대중화되었다: Cadence는 이 형식들을 개발하고, IC 레이아웃 분야에서 가장 큰 시장 점유율을 가졌다. GDSII 형식은 아직도 지배적인 형식이다. 그래서 이 형식에 대한 설명은 정당한 근거가 있다.

GDSII는, 사용자 관점에서, 다음의 특성을 가지는 이진 형식이다 :

- 각 스트림 파일은 레이어들이 64 개로 제한되며, 그것은 각각의 레이어에 대하

여 64 DATATYPE의 하위 구분을 가진다. 그래서 전체적인 스트림 파일의 제한은 제조를 위해 다각형을 정의하는 64 × 64 = 4,096 개의 다른 레이어들이다.

- 각각의 다각형 또는 경로에는 199 개 이상의 정점들이 있을 수 없다. 그래서 만일 레이아웃이 이 숫자보다 큰 다각형을 가지면, 출력 서브루틴은 그것을 각각 199 개가 될 때까지 나눌 것이다. 이 제한은 Calma 소프트웨어에서 온다. 그것은 다각형에 대하여 199 개의 좌표만을 취급할 수 있었다!
- 다각형에 붙여지는 논리적이거나 전기적인 정보가 없다. 핀이 없으며, 포트, 네트, 신호 인지는 있다. 이것은 배치-배선을 위한 큰 결점이다. 핀이 없다 ; 그러나, 포트를 인지하는 단순화된 형식이 있다. GDSII를 쓸 때 포트는 보내는 명령 파일에서 지정받는 레이어 위의 작은 다각형에 붙여지는 TEXTTYPE을 갖는 텍스트가 된다. 다른 도구로 이 GDSII를 받을 때, 사용자는 보통 텍스트를 선택하여 포트를 재생성하게 하는 매크로를 쓴다. 문제는 보존되는 네트 정보에 대한 해답이 없다는 것이다.
- 소자 생성기 결과, 비아와 콘택, 또는 "다각형이 아닌" 자동화된 레이아웃, 또는 유연한 소자는 다각형들과 평탄하게 된다. 이것은 트랜지스터 크기가 바뀌고, 이러한 특징을 갖는 도구로부터 데이터가 나오는 경우에 큰 문제이다. 이것 또한 역사적으로 Calma가 소자 생성 능력을 갖지 않았기 때문에 그 이유가 있다.
- GDSII는 물체들의 완전한 계층을 인정하지만, 항상, 전체 경로와 무관하게, 설계에서 발견되는 첫 번째 기준 셀을 잡는다. GDSII는 각 셀에 대하여 유일한 이름을 사용하지만, 전체 경로 이름은 인식하지 않는다. 이것 또한 역사적인 이유에서 비롯된다. UNIX에서의 유일한 이름이란 전체 경로 이름의 무엇인가가 다른 것을 의미한다. Calma 시기에, 셀 이름은 디스크에 써지는 유일한 장소를 가졌던 라이브러리에 붙여졌다.

배치-배선을 위해 대부분 사용되는 다른 하나의 형식은 LEF이다. 그것은 라이브러리와 배선 준비, 그리고 DEF 파일과 함께 충분히 기술된 네트, 핀, 포트 및 신호 등에 필요한 레이아웃 정보를 포함한다.

부록 A 레이아웃 체크리스트

지난 10 년 동안, IC 디자인을 위한 도구는 많은 발전을 이루었고 공정, 설계 절차, 그리고 방법론에 이르는 모든 새로운 동향을 다루어 왔다. 하지만 아직도 최신 기술의 CAD 도구들을 사용하지 않고 설계 및 공정 요구 조건들을 다루는 몇몇 영역이 있다.

이러한 차이를 보상하기 위하여 시각적 검토 또는 기술적인 검사에 대한 필요성이 여전히 존재한다. 오랜 기간 동안, CAD 도구들이 더욱 섬세해졌기 검사 항목의 목록이 줄어들었다. 검사 작업이 복잡하기 때문에, 오직 경험 있는 설계자들이 효과적으로 이 일을 할 수 있다.

효과적인 검사를 수행하는 비법은 특정하고 상세한 점검표를 사용하고 문제의 범위를 이해하고 해결책을 제시할 수 있는 사람을 검사자로 활용하는 것이다. 대체로, 설계 형태와 방법론에 어떠한 편견이 가해지는 것을 피하기 위해 검사자는 과제에 직접적으로 참여하지 않은 사람이어야 한다.

이 부록에서, 우리는 칩의 레이아웃에 있어서 각각의 복잡도 수준과 관련된 점검표를 제공하는 것으로 신규의 또는 경험 있는 설계자를 도우려고 할 것이다. 레이아웃과 관련된 모든 문서와 더불어 문제의 레이아웃 플롯을 사용하여, 검사자는 설계의 질을 평가하고 점검표를 가이드로 사용한다.

모든 레이아웃에 적용되는 일반적인 체크리스트가 표 A.1에 제시된다.

A.1 셀

셀 레이아웃을 위한 체크리스트는 블록 수준 레이아웃에의 사용을 위한 트랜지스터 레이아웃 사항과 셀의 설계에 관련된 항목을 포함한다.

표 A.2는 트랜지스터 수준의 레이아웃 설계를 위해 일반적인 체크리스트를 보여준다.

표 A.1 일반적인 레이아웃 체크리스트

#	질문	답변
1.	셀 DRC가 옳은가?	□예 □아니오 □N/A
2.	눈으로 확인해야 할 DRC 규칙이 있는가?	□예 □아니오 □N/A
3.	셀 LVS가 옳은가?	□예 □아니오 □N/A
4.	눈으로 확인해야 할 LVS 규칙이 있는가?	□예 □아니오 □N/A
5.	셀 ERC가 옳은가?	□예 □아니오 □N/A
6.	눈으로 확인해야 할 ERC 규칙이 있는가?	□예 □아니오 □N/A
7.	레이아웃에 대한 특별한 요구사항이 있는가?	□예 □아니오 □N/A
8.	고려되어야 할 회로의 임계 경로가 있는가?	□예 □아니오 □N/A
9.	가능한 레이아웃 가이드라인을 따랐는가?	□예 □아니오 □N/A
10.	전자이동 규칙이 만족되었는가?	□예 □아니오 □N/A

표 A.2 셀 레이아웃 체크리스트

#	질문	답변
1.	셀이 최소 치수로 설계되었는가?	□예 □아니오 □N/A
2.	셀이 표준 템플릿을 따랐는가?	□예 □아니오 □N/A
3.	셀의 어느 부분이라도 금이 간 전원 선이 있는가?	□예 □아니오 □N/A
4.	폴리 선은 가능한 짧게 했는가?	□예 □아니오 □N/A
5.	트랜지스터 소스/드레인에 충분한 콘택이 있는가?	□예 □아니오 □N/A
6.	트랜지스터 핑거링은 최적인가?	□예 □아니오 □N/A
7.	충분한 기판 및 웰 콘텍이 있는가?	□예 □아니오 □N/A
8.	유연한 연결 노드가 있는가?	□예 □아니오 □N/A
9.	모든 단자들은 과제 표준에 의해 할당되었는가?	□예 □아니오 □N/A
10.	셀 인터페이스는 연결에 적절히 설계되었는가?	□예 □아니오 □N/A
11.	원점은 좌측하단에 있는가?	□예 □아니오 □N/A

A.2 블록

블록 레이아웃 체크리스트는 셀들 사이의 블록 종류와 연결성에 관련된 더 많은 전반적인 문제들을 다룬다. 다른 블록의 점검에는 다른 요구사항이 필요할 것이다. 예를 들면 완전 주문식 블록, 표준 게이트 및 셀 블록, 데이터 패스, 레지스터 파일, 또는 곱셈기 블록은 블록의 기능에 특정한 점검이 관련되도록 할 것이다. 표 A.3에 나타낸 블록 레이아웃 체크리스트는 대부분의 경우에 중요한 일반적인 사항에 대한 질문을 개략적으로 보여준다.

표 A.3 블록 레이아웃 체크리스트

#	질문	답변
1.	블록이 플로어플랜을 따랐는가?	□예 □아니오 □N/A
2.	전원 격자는 전력 소모, 전자이동, RC 요구사항에 대한 시뮬레이션 결과로부터 결정되었는가?	□예 □아니오 □N/A
3.	전원 공급 스트래핑은 적절하고 충분한 비아에 의해 구현되었는가?	□예 □아니오 □N/A
4.	블록의 어느 부분에 금이 간 전원 선이 있는가?	□예 □아니오 □N/A
5.	모든 임계 경로 신호의 길이는 최적화되었는가?	□예 □아니오 □N/A
6.	모든 특별 신호 요구조건은 만족되었는가?	□예 □아니오 □N/A
7.	모든 단자들은 과제 표준에 의해 할당되었는가?	□예 □아니오 □N/A
8.	블록 인터페이스는 연결에 적절히 설계되었는가?	□예 □아니오 □N/A
9.	적절한 여분의 선과 로직이 있는가?	□예 □아니오 □N/A
10.	특별 신호를 위한 탐침 패드가 있는가?	□예 □아니오 □N/A
11.	원점은 좌측하단에 있는가?	□예 □아니오 □N/A

표 A.4 칩 레이아웃 체크리스트

#	질문	답변
1.	칩이 모든 패키지 요구조건을 만족시키는가?	□예 □아니오 □N/A
2.	공급 전원이 패드에 적절히 연결되었는가?	□예 □아니오 □N/A
3.	전원 공급 스트래핑은 적절하고 충분한 비아에 의해 구현되었는가?	□예 □아니오 □N/A
4.	최상위 수준의 배선 어느 부분이라도 금이 간 전원선이 있는가?	□예 □아니오 □N/A
5.	모든 임계 경로 신호의 길이는 최적화되었는가?	□예 □아니오 □N/A
6.	모든 특별 신호 요구조건은 만족되었는가?	□예 □아니오 □N/A
7.	적절한 여분의 선과 로직이 있는가?	□예 □아니오 □N/A
8.	특별 신호를 위한 탐침 패드가 있는가?	□예 □아니오 □N/A
9.	다이 가장자리에 가까이 배치된 민감한 회로가 있는가?	□예 □아니오 □N/A
10.	칩 모퉁이 영역에 대한 규칙이 만족되었는가?	□예 □아니오 □N/A
11.	스크라이브 라인에 대한 칩의 인터페이스가 적절히 정의되었는가?	□예 □아니오 □N/A
12.	모든 ESD 및 패드 레치-업 요구사항을 만족하였는가?	□예 □아니오 □N/A
13.	칩 완성에 필요한 모든 셀들이 포함되었는가?	□예 □아니오 □N/A
14.	원점은 좌측하단에 있는가?	□예 □아니오 □N/A

A.3 칩

칩 수준에서의 레이아웃 검사를 위해서는 검사의 복잡도 수준이 더욱 높다. 이런 경우에는 설계 종류에 따라 검증해야 할 매우 다양한 사항이 있다. 예를 들면, ASIC을 위한 목록은 더 간단할 것이고 완전 주문식 아날로그 칩의 경우에는 매우 긴 목록이 필요할 것이다. 다양한 공정과 방법론은 너무나 달라서 그들 모두를 다루는 것은 불가능할 것이다. 표 A.4에 나타낸 칩 레이아웃 체크리스트는 대부분의 경우에 중요한 일반적인 사항에 대한 질문을 개략적으로 보여준다.

부록 B 데이터베이스 관리

과제의 전 과정에 걸쳐서, 여러 가지 많은 설계 양상에서 함께 병행하여 작업하는 팀이 있다. 많은 종류의 데이터가 만들어지고, 개정되고, 공유되고, 매우 동적으로 빠르게 삭제된다. 데이터는 레이아웃 데이터일 수 있지만, 또한 회로도, 설정 파일, 문서, 기타 다른 종류들을 포함한다. 이 모든 데이터는 어떻게 다루어지는가? 공식적인 데이터베이스 관리 기법이 그 대답이다.

데이터베이스 관리는 본질적으로 다음 특징과 장점을 제공하는 기반에 의하여 지원되는 과정이다 :

- *버전 제어* : 다루어지는 각각의 파일은 그것과 버전이 결합되도록 한다.
- *버전 이력* : 모든 데이터베이스 대상물의 이력이 관리된다.
- *데이터 공유* : 데이터는 공유되어야 한다. 그리고 이것은 조직적인 방식으로 수행되어야 한다. 공유된 셀의 변화는 그 셀을 사용하는 작업 진행에 영향을 주지 않아야 한다.
- *데이터베이스의 보전성* : 부주의한 삭제 또는 데이터베이스 손상에 대한 보호. 데이터베이스 손상의 예는 컴퓨터 시스템의 두 가지 다른 장소에 같은 이름의 2개의 셀이 있거나, 계층화 설계에서 참조된 셀이 없어진 경우이다.

위에서 마지막 사항이 정형화된 데이터베이스 관리 과정에 대한 중요한 이유이다. 블록이 완료되고 테이프-아웃 날짜가 다가옴에 따라 데이터베이스의 보전성은 결정적이다.

거의 모든 회사는 이 문제에 대처하는 것의 다른 방법을 가지고 있다. 그러나, 문제와 개념은 위에서 제시된 바와 같다. 이해를 돕기 위해서, 데이터베이스 관리에 대한 기본적인 접근과 더불어 레이아웃 데이터베이스 관리의 시나리오가 제시된다.

실제적인 의미로, IC 설계에 있어서 시스템이 동작하게 하기 위한 몇 가지 기초 개념이 있다. 데이터베이스 관리의 기능은 다음을 확실히 하는 것이다 :

- 일반적으로, 회로 설계와 레이아웃 설계 사이에는 1대 1의 대응이 있다.
- 공유되는 또는 하위 수준 셀들은 다른 팀에 의해 사용되기 전에 고정된다.
- 오직 1 명의 사람이 어떠한 주어진 시간에 셀을 수정하도록 허가받는다.

- 셀이 수정되고 있는 시간 동안에, 다른 팀 일원들은 예전 버전을 사용할 수 있다.
- 대상물의 새로운 버전은 공지되고 요구되는 대로 전해진다.

데이터에 접근하는 사람의 인증이 가능하기 위해서 적절한 데이터베이스 관리는 사용자 그룹을 인정한 컴퓨터 시스템에 의존한다. 시스템에 존재하는 데이터의의 접근 권한은 데이터의 종류와 적용에 달려있는 세 개의 사용자 그룹을 위해 명시되어야 한다 :

- *모두 접근* : 모두 – CAD 소프트웨어와 같은 전역 데이터를 위하여 필요하다.
- *그룹 접근* : 팀 일원들 – 데이터는 하나의 과제에 특정하게 제한되고 확인된다.
- *소유자 접근* : 마지막으로 데이터를 수정하였거나 다루었던 개별 인력

데이터의 조작을 위한 접근 권한 또한 확인되어야 한다 :

- *쓰기 접근* : 데이터는 변경될 수 있다.
- *읽기 접근* : 데이터는 사용되거나 참조될 수 있지만 변경될 수는 없다.

한 셀을 생성하는 시나리오를 그림 B.1에 나타냈다.

그 시나리오에서 Fred는 DSP32 과제를 위한 설계 팀의 일원이다. Fred의 임무는 AGBC라 불리는 셀을 만드는 것이다. 주요 사항은 다음과 같다 :

- Fred는 셀 이름이 데이터베이스에 이미 사용되지 않은 것을 확실히 하기 위한 검사를 한다. 아마도 셀 레이아웃이 부주의하게 다른 어떤 사람에게 할당되었거나 이미 수행되었기 때문에 이것은 중요하다. Fred는 이런 경우에 어떤 작업을 피할 수 있다.
- 그것이 완전히 검증되기 전까지 셀은 "확인된" 이 아니다. 이 시점에서는 단지 읽기 접근이 그 그룹에 주어진다. "확인된" 은 도서관에 책을 돌려주는 것과 유사하게, 다른 사람이 사용할 수 있도록 셀을 풀어 놓는 것을 위해 용어이다.
- Fred는 데이터베이스로부터 "확인 중" 없이 셀을 변경할 수 없다. 다시 "확인 중" 이란 데이터베이스로부터 셀의 통제권을 가져오는 것에 대한 용어이다.

이렇게 하여 셀들은 체계적으로 생성되고, 그 이력은 쉽게 유지될 수 있다. 또한,

체크-인 동안에 자동 데이터베이스 검사가 시스템에 수행될 수 있다.

다음 시나리오는 셀 AGBC에 변화가 (그림 B.2) 요구되기 때문에, 더 흥미롭다.

이 시나리오에서 Dan, Julia, 그리고 Brenda는 DSP32 계획을 위한 설계 팀의 일원들이다. Fred의 임무는 지금 AGBC이라고 불리는 셀을 변경시킬 것이다. 주요 언급 사항은 다음과 같다 :

- Dan, Julia, 그리고 Brenda는 변경이 곧 시작될 것이라는 사실을 통보받는다.
- 변경이 완전할 때까지 Dan, Julia, 그리고 Brenda는 AGBC의 예전 버전을 참조한다.
- Dan, Julia, 그리고 Brenda는 AGBC의 새로운 버전을 이용할 수 있고, 그들의 작업을 업데이트할 수 있는 적절한 시기를 통지받는다.

중앙 데이터베이스에서 체크-인 및 체크-아웃 과정과 검사는 다른 것에 의하여 수행된 다양한 변화에 의하여 느리게 되지 않고 그들 자신에게 주어진 작업을 유지할 수 있도록 과제의 모든 설계자들을 도울 것이다.

이 기법들은 데이터베이스 변경의 계획적인 관리에 있어서 중요하다.

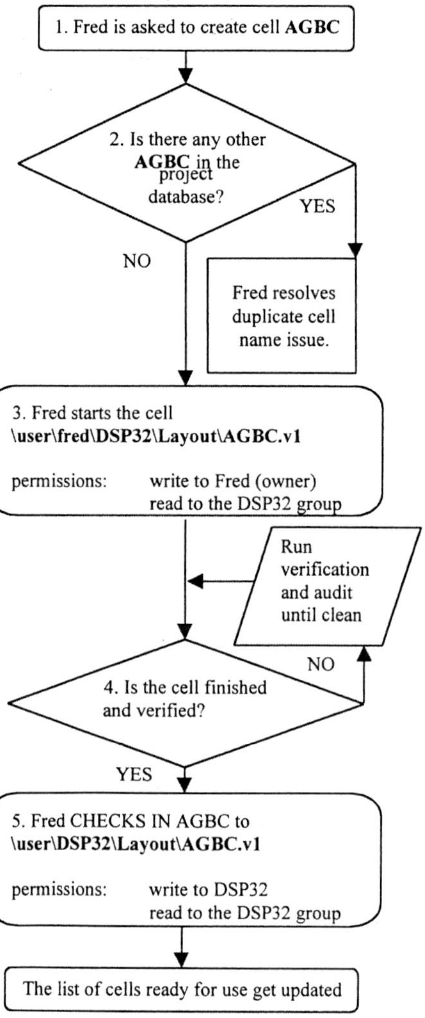

그림 B.1 셀 생성의 단계 예시도

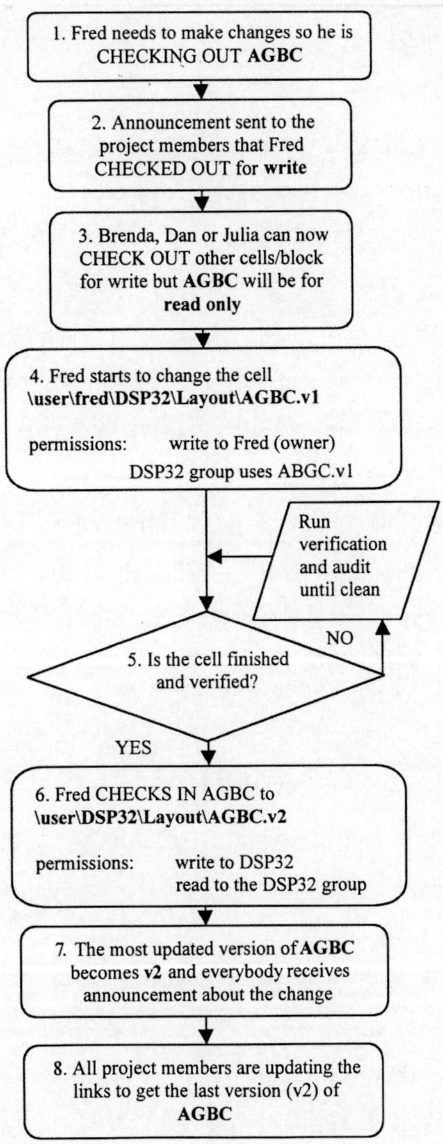

그림 B.2 셀 수정의 단계 예시도

부록 C 일정 계획

셀, 블록, 또는 칩의 레이아웃에 대한 일정 계획을 세우는 것은 일반적으로 경험의 문제이다. 평균적인 산업 속도에 대한 아이디어 뿐 아니라 자신의 일을 위한 레이아웃 작업의 일정을 계획하는 것에 대한 몇 가지 힌트가 이 절에서 다루어질 것이다.

과제 일정을 예상하는 것은 많은 요인에 근거하는 복잡한 일이다 : 도구, 절차, 하드웨어, 설계팀 경험, 훈련, 자원, 휴일, 병가 기간, 공정 변화 등. 우리들의 경험상, 어떠한 일정을 가속하는 가장 좋은 방법은 더 빠른 컴퓨터 또는 더 좋은 소프트웨어가 아니라, (도움이 되긴 하지만) 설계팀의 증진된 전문성이다. 최대 생산성에 대한 전문성을 대체할 수 있는 것은 없다.

셀의 레이아웃을 위해 경과 시간을 계획하는 것에 대하여 생각해보자. 모든 일정 계획의 경우에, 일정이 여러 설계팀의 현실을 반영하여야 하기 때문에, 가장 좋은 능력의 설계자가 아닌 평균 설계자의 속도에 대하여 생각하는 것은 중요하다.

셀 수준의 일정 계획을 위해 우리는 다음 정보를 필요로 한다 :

- 트랜지스터의 수
- 신호의 수
- 셀 종류 – 작업을 시작할 템플릿이 있는가? 또는, 아주 새로운가?
- 특별한 요구사항

지금 우리는 요구 사항 뒤에 수를 집계하려고 한다.(표 C.1)

셀의 종류와 특별한 요구 사항이 정말로 셀을 완성하기 위하여 잡은 상대적 시간에 영향을 준 것을 유념한다. 그것이 모든 시나리오에 대해 동일할 것으로 추정되기 때문에 검증 시간은 표에 포함되지 않은 것이다.

블록의 경우에는, 다른 고려 사항이 있다 :

- 구성 요소들의 수 – 셀, 작은 블록, 임의 게이트
- 버스, 신호, 그리고 전원 격자 요구 사항
- 특별한 요구 사항 – 좌우 대칭, 혼선, 최소 RC, 타이밍
- 크기 제한
- 사용 가능한 배선 레이어 – 예를 들면, 다섯 중 셋으로 제한될 수 있다.

표 C.1 시간에 의한 셀 수준 스케줄 예시

Cell Name	*# Transistors*	*# Signals*	*Type*	*Special Req.*	*TIME Hand craft*	*Automated**
INV1	2	2	STD	None	4	0.25
INV × 20	2	2	STD	Min. capacitance	8	0.25
DFF	16	6	STD	Min. size	16	1
INV1	2	2	None	None	1	0.25
INV × 20	2	2	None	None	2	0.25
DFF	16	6	None	None	8	0.5
INV1	2	2	Datapath	Min. size	4 to 8	0.5
INV × 20	2	2	Datapath	Min. size	4 to 8	1
DFF	16	6	Datapath	Min. size	8 to 24	1

*셀을 위한 수작업 일정에는 없는 도구 및 구조 설정 시간이 포함됨.
TIME = 회의, 휴식, 식사 등 오버헤드가 포함되지 않은 절대 시간
STD = 표준 라이브러리 셀
Datapath = 수많은 N/P/P/N 영역이 있는 레지스터 파일, 곱셈기
None = 일반적인 임의 로직
NOTE : 검증 시간은 포함되지 않음.

표 C.2 시간에 의한 블록 수준 스케줄 예시

Block Name	*# Cells*	*# Signals*	*Type*	*Special Req.*	*TIME Hand craft*	*Automated**
Controller	200	150	STD	None	40	2
Synchronizer	400	300	STD	None	80	4
Register file	10 × 32	8 × 32 + 30	STD	None	80	4
Controller	200	150	STD	Timing	60	4
Synchronizer	400	300	STD	Timing	100	8
Register file	10 × 32	8 × 32 + 30	STD	Timing	90	8
Controller	200	150	STD	Timing + size	70	5
Synchronizer	400	300	STD	Timing + size	120	9
Register file	10 × 32	8 × 32 + 30	STD	Timing + size	90	9

*셀을 위한 수작업 일정에는 없는 도구 및 구조 설정 시간이 포함됨.
TIME = 회의, 휴식, 식사 등 오버헤드가 포함되지 않은 절대 시간
STD = 표준 라이브러리 셀
Timing = 타이밍 요구 조건에 대응하는 배치 및 배선
SIZE = 가능한 최소 크기
None = 일반적인 임의 로직
NOTE : 검증 시간은 포함되지 않음.

표 C.2는 블록-수준의 일정 예를 보여준다.
이제는 전체 칩을 위한 일정에 영향을 주는 요소들을 정의해보도록 하자 :

- *팀의 경험 수준 :* 팀은 충분히 경험 있는 사람들로 구성되었는가?
- *변화 :* 과제를 바꾸는 어떤 주요 파라미터들의 위험성을 평가한다. 예를 들면 패드 위치와 심지어 설계 규칙도 장기 과제의 진행에 걸쳐 변경이 된다.
- *재사용 :* 우리는 경험과 전에 수행되었던 레이아웃 설계들을 다시 사용할 수 있는가?
- *설계 복잡도 :* 임계 블록, 신호, 버스의 수.
- *외부적 요소 :* 팀은 같은 곳에 배치되는가? 아니면 외부인들과의 공동 설계 과제인가?
- *제 3의 블록 :* 지적 재산 (IP) 공급자로부터 하나의 블록을 쉽게 받아올 수 있는가?
- *방법론 :* 어떠한 새로운 절차와 소개되어야 한 도구가 있는가?
- *CAD 지원 :* 과제 팀은 CAD 지원을 받는가? 과제의 우선 순위는 무엇인가?
- *팀 크기 :* 대규모 팀은 연락과 관리 오버헤드 때문에 소규모 팀만큼 생산적이지 않을 것이다.
- *출근일 :* 초과근무가 예상되거나 계획되는가?
- 병가 기간, 경조사, 휴가 기간, 계절 제한.

과제 일정 계획은 예술이고 한편으로는 과학이다. 그리고, 이전의 목록은 그 작업의 복잡함에 대한 느낌을 주려고 한 것이다.

부록 D 주요 용어

abstraction	추상화
active	액티브
add-on	부가의
annotate	정보를 추가하다
ASIC	특정 용도 집적 회로
ASSP	특정 표준 제품
audit	검사
bare silicon wafer	가공전 실리콘 웨이퍼
bottom up	상향식
brick	벽돌
bulk	벌크
capacitance	정전 용량
capacitor	캐패시터
capture	획득하다
cell	셀
checklist	체크리스트
chip	칩
code	코드
compaction	압축
compatibilty	호환성
compensation	보상
complex gate	복합 게이트
component	구성요소
concurrent	동시수행
conductor	도체
configuration	구성

connectivity	연결(복잡)도
contact	콘택
core	코어
correct-by-construction	만들어지면서 올바른
coupling	결합
critical path	임계 경로
cross-check	교차 검사
datapath	데이터 패스
decoupling	분리
Deep Sub-Micron	심층 하위 마이크론
deposit	침전되다
device	소자
die	다이
discrepancy	불일치
drain	드레인
electromigration	전자이동
engineering	엔지니어링
extraction	추출
fabless	팹리스
fanout	팬아웃
feedback	피드백
feedforward	피드포워드
feed-threw	피드 쓰루
field	필드
fingering	핑거링
flatten	플래튼(하다)
flip-flop	플립 플롭
floating	떠있는
floorplanning	플로어 플래닝

flow	흐름
fringe	외변
full-custom	완전 주문형
gate	게이트
global signal	전역 신호
ground	접지
guard ring	가드 링
hard tie	견고한 결합
hold time	홀드 시간
identifier	식별자
implant	임플란트
instance	인스턴스
instantiate	인스턴스화하다
instantiation	인스턴스화
insulator	절연체
intellectual property	지적 재산
Interconnect	상호연결하다
interconnection	상호 연결
interface	인터페이스
isolation	격리
junction	교차점
label	라벨
latch-up	래치 업
layer	레이어
leaf cell	리프 셀
legend	범례
local signal	국부 신호
maintainability	보전성
manufactuability	제조성

mapping	매핑
mask	마스크
matching	정합
memory	메모리
metal	금속
migration	이전
migration tool	이전 도구
near-body	바디 근처
netlist	네트리스트
niche	틈새
node	노드
noise immunity	잡음 내성
nonrouting	비배선
obstruction shade	장애물 음영
onerlap rule	겹침 규칙
overhead	오버헤드
passivation	패시베이션
path	경로
pattern	패턴
pin-to-pin	핀 대 핀
pitch	피치
pitch-limited	피치 제한적
place-and-route	배치 배선
placer	배치 도구
platform	플랫폼
poly	폴리
polygon	다각형
polygon pusher	다각형 추진기
poly-silicon	폴리 실리콘

porosity	공간율
port	단자
power grid	전원 격자
presentation	프리젠테이션
probe	탐침
process	공정
programmability	프로그램화 가능성
redrawing	다시그리기
resizing	크기조정
routability	배선 가능성
router	배선기
Routing	배선
run	런
sanity	검진
scribe line	스크라이브 라인
sense amplifier	감지 증폭기
setup time	셋업 시간
shielding	차폐
shrinkability	수축성
sizing	크기결정
skew	스큐
slit	틈새
soft tie	유연한 결합
source	소스
spacing rule	간격 규칙
stacked	쌓여진
step coverage	단층 피도
stick diagram	막대기 그림
strapping	스트래핑

stream file	스트림 파일
stress	응력
subcomponent	하부구성요소
substrate	기판
symbolic editor	심볼 편집기
synthesis	합성
system on a chip	시스템 온 칩
tape-out	테이프 아웃
tapering	테이퍼링
template	형판
testability	테스트 가능성
time-to-market	시장 출하 시간
timing	타이밍
tolerance	허용 한계
tool	도구
top down	하향식
top-level	최상 수준
track	선로
trade-off	절충
transmission gate	전달 게이트
tub	터브
validation	유효확인
vender	판매자
verification	검증
vertex	꼭지점
via	비아
view	뷰
well	웰
width rule	폭 규칙

wire bonding	와이어 본딩
worst-case	최악 조건
yield	수율

이 책의 부록 파일은 도서출판 홍릉 홈페이지(www.hongpub.co.kr)에서 내려받을 수 있습니다.
홈페이지에서 도서명 검색 후 보조자료를 다운로드하시기 바랍니다. (Chrome 웹브라우저 사용 권장)

역자약력

이 제 현(jehyun@dongyang.ac.kr)

아주대학교 전자공학과 공학사
한국과학기술원 전기및전자공학과 공학석사.
전자통신연구원 자동설계부 연구원
SGS-THOMSON KOREA 디자인센터 과장
전자부품연구원 ASIC센터 선임연구원
한국과학기술원 반도체설계교육센터 선임연구원
(현재) 동양공업전문대학 반도체전자과 부교수

안 태 원(twahn@dongyang.ac.kr)

서울대학교 전자공학과 공학사
서울대학교 전자공학과 공학석사
숭실대학교 전자공학과 공학박사
삼성전자 반도체 SYSTEM LSI 책임연구원
(현재) 동양공업전문대학 반도체전자과 부교수

정가 22,000원

CMOS IC 레이아웃 개념, 방법론 및 도구

2009년 2월 16일 초판 인쇄
2009년 2월 26일 초판 발행
저 자 : DAN CLEIN
공역자 : 이 제 현 · 안 태 원
발행자 : 우 명 찬 · 송 준
발행처 : 홍릉과학출판사
주 소 : 서울시 강북구 수유5동 455-60
142-885
등 록 : 1976년 10월 21일 제5-66호
전 화 : 999-2274 ~ 5, 996-8341, 903-7037
팩 스 : 905-6729
ISBN : 9788972837299
hongpub@hongpub.co.kr
www.hongpub.co.kr

저자와의
협의하에
인지생략